建筑工程常用规范条文速查与解析丛书

U0268967

建筑消防
常用条文速查与解析

本书编委会　编写

知识产权出版社

全国百佳图书出版单位

图书在版编目（CIP）数据

建筑消防常用条文速查与解析 / 本书编委会编写.—北京 ： 知识产权出版社，2015.3
（建筑工程常用规范条文速查与解析丛书）
ISBN 978-7-5130-2992-6

Ⅰ.①建… Ⅱ.①本… Ⅲ.①建筑物—消防—国家标准—中国 Ⅳ.①TU998.1-65

中国版本图书馆 CIP 数据核字(2014)第 214438 号

内容提要

本书依据《建筑设计防火规范》GB 50016—2012、《住宅设计规范》GB 50096—2011、《中小学校设计规范》GB 50099—2011、《火灾自动报警系统设计规范》GB 50116—2013、《泡沫灭火系统设计规范》GB 50151—2010 等国家现行标准编写。本书共分为六章，包括：建筑分类、耐火等级及性能等级、建筑总平面布局和平面布置、防火分区、安全疏散、消防系统等。

本书既可作为工程设计、施工及消防管理等领域的工程与管理人员的参考用书，也可供高等院校相关专业的本科生、研究生和教师参考。

责任编辑：陆彩云　　彭喜英

建筑消防常用条文速查与解析
JIANZHU XIAOFANG CHANGYONG TIAOWEN SUCHA YU JIEXI
本书编委会　编写

出版发行	知识产权出版社 有限责任公司	网　址	http://www.ipph.cn；
电　话	010－82004826		http://www.laichushu.com
社　址	北京市海淀区马甸南村 1 号	邮　编	100088
责编电话	010-82000860 转 8539	责编邮箱	49555100@qq.com
发行电话	010-82000860 转 8101/8029	发行传真	010-82000893/82003279
印　刷	北京富生印刷厂	经　销	各大网上书店、新华书店及相关专业书店
开　本	787mm×1092 mm　1/16	印　张	17.5
版　次	2015 年 3 月第 1 版	印　次	2015 年 3 月第 1 次印刷
字　数	338 千字	定　价	48.00 元

ISBN 978-7-5130-2992-6

本书编委会

主　编　石敬炜

参　编　杜　明　谭丽娟　任大海　李　强　吉　斐

　　　　李　鑫　刘君齐　李春娜　张　军　赵　慧

　　　　陶红梅　夏　欣　刘海生　张　莹　高　超

　　　　王在刚　李述林

前　言

消防是指预防和消灭火灾。是一项社会性很强的工作，它需要全社会人员积极参与，共同防范，要严格按照规范标准要求进行设计，采取先进、可靠实用的消防安全技术，最大限度地防止和减少建筑火灾事故的发生。

近年来有大批的相关技术标准、规范进行了修订，为了使建筑设计及相关工程技术人员能够全面系统地掌握最新的规范条文，深刻理解条文的准确内涵，我们策划了本书，以保证相关人员工作的顺利进行。本书根据《建筑设计防火规范》GB 50016—2012、《住宅设计规范》GB 50096—2011、《中小学校设计规范》GB 50099—2011、《火灾自动报警系统设计规范》GB 50116—2013、《泡沫灭火系统设计规范》GB 50151—2010 等相关技术规范和标准编写而成。

本书根据实际工作需要划分章节，对涉及的条文进行了整理分类，以方便读者快速查阅。本书对所列条文进行了解释说明，力求有重点地、较完整地对常用条文进行解析。本书共分为 6 章，包括建筑分类、耐火等级及性能等级、建筑总平面布局和平面布置、防火分区、安全疏散、消防系统。本书可作为工程设计、施工及消防管理等专业人员的参考用书，也可供高等院校相关专业的本科生、研究生和教师参考。

由于编者学识和经验有限，虽然尽心尽力，但难免存在疏漏或不妥之处，望广大读者批评指正。

编　者

2014.07

目 录

前 言

1 建筑分类 ……………………………………………………… 1

1.1 使用功能分类 ……………………………………………… 1
1.2 建筑防火分类 ……………………………………………… 1
1.3 使用年限分类 ……………………………………………… 4
1.4 地下人防工程分类 ………………………………………… 5

2 耐火等级及性能等级 ………………………………………… 7

2.1 各类建筑的耐火等级 ……………………………………… 7
2.1.1 高层民用建筑 ………………………………………… 7
2.1.2 住宅建筑 ……………………………………………… 8
2.1.3 办公建筑 ……………………………………………… 8
2.1.4 体育建筑 ……………………………………………… 8
2.1.5 汽车库、修车库 ……………………………………… 9
2.1.6 锅炉房 ………………………………………………… 10
2.1.7 医院 …………………………………………………… 10
2.1.8 电影院 ………………………………………………… 11
2.1.9 剧场 …………………………………………………… 11
2.1.10 图书馆 ……………………………………………… 11
2.1.11 人防工程 …………………………………………… 12
2.2 建筑物构件的燃烧性能和耐火极限 …………………… 12
2.2.1 高层民用建筑 ……………………………………… 12
2.2.2 住宅建筑 …………………………………………… 13

2.2.3 体育建筑 ································· 14

2.2.4 汽车库、修车库 ······················ 16

2.2.5 电影院 ································· 16

2.2.6 剧场 ··································· 17

2.2.7 人防工程 ······························ 19

2.3 建筑内部装修材料的燃烧性能等级 ············· 21

2.3.1 一般规定 ······························ 21

2.3.2 高层民用建筑内部装修材料燃烧性能等级规定 ··· 25

2.3.3 地下民用建筑内部装修材料燃烧性能等级规定 ··· 27

3 建筑总平面布局和平面布置 ················ 29

3.1 一般规定 ································· 29

3.2 道路设置规定 ······························ 43

3.3 消防车道 ································· 50

3.4 防火间距 ································· 54

3.4.1 民用建筑 ······························ 54

3.4.2 高层建筑 ······························ 56

3.4.3 住宅建筑 ······························ 58

3.4.4 汽车库、修车库 ······················ 59

3.4.5 汽车加油站、加气站 ·················· 63

3.4.6 厂房 ··································· 68

3.4.7 仓库 ··································· 71

3.4.8 人防工程 ······························ 74

3.5 其他建筑间距 ······························ 76

4 防火分区 ······························ 78

4.1 民用建筑 ································· 78

4.2 高层建筑 ································· 79

4.3 住宅建筑 ································· 81

4.4 旅馆建筑 ································· 81

4.5 汽车库、修车库 ··························· 82

4.6 铁路交通建筑 ······························ 83

4.7 医院 ····································· 84

4.8 剧场、电影院及体育建筑 ··················· 84

4.9 图书馆建筑 ·· 85

4.10 人防工程 ·· 86

5 安全疏散 ·· 89

5.1 安全出口设置规定 ································ 89

5.1.1 民用建筑 ·· 89

5.1.2 高层民用建筑 ···································· 91

5.1.3 住宅建筑 ·· 93

5.1.4 办公建筑 ·· 95

5.1.5 体育建筑 ·· 95

5.1.6 汽车库、修车库 ································ 96

5.1.7 厂房、仓库、设备用房 ···················· 99

5.1.8 锅炉房 ·· 102

5.1.9 医院 ··· 102

5.1.10 疗养院 ··· 103

5.1.11 中小学校 ·· 103

5.1.12 电影院、剧场 ································· 104

5.1.13 图书馆 ··· 107

5.1.14 人防工程 ·· 107

5.1.15 地下、半地下建筑（室） ················ 109

5.2 疏散距离规定 ···································· 110

5.2.1 民用建筑 ·· 110

5.2.2 高层民用建筑 ···································· 111

5.2.3 住宅建筑 ·· 112

5.2.4 办公建筑 ·· 113

5.2.5 汽车库、修车库 ································ 113

5.2.6 厂房 ··· 114

5.2.7 人防工程 ·· 114

5.3 疏散宽度规定 ···································· 116

5.3.1 高层民用建筑 ···································· 116

5.3.2 住宅建筑 ·· 118

5.3.3 中小学校 ·· 119

5.3.4 汽车库、修车库 ································ 120

5.3.5 厂房、仓库、设备用房 ···················· 121

5.3.6 电影院、剧场建筑 ···························· 121

5.3.7 火车站 ·· 125

5.3.8 人防工程 ·· 125

6 消防系统 ································· 128

    6.1 火灾自动报警系统 ················· 128

    6.2 消火栓灭火系统 ··················· 163

    6.3 自动喷水灭火系统 ················· 173

    6.4 气体灭火系统 ····················· 202

    6.5 泡沫灭火系统 ····················· 218

    6.6 防排烟系统 ······················· 248

参考文献 ································· 267

1 建筑分类

1.1 使用功能分类

3.1.1 民用建筑按使用功能可分为居住建筑和公共建筑两大类。

【条文解析】

民用建筑因目的不同而有各种分法，如按防火、等级、规模、收费等不同要求有不同的分法。本通则按使用功能分为居住建筑和公共建筑两大类，其具体分类应符合建筑技术法规或有关标准。

1.2 建筑防火分类

3.1.1 生产的火灾危险性应根据生产中使用或产生的物质性质及其数量等因素，分为甲、乙、丙、丁、戊类，并应符合表3.1.1的规定。

表 3.1.1　生产的火灾危险性分类

生产类别	使用或产生下列物质生产的火灾危险性特征
甲	1. 闪点小于28℃的液体 2. 爆炸下限小于10%的气体 3. 常温下能自行分解或在空气中氧化能导致迅速自燃或爆炸的物质 4. 常温下受到水或空气中水蒸气的作用，能产生可燃气体并引起燃烧或爆炸的物质 5. 遇酸、受热、撞击、摩擦、催化以及遇有机物或硫磺等易燃的无机物，极易引起燃烧或爆炸的强氧化剂 6. 受撞击、摩擦或与氧化剂、有机物接触时能引起燃烧或爆炸的物质 7. 在密闭设备内操作温度大于等于物质本身自燃点的生产

生产类别	使用或产生下列物质生产的火灾危险性特征
乙	1. 闪点大于等于28℃，但小于60℃的液体 2. 爆炸下限大于等于10%的气体 3. 不属于甲类的氧化剂 4. 不属于甲类的化学易燃危险固体 5. 助燃气体 6. 能与空气形成爆炸性混合物的浮游状态的粉尘、纤维、闪点大于等于60℃的液体雾滴
丙	1. 闪点大于等于60℃的液体 2. 可燃固体
丁	1. 对不燃烧物质进行加工，并在高温或熔化状态下经常产生强辐射热、火花或火焰的生产 2. 利用气体、液体、固体作为燃料或将气体、液体进行燃烧作其他用的各种生产 3. 常温下使用或加工难燃烧物质的生产
戊	常温下使用或加工不燃烧物质的生产

3.1.2 同一座厂房或厂房的任一防火分区内有不同火灾危险性生产时，该厂房或防火分区内的生产火灾危险性类别应按火灾危险性较大的部分确定。当生产过程中使用或产生易燃、可燃物的量较少，不足以构成爆炸或火灾危险时，可按实际情况确定其生产的火灾危险性类别。当符合下述条件之一时，可按火灾危险性较小的部分确定：

1. 火灾危险性较大的生产部分占本层或本防火分区面积的比例小于 5%或丁、戊类厂房内的油漆工段小于 10%，且发生火灾事故时不足以蔓延到其他部位或火灾危险性较大的生产部分采取了有效的防火措施；

2. 丁、戊类厂房内的油漆工段，当采用封闭喷漆工艺，封闭喷漆空间内保持负压、油漆工段设置可燃气体自动报警系统或自动抑爆系统，且油漆工段占其所在防火分区面积的比例小于等于 20%。

3.1.3 储存物品的火灾危险性应根据储存物品的性质和储存物品中的可燃物数量等因素，分为甲、乙、丙、丁、戊类，并应符合表 3.1.3 的规定。

表 3.1.3　储存物品的火灾危险性分类

生产类别	储存物品的火灾危险性特征
甲	1. 闪点小于28℃的液体 2. 爆炸下限小于10%的气体，以及受到水或空气中水蒸气的作用，能产生爆炸下限小于10%气体的固体物质 3. 常温下能自行分解或在空气中氧化能导致迅速自燃或爆炸的物质 4. 常温下受到水或空气中水蒸气的作用，能产生可燃气体并引起燃烧或爆炸的物质 5. 遇酸、受热、撞击、摩擦以及遇有机物或硫磺等易燃的无机物，极易引起燃烧或爆炸

生产类别	储存物品的火灾危险性特征
	的强氧化剂 6. 受撞击、摩擦或与氧化剂、有机物接触时能引起燃烧或爆炸的物质
乙	1. 闪点大于等于28℃，但小于60℃的液体 2. 爆炸下限大于等于10%的气体 3. 不属于甲类的氧化剂 4. 不属于甲类的化学易燃危险固体 5. 助燃气体 6. 常温下与空气接触能缓慢氧化，积热不散引起自燃的物品
丙	1. 闪点大于等于60℃的液体 2. 可燃固体
丁	难燃烧物品
戊	不燃烧物品

3.1.4 同一座仓库或仓库的任一防火分区内储存不同火灾危险性物品时，该仓库或防火分区的火灾危险性应按其中火灾危险性最大的类别确定。

3.1.5 丁、戊类储存物品的可燃包装重量大于物品本身重量 1/4 或可燃包装体积大于物品本身体积的 1/2 的仓库，其火灾危险性应按丙类确定。

【条文解析】

对生产和储存物品的火灾危险性作了定性或定量的分类原则规定，有关行业，如石油化工、石油及天然气工程、医药等还可根据实际情况进一步细化。

《高层民用建筑设计防火规范 2005 年版》GB 50045—1995

3.0.1 高层建筑应根据其使用性质、火灾危险性、疏散和扑救难度等进行分类。并应符合表 3.0.1 的规定。

表 3.0.1 建筑分类

名称	一类	二类
居住建筑	十九层及十九层以上的住宅	十层至十八层的住宅
公共建筑	1. 医院 2. 高级旅馆 3. 建筑高度超过50m或24m以上部分的任一楼层的建筑面积超过1000m²的商业楼、展览楼、综合楼、电信楼、财贸金融楼 4. 建筑高度超过50m或24m以上部分的任一楼层的建筑面积超过1500m²的商住楼	1. 除一类建筑以外的商业楼、展览楼、综合楼、电信楼、财贸金融楼、商住楼、图书馆、书库 2. 省级以下的邮政楼、防灾指挥调度楼、广播电视楼、电力调度楼

名称	一类	二类
公共建筑	5. 中央级和省级（含计划单列市）广播电视楼 6. 网局级和省级（含计划单列市）电力调度楼 7. 省级（含计划单列市）邮政楼、防灾指挥调度楼 8. 藏书超过100万册的图书馆、书库 9. 重要的办公楼、科研楼、档案楼 10. 建筑高度超过50m的教学楼和普通的旅馆、办公楼、科研楼、档案楼等	3. 建筑高度不超过50m的教学楼和普通的旅馆、办公楼、科研楼、档案楼等

【条文解析】

根据各种高层民用建筑的使用性质、火灾危险性、疏散和扑救难易程度等将高层民用建筑分为两类，其分类的目的是针对不同高层建筑类别在耐火等级、防火间距、防火分区、安全疏散、消防给水、防烟排烟等方面分别提出不同的要求，以达到既保障各种高层建筑的消防安全，又节约投资的目的。

《汽车库、修车库、停车场设计防火规范》GB 50067—1997

3.0.1 车库的防火分类应分为四类，并应符合表 3.0.1 的规定。

表 3.0.1　车库的防火分类

名称 ＼ 数量 ＼ 类别	Ⅰ	Ⅱ	Ⅲ	Ⅳ
汽车库	＞300辆	151～300辆	51～150辆	≤50辆
修车库	＞15车位	6～15车位	3～5车位	≤2车位
停车场	＞400辆	251～400辆	101～250辆	≤100辆

注：汽车库的屋面亦停放汽车时，其停车数量应计算在汽车库的总车辆数内。

【条文解析】

按停车数量划分的车库类别，可便于按类提出车库的耐火等级、防火间距、防火分隔、消防给水、火灾报警等建筑防火要求。

1.3　使用年限分类

《民用建筑设计通则》GB 50352—2005

3.2.1 民用建筑的设计使用年限应符合表 3.2.1 的规定。

表 3.2.1 设计使用年限分类

类别	设计使用年限/年	示例
1	5	临时性建筑
2	25	易于替换结构构件的建筑
3	50	普通建筑和构筑物
4	100	纪念性建筑和特别重要的建筑

【条文解析】

在国务院颁布的《建设工程质量管理条例》第 21 条中规定,设计文件要"注明工程合理使用年限",现业主已提出这方面的要求,有的地方已作出规定。民用建筑合理使用年限主要指建筑主体结构设计使用年限,根据《建筑结构可靠度设计统一标准》GB 50068—2001 中将设计使用年限分为四类,本通则与其相适应,具体的应根据工程项目的建筑等级、重要性来确定。

1.4 地下人防工程分类

《人民防空地下室设计规范》GB 50038—2005

1.0.2 本规范适用于新建或改建的属于下列抗力级别范围内的甲、乙类防空地下室以及居住小区内的结合民用建筑易地修建的甲、乙类单建掘开式人防工程设计。

1. 防常规武器抗力级别 5 级和 6 级(以下分别简称为常 5 级和常 6 级);

2. 防核武器抗力级别 4 级、4B 级、5 级、6 级和 6B 级(以下分别简称为核 4 级、核 4B 级、核 5 级、核 6 级和核 6B 级)。

注:本规范中对"防空地下室"的各项要求和规定,除注明者外均适用于居住小区内的结合民用建筑易地修建的单建掘开式人防工程。

【条文解析】

按照《人民防空法》和国家的有关规定,结合新建民用建筑应该修建一定数量的防空地下室。但有时由于地质、地形、结构和施工等条件限制不宜修建防空地下室时,国家允许将应修建防空地下室的资金用于在居住小区内,易地建设单建掘开式人防工程。为了便于作好居住小区的人防工程规划和个体设计,更好地实现平战结合,为适应各地设计单位和主管部门的需要,本规范的适用范围作了适当的调整。

在本规范条文中凡只写明"防空地下室",但未注明甲类或乙类时,系指甲、乙两类防空地下室均应遵守的规定;在本规范条文中只写明甲类防空地下室(或乙类防空地下室),未注明其抗力级别时,系指符合本条规定范围内的各抗力级别的甲类防空地下室（或乙类防空地下室）均应遵守的规定。

1.0.4 甲类防空地下室设计必须满足其预定的战时对核武器、常规武器和生化武器的各项防护要求。乙类防空地下室设计必须满足其预定的战时对常规武器和生化武器的各项防护要求。

【条文解析】

未来爆发核战争的可能性已经变小，但是核威胁依然存在。在我国的一些城市和城市中的一些地区，人防工程建设仍须考虑防御核武器。但是考虑到我国地域辽阔，城市（地区）之间的战略地位差异悬殊，威胁环境十分不同，本规范把防空地下室区分为甲、乙两类。甲类防空地下室战时需要防核武罪器、防常规武器、防生化武器等；乙类防空地下室不考虑防核武器，只防常规武器和防生化武器。至于防空地下室是按甲类，还是按乙类修建，应由当地的人防主管部门根据国家的有关规定，结合该地区的具体情况确定。

2 耐火等级及性能等级

2.1 各类建筑的耐火等级

2.1.1 高层民用建筑

《高层民用建筑设计防火规范 2005 年版》GB 50045—1995

3.0.4 一类高层建筑的耐火等级应为一级，二类高层建筑的耐火等级不应低于二级。裙房的耐火等级不应低于二级。高层建筑地下室的耐火等级应为一级。

【条文解析】

本条对不同类别的高层民用建筑及与高层主体建筑相连的裙房应采用的耐火等级作了具体规定。

1）一类高层民用建筑。例如：医院病房楼、大型的商业楼、展览楼、综合楼、电信楼、财贸金融楼、网局级和省级电力调度楼、中央级和省级广播电视楼、省级邮政楼和防灾指挥调度楼、高级旅馆、大型的藏书楼等一类高层民用建筑，不仅规模大，而且性质重要、设备贵重、功能复杂，还有风道、空调等竖向管井多，有的还要使用大量的可燃装修材料。防火分隔处理不好，往往成为火灾蔓延的途径；有的住有行动不便的老人、小孩和病人等，紧急疏散十分困难。一旦发生火灾，火势蔓延快，疏散和扑救都很困难，容易造成重大损失或伤亡事故。因此，此类建筑物的耐火等级应比二类建筑物的高一些，故仍规定一类高层民用建筑的耐火等级为一级，二类高层民用建筑的耐火等级不应低于二级。

2）考虑到高层主体建筑及与其相连的裙房，在重要性和扑救、疏散难度等方面有所差别，对其耐火要求不应一刀切。但是与主体建筑相连的裙房耐火能力也不能太低，结合当前的实际情况和执行原规范十多年的实践，以及目前的常规做法，故仍规定与高层民用建筑主体相连的裙房的耐火等级不应低于二级。

3）地下室空气不像在地上那样可以顺利流通，发生火灾时，热量不易散失，温度高，烟雾大，疏散和扑救都非常困难。为了有利于防止火灾向地面以上部分和其他部位蔓延，本规范仍规定其耐火等级应为一级，是符合我国高层民用建筑地下室发展建设实际情况的，是可行的。

2.1.2 住宅建筑

《住宅建筑规范》GB 50368—2005

9.2.2 四级耐火等级的住宅建筑最多允许建造层数为 3 层，三级耐火等级的住宅建筑最多允许建造层数为 9 层，二级耐火等级的住宅建筑最多允许建造层数为 18 层。

【条文解析】

根据住宅建筑的特点，对不同建筑耐火等级要求的住宅的建造层数作了调整，允许四级耐火等级住宅建至 3 层，三级耐火等级住宅建至 9 层。考虑到住宅的分隔特点及其火灾特点，本规范强调住宅建筑户与户之间、单元与单元之间的防火分隔要求，不再对防火分区作出规定。

2.1.3 办公建筑

《办公建筑设计规范》JGJ 67—2006

1.0.3 办公建筑设计应依据使用要求分类，并应符合表 1.0.3 的规定。

表 1.0.3 办公建筑分类

类别	示例	设计使用年限	耐火等级
一类	特别重要的办公建筑	100年或50年	一级
二类	重要办公建筑	50年	不低于二级
三类	普通办公建筑	25年或50年	不低于二级

【条文解析】

办公建筑的分类主要依据使用功能的重要性而定。本条对办公建筑的主体结构的设计使用年限及耐火等级作了相应的规定。

对本条中所指"特别重要的办公建筑"，可以理解为：国家级行政办公建筑，部省级行政办公建筑，重要的金融、电力调度、广播电视、通信枢纽等办公建筑以及建筑高度超过该结构体系的最大适用高度的超高层办公建筑。

2.1.4 体育建筑

《体育建筑设计规范》JGJ 31—2003

1.0.7 体育建筑等级应根据其使用要求分级，且应符合表 1.0.7 规定。

表 1.0.7　体育建筑等级

等级	主要使用要求
特级	举办亚运会、奥运会及世界级比赛主场
甲级	举办全国性和单项国际比赛
乙级	举办地区性和全国单项比赛
丙级	举办地方性、群众性运动会

【条文解析】

本条是设施等级分级的基础。参考国家体育总局原体育设施标准管理处拟《公共体育场建设等级标准》（草案）中的规定，同时也与国家体育总局体育事业中期规划的建设目标分类要求大致协调。便于按不同要求区别对待，以保证其技术要求。

1.0.8 不同等级体育建筑结构设计使用年限和耐火等级应符合表 1.0.8 的规定。

表 1.0.8　体育建筑的结构设计使用年限和耐火等级

建筑等级	主体结构设计使用年限	耐火等级
特级	>100年	不低于一级
甲级、乙级	50～100年	不低于二级
丙级	25～50年	不低于二级

【条文解析】

根据体育设施的特点及我国的经济状况和技术发展，此条的耐火等级有所提高。

2.1.5　汽车库、修车库

《汽车库、修车库、停车场设计防火规范》GB 50067—1997

3.0.3 地下汽车库的耐火等级应为一级。

甲、乙类物品运输车的汽车库、修车库和Ⅰ、Ⅱ、Ⅲ类的汽车库、修车库的耐火等级不应低于二级。

Ⅳ类汽车库、修车库的耐火等级不应低于三级。

注：甲、乙类物品的火灾危险性分类应按现行的国家标准《建筑设计防火规范》的规定执行。

【条文解析】

地下汽车库发生火灾时，因缺乏自然通风和采光、扑救难度大，火势易蔓延，同时由于结构、防火等需要，地下车库通常为钢筋混凝土结构，可达一级耐火等级要求，所以不论其停车数量多少，其耐火等级不应低于一级是可行的。

2.1.6 锅炉房

《锅炉房设计规范》GB 50041—2008

15.1.1 锅炉房的火灾危险性分类和耐火等级应符合下列要求：

1. 锅炉间应属于丁类生产厂房，单台蒸汽锅炉额定蒸发量大于 4t/h 或单台热水锅炉额定热功率大于 2.8MW 时，锅炉间建筑不应低于二级耐火等级；单台蒸汽锅炉额定蒸发量小于等于 4t/h 或单台热水锅炉额定热功率小于等于 2.8MW 时，锅炉间建筑不应低于三级耐火等级。

设在其他建筑物内的锅炉房、锅炉间的耐火等级，均不应低于二级耐火等级。

2. 重油油箱间、油泵间和油加热器及轻柴油的油箱间和油泵间应属于丙类生产厂房，其建筑均不应低于二级耐火等级，上述房间布置在锅炉房辅助间内时，应设置防火墙与其他房间隔开。

3. 燃气调压间应属于甲类生产厂房，其建筑不应低于二级耐火等级，与锅炉房贴邻的调压间应设置防火墙与锅炉房隔开，其门窗应向外开启并不应直接通向锅炉房，地面应采用不产生火花地坪。

【条文解析】

按现行国家标准的有关规定，结合锅炉房的具体情况，将锅炉房的火灾危险性加以分类，并确定其耐火等级，以便在设计中贯彻执行。

2.1.7 医院

《综合医院建筑设计规范》JGJ 49—1988

第 4.0.2 条　一般不应低于二级，不超过 3 层时可为三级。

《疗养院建筑设计规范》JGJ 40-1987

第 3.6.2 条　疗养院建筑物耐火等级一般不应低于二级，若耐火等级为三级者，其层数不应超过三层。

【条文解析】

建筑耐火等级分为一、二、三、四级。在医疗建筑中，三级耐火等级的，只能设在一、二层；从安全角度考虑，最好设为一、二级耐火等级。

2.1.8 电影院

《电影院建筑设计规范》JGJ 58—2008

4.1.2 电影院建筑的等级可分为特、甲、乙、丙四个等级，其中特级、甲级和乙级电影院建筑的设计使用年限不应小于 50 年，丙级电影院建筑的设计使用年限不应小于 25 年。各等级电影院建筑的耐火等级不宜低于二级。

【条文解析】

电影院建筑质量划分为特、甲、乙、丙四个等级，以便于区别对待，保证最低限度的技术要求，便于设计、验收。四个等级电影院的设计使用年限、耐火等级、环境功能、电影工艺等标准均应符合本规范的规定。

2.1.9 剧场

《剧场建筑设计规范》JGJ 57—2000

1.0.5 剧场建筑的等级可分为特、甲、乙、丙四个等级。特等剧场的技术要求根据具体情况确定；甲、乙、丙等剧场应符合下列规定：

1. 主体结构耐久年限：甲等 100 年以上，乙等 51～100 年，丙等 25～50 年；

2. 耐火等级：甲、乙、丙等剧场均不应低于二级。

【条文解析】

剧场建筑质量划分为特、甲、乙、丙四个等级，便于区别对待，保证最低限度的技术要求，便于设计、验收；特等剧场是指代表国家的一些文娱建筑，如国家剧院、国家文化中心等，一般可不受本规范限制，其质量标准可根据具体要求而定，其他各等级剧场的耐久年限、耐火等级、环境功能及舞台工艺设备等的等级标准均应符合本规范的规定。

2.1.10 图书馆

《图书馆建筑设计规范》JGJ 38—1999

6.1.2 藏书量超过 100 万册的图书馆、书库，耐火等级应为一级。

6.1.3 图书馆特藏库、珍善本书库的耐火等级均应为一级。

6.1.4 建筑高度超过 24.00m，藏书量不超过 100 万册的图书馆、书库，耐火等级不应低于二级。

6.1.5 建筑高度不超过 24.00m，藏书量超过 10 万册但不超过 100 万册的图书馆、书库，耐火等级不应低于二级。

6.1.6 建筑高度不超过 24.00m，建筑层数不超过三层，藏书量不超过 10 万册的图书馆，耐火等级不应低于三级，但其书库和开架阅览室部分的耐火等级不得低于二级。

【条文解析】

本节的主导思想是防火规范已明确者不再赘述。防火规范未明确或图书馆有特殊要求者，本规范予以补充。图书资料不论是失火或用水扑救都会造成不可挽回的损失，设计应贯彻"以防为主"的原则。正是基于这一指导思想，规定馆舍的耐火等级，特别是书库及阅览室不得低于二级。

2.1.11 人防工程

《人民防空工程设计防火规范》GB 50098—2009

4.3.2 人防工程的耐火等级应为一级，其出入口地面建筑物的耐火等级不应低于二级。

【条文解析】

人防工程的出入口地面建筑是工程的一个组成部分，它是人员出入工程的咽喉要地，其防火上的安全性，将直接影响工程主体内人员疏散的安全。

2.2 建筑物构件的燃烧性能和耐火极限

2.2.1 高层民用建筑

《高层民用建筑设计防火规范 2005 年版》GB 50045—1995

3.0.2 高层建筑的耐火等级应分为一、二两级，其建筑构件的燃烧性能和耐火极限不应低于表 3.0.2 的规定。各类建筑构件的燃烧性能和耐火极限可按附录 A 确定。

表 3.0.2　建筑物构件的燃烧性能和耐火极限

构件名称		燃烧性能和耐火极限/h 耐火等级	
		一级	二级
墙	防火墙	不燃烧体3.00	不燃烧体3.00
	承重墙、楼梯间的墙、电梯井的墙、住宅单元之间的墙、住宅分户墙	不燃烧体2.00	不燃烧体2.00
	非承重外墙、疏散走道两侧的隔墙	不燃烧体1.00	不燃烧体1.00
	房间隔墙	不燃烧体0.75	不燃烧体0.50
柱		不燃烧体3.00	不燃烧体2.50
梁		不燃烧体2.00	不燃烧体1.50
楼板、疏散楼梯、屋顶承重构件		不燃烧体1.50	不燃烧体1.00
吊顶		不燃烧体0.25	难燃烧体0.25

【条文解析】

对高层民用建筑的耐火等级和各主要建筑构件的燃烧性能和耐火极限作了规定。

3.0.7 高层建筑内存放可燃物的平均重量超过 200kg/m² 的房间，当不设自动灭火系统时，其柱、梁、楼板和墙的耐火极限应按本规范第 3.0.2 条的规定提高 0.50h。

【条文解析】

本条对高层民用建筑内存放可燃物，如图书馆的书库，棉花、麻、化学纤维及其织物，毛、丝及其织物，如房间存放可燃物的平均重量超过 200kg/m²，则其柱、梁、楼板、隔墙等组成构件的耐火极限应提高要求。

3.0.8 建筑幕墙的设置应符合下列规定：

3.0.8.1 窗槛墙、窗间墙的填充材料应采用不燃烧材料。当外墙采用耐火极限不低于 1.00h 的不燃烧体时，其墙内填充材料可采用难燃烧材料。

3.0.8.2 无窗槛墙或窗槛墙高度小于 0.80m 的建筑幕墙，应在每层楼板外沿设置耐火极限不低于 1.00h、高度不低于 0.80m 的不燃烧体裙墙或防火玻璃裙墙。

3.0.8.3 建筑幕墙与每层楼板、隔墙处的缝隙，应采用防火封堵材料封堵。

【条文解析】

本条对高层民用建筑采用玻璃幕墙应采取的相应防火措施作了规定。

玻璃幕墙当受到火烧或受热时，易破碎，甚至大面积破碎，造成火势迅速蔓延，酿成大火灾，危害人身和财产的安全，出现所谓的"引火风道"，这是一个较严重的问题。故本规范对采用玻璃幕墙作出了相应的规定是必要的。

2.2.2 住宅建筑

《住宅建筑规范》GB 50368—2005

9.2.1 住宅建筑的耐火等级应划分为一、二、三、四级，其构件的燃烧性能和耐火极限不应低于表 9.2.1 的规定。

表 9.2.1　住宅建筑构件的燃烧性能和耐火极限

构件名称		耐火等级/h			
		一级	二级	三级	四级
墙	防火墙	不燃性3.00	不燃性3.00	不燃性3.00	不燃性3.00
	承重外墙	不燃性3.00	不燃性2.50	不燃性2.00	难燃性0.50
	非承重外墙	不燃性1.00	不燃性1.00	不燃性0.50	难燃性0.25

构件名称		耐火等级/h			
		一级	二级	三级	四级
墙	楼梯间的墙、电梯井的墙、住宅单元之间的墙、住宅分户墙、住户内承重墙	不燃性2.00	不燃性2.00	不燃性1.50	难燃性0.50
	疏散走道两侧的隔墙	不燃性1.00	不燃性1.00	不燃性0.50	难燃性0.50
柱		不燃性3.00	不燃性2.50	不燃性2.00	难燃性0.50
梁		不燃性2.00	不燃性1.50	不燃性1.00	难燃性0.50
楼板		不燃性1.50	不燃性1.00	不燃性0.50	难燃性0.50
屋顶承重构件		不燃性1.50	不燃性1.00	难燃性0.25	难燃性0.25
疏散楼梯		不燃性1.50	不燃性1.00	不燃性0.50	难燃性0.25

注：表中的外墙指除外保温层外的主体结构。

【条文解析】

本条将住宅建筑的耐火等级划分为四级。经综合考虑各种因素后，对适用于住宅的相关构件耐火等级进行了整合、协调，将构件燃烧性能描述为"不燃性"和"难燃性"，以体现构件的不同性能要求。考虑到目前轻钢结构和木结构等的发展需求，对耐火等级为三级和四级的住宅建筑构件的燃烧性能和耐火极限作了部分调整。

2.2.3 体育建筑

《体育建筑设计规范》JGJ 31—2003

8.1.4 室内、外观众看台结构的耐火等级，应与本规范第1.0.8条规定的建筑等级和耐久年限相一致。室外观众看台上面的罩棚结构的金属构件可无防火保护，其屋面板可采用经阻燃处理的燃烧体材料。

【条文解析】

体育建筑的室外观众席位一般较为重视结构自身的安全可靠性，容易忽视结构耐火等级的设计规定。观众看台下面为封闭使用空间后，存在相当大的火灾危险性，为此有必要强制规定其耐火等级。

本条还规定室外看台上罩棚结构可采用无防火保护金属构件。但对其屋面板规定必须使用经阻燃处理的燃烧体材料。其原因是，当观众席上部有火情时，能保证人员撤离之前不会发生屋面板的塌落事故。

8.1.5 用于比赛、训练部位的室内墙面装修和顶棚（包括吸声、隔热和保温处理），应采用不燃烧体材料。当此场所内设有火灾自动灭火系统和火灾自动报警系统时，室内墙面和顶棚装修可采用难燃烧体材料。

固定座位应采用烟密度指数50以下的难燃材料制作，地面可采用不低于难燃等级的材料制作。

【条文解析】

对比赛、训练部位室内装修的墙面和顶棚，使用的吸声、隔热、保温等材料，材质上不允许使用燃烧体材料，是防火设计的基本要求。条文上明确其室内装修的墙面和顶棚材料必须使用不燃烧体或难燃烧体，可大大延缓火灾时的火势蔓延，有利于保障人员疏散安全。同时对座椅和地面也提出了相应要求。

8.1.6 比赛或训练部位的屋盖承重钢结构在下列情况中的一种时，承重钢结构可不作防火保护：

1. 比赛或训练部位的墙面（含装修）用不燃烧体材料；

2. 比赛或训练部位设有耐火极限不低于 0.5h 的不燃烧体材料的吊顶；

3. 游泳馆的比赛或训练部位。

【条文解析】

屋盖承重钢结构中钢材属不燃烧体材料。在火灾初期阶段，温度超过 540℃时，钢材的力学性能，如屈服点、抗压强度、弹性模量以及承载能力等都迅速下降。在纵向压力和横向拉力作用下，钢结构扭曲变形。遇火灾失去控制，经 15min 时间，致使屋盖塌落。

8.1.7 比赛训练大厅的顶棚内可根据顶棚结构、检修要求、顶棚高度等因素设置马道，其宽度不应小于 0.65m，马道应采用不燃烧体材料，其垂直交通可采用钢质梯。

【条文解析】

本条提出体育建筑比赛、训练大厅屋盖内，由于实际操作或维护需要设置马道必须用不燃烧体材料。

8.1.8 比赛和训练建筑的灯控室、声控室、配电室、发电机房、空调机房、重要库房、消防控制室等部位，应采取下列措施中的一种作为防火保护：

1. 采用耐火极限不低于 2.0h 的墙体和耐火极限不小于 1.5h 的楼板同其他部位分隔，门、窗的耐火极限不应低于 1.2h。

2. 设自动水喷淋灭火系统。当不宜设水系统时，可设气体自动灭火系统，但不得采用卤代烷 1211 或 1301 灭火系统。

【条文解析】

比赛、训练建筑内的灯控室、声控室、配电室、发电机室、空调机房、重要库房、消防控制室，从设计上必须有防火措施，以防止火灾蔓延并提高房间自身抵御火灾的能力。

2.2.4 汽车库、修车库

《汽车库、修车库、停车场设计防火规范》GB 50067—1997

3.0.2 汽车库、修车库的耐火等级应分为三级。各级耐火等级建筑物构件的燃烧性能和耐火极限均不应低于表 3.0.2 的规定。

表 3.0.2 各级耐火等级建筑物构件的燃烧性能和耐火极限

构件名称		耐火等级/h		
		一级	二级	三级
墙	防火墙	不燃烧体3.00	不燃烧体3.00	不燃烧体3.00
	承重墙、楼梯间的墙、防火隔墙	不燃烧体2.00	不燃烧体2.00	不燃烧体2.00
	隔墙、框架填充墙	不燃烧体0.75	不燃烧体0.50	不燃烧体0.50
柱	支承多层的柱	不燃烧体3.00	不燃烧体2.50	不燃烧体2.50
	支承单层的柱	不燃烧体2.50	不燃烧体2.00	不燃烧体2.00
梁		不燃烧体2.00	不燃烧体1.50	不燃烧体1.00
楼板		不燃烧体1.50	不燃烧体1.00	不燃烧体0.50
疏散楼梯、坡道		不燃烧体1.50	不燃烧体1.00	不燃烧体1.00
屋顶承重构件		不燃烧体1.50	不燃烧体0.50	燃烧体
吊顶（包括吊顶搁栅）		不燃烧体0.25	难燃烧体0.25	难燃烧体0.15

【条文解析】

本条耐火等级以现行《建筑设计防火规范》GB 50016、《高层民用建筑设计防火规范》GB 50045 的规定为基准，结合汽车库的特点，增加了"防火隔墙"一项，防火隔墙比防火墙的耐火时间短，比一般分隔墙的耐火时间要长，且不必按防火墙的要求砌筑在梁或基础上，只须从楼板砌筑至顶板，这样分隔也较自由。这些都是鉴于汽车库内的火灾负载较少而提出的防火分隔措施，具体执行证明还是可行的。

2.2.5 电影院

《电影院建筑设计规范》JGJ 58—2008

6.1.3 观众厅内座席台阶结构应采用不燃材料。

【条文解析】

在改建和扩建的电影院中，观众厅视线升起要调整座席台阶的高度。许多座席台阶采用木质，极易引起火灾。本条规定采用不燃烧体，其耐火极限不应小于 0.5h。

6.1.4 观众厅、声闸和疏散通道内的顶棚材料应采用 A 级装修材料，墙面、地面材料不应低于 B1 级。各种材料均应符合现行国家标准《建筑内部装修设计防火规范》GB 50222 中的有关规定。

【条文解析】

关于观众厅装修材料燃烧性能等级，各防火规范都有规定，当设置在四层及四层以上或地下室时，室内装修的顶棚、墙面材料选择应符合《建筑内部装修设计防火规范》GB 50222—1995 有关规定。

6.1.5 观众厅吊顶内吸声、隔热、保温材料与检修马道应采用 A 级材料。

【条文解析】

电影院观众厅吊顶内的吸声、隔热材料一般是微孔材料或松散材料，设置在两个地方，一是在屋面板（或楼面板）下，一是放在吊顶上，吊顶是灯具、风管线路交错的地方，闷顶内容易起火。另外，吊顶内设备均须经常检修，为了避免火灾，本条作了相应的规定。

6.1.6 银幕架、扬声器支架应采用不燃材料制作，银幕和所有幕帘材料不应低于 B₁ 级。

【条文解析】

银幕架、扬声器支架均是观众厅重要设备承重构件，通常采用型钢结构，为了避免火灾，严禁使用木质结构。银幕从材料上分为：布质银幕、白色涂料银幕、珍珠银幕、塑料银幕、玻珠银幕、金属银幕等。另外，银幕前的大幕帘和沿幕，以及遮光门帘均以织物为主，极易燃烧，因此本条作了相应的规定。

6.1.8 电影院顶棚、墙面装饰采用的龙骨材料均应为 A 级材料。

【条文解析】

为了保障电影院内部装修的消防安全，本条提出相应的规定。

2.2.6 剧场

《剧场建筑设计规范》JGJ 57—2000

8.1.3 舞台与后台部分的隔墙及舞台下部台仓的周围墙体均应采用耐火极限不低于 2.5h 的不燃烧体。

【条文解析】

本条规定是将主台与后台，主台与台仓形成独立的防火间隔，其技术要求耐火极限

2.5h。这个耐火极限是一般 120mm 厚的砖砌体或 100mm 厚的加气混凝土都能达到的。这个规定比防火规范稍严一些。

8.1.4 舞台（包括主台、侧台、后舞台）内的天桥、渡桥码头、平台板、栅顶应采用不燃烧体，耐火极限不应小于 0.5h。

【条文解析】

舞台内天桥、平台、码头数量较多，堆放道具、放置灯具、平衡重块等，线路较多，但至今仍有许多天桥、平台为木制的，极易引起火灾，同时堆放平衡重块等重物，亦不安全。也避免采用金属结构。本条规定采用非燃烧体，其耐火极限不小于 0.5h。

8.1.5 变电间之高、低压配电室与舞台、侧台、后台相连时，必须设置面积不小于 6m² 的前室，并应设甲级防火门。

【条文解析】

容量小的变压器在主体建筑内的例子很多，其优点是节约沟管线路，接近负荷中心，但必须形成独立的防火间隔，舞台既是负荷中心，在演出时又是聚集场所，我们又规定增加了前室。前室门设置甲级防火门，前室通风良好，可以迅速排除热空气烟雾，形成较完整的防火间隔。

8.1.6 甲等及乙等的大型、特大型剧场应设消防控制室，位置宜靠近舞台，并有对外的单独出入口，面积不应小于 12m²。

【条文解析】

据调查，我国剧场大部分尚未设置单独的消防控制室，仅有个别的剧场设置了消防控制室。其原因在于：

1）大部分剧场仅在观众厅和舞台设置了消防栓，消防栓就地操作；

2）个别设置了水幕和自动喷洒系统，其启闭阀门就设置在舞台台口墙或侧墙上；

3）没有专职人员管理消防工作，一般由电工班或管道工班兼职。

8.1.7 观众厅吊顶内的吸声、隔热、保温材料应采用不燃材料。观众厅（包括乐池）的天棚、墙面、地面装修材料不应低于 A₁ 级，当采用 B₁ 级装修材料时应设置相应的消防设施，并应符合本规范第 8.4.1 条规定。

【条文解析】

观众厅吊顶内的吸声、隔热、保温材料一般是微孔材料或松散材料，设置在两个地方，一是屋面板下，因受屋面辐射热影响，容易起火。一是吊平顶上，吊平顶正是灯具线路交错的地方，吊平顶采用易燃材料非常普遍，这就造成容易起火的条件。

8.1.8 剧场检修马道应采用不燃材料。

【条文解析】

观众厅吊顶内灯具线路交错，另有通风管道及消防设备均需经常检修，如未设置检修马道，工人则沿屋架及吊平顶结构构件行走，一是对检修工人不安全，二是对检修工作不利。检修工作做得好，对避免火灾有利。检修马道本身应是不燃材料，避免形成火源。

8.1.9 观众厅及舞台内的灯光控制室、面光桥及耳光室各界面构造均采用不燃材料。

【条文解析】

目前国内多数剧场的面光桥、耳光室设施简陋，通风不良，夏季受屋面辐射热影响。面光桥本身多为钢木结构，加上聚光灯高温，灯具线路交错，极易发生火灾，故应采用不燃材料。在调查中见到用铁皮覆盖或作高压石棉板覆盖，后者优于前者。

8.1.11 舞台内严禁设置燃气加热装置，后台使用上述装置时，应用耐火极限不低于 2.5h 的隔墙和甲级防火门分隔，并不应靠近服装室、道具间。

【条文解析】

舞台上禁止使用明火加热器，这是其他各国规范规程中均有明文规定的，但在后台使用这些小型加热器却很普遍，其原因在于后台用热水等是间歇的，集中所需热水量不大，使用固定大型供热设备经济上不合算。所以我们规定它在后台可以用，但必须在单独的防火间隔内，不能靠近服装室、化妆室、道具间等有大量易燃材料的房间。

8.1.13 机械舞台台板采用的材料不得低于 B_1 级。

【条文解析】

机械舞台（推拉、升降、转）已普遍采用，其台面因表面需要有弹性，一般均喜用木地板，因此本条作了相应的规定。

8.1.14 舞台所有布幕均应为 B_1 级材料。

【条文解析】

据调查大量舞台火灾起源于舞台布幕被舞台灯光烤燃，因此本条作了相应的规定。

2.2.7 人防工程

《人民防空工程设计防火规范》GB 50098—2009

4.2.3 电影院、礼堂的观众厅与舞台之间的墙，耐火极限不应低于 2.5h，观众厅与舞台之间的舞台口应符合本规范第 7.2.3 条的规定；电影院放映室（卷片室）应采用耐火极限不低于 1h 的隔墙与其他部位隔开，观察窗和放映孔应设置阻火闸门。

【条文解析】

本条对舞台与观众厅之间的舞台口、电影院放映室（卷片室）、观察窗和放映孔作出规定。

4.2.4 下列场所应采用耐火极限不低于 2h 的隔墙和 1.5h 的楼板与其他场所隔开，并应符合下列规定：

1 消防控制室、消防水泵房、排烟机房、灭火剂储瓶室、变配电室、通信机房、通风和空调机房、可燃物存放量平均值超过 30kg/m² 火灾荷载密度的房间等，墙上应设置常闭的甲级防火门；

2 柴油发电机房的储油间。墙上应设置常闭的甲级防火门，并应设置高 150mm 的不燃烧、不渗漏的门槛，地面不得设置地漏；

3 同一防火分区内厨房、食品加工等用火用电用气场所，墙上应设置不低于乙级的防火门，人员频繁出入的防火门应设置火灾时能自动关闭的常开式防火门；

4 歌舞娱乐放映游艺场所，且一个厅、室的建筑面积不应大于 200m²，隔墙上应设置不低于乙级的防火门。

【条文解析】

本条规定了采用耐火极限不低于 2h 的隔墙和 1.5h 的楼板与其他部位隔开的场所。

1）人防工程内的消防控制室、消防水泵房、排烟机房、灭火剂储瓶室、变配电室、通信机房、通风和空调机房等与消防有关的房间是保障工程内防火、灭火的关键部位，必须提高隔墙和楼板的耐火极限，以便在火灾时发挥它们应有的作用；存放可燃物的房间，在一般情况下，可燃物越多，火灾时燃烧得越猛烈，燃烧的时间越长。因此对可燃物较多的房间，提高其隔墙和楼板的耐火极限是应该的。

2）储油间门槛的设置也可采用将储油间地面下 -150mm 的做法，目的是防止地面渗漏油的外流。

3）食品加工和厨房等集中用火用电用气场所，火灾危险性较大，故要求采用防火分隔措施与其他部位隔开。对于人员频繁出入的防火门，规范要求设置火灾时能自动关闭的防火门的目的是，一旦发生火灾，确保防火门接到火灾信号后能及时关闭，以免火灾向其他场所蔓延。

4）"一个厅、室"是指一个独立的歌舞娱乐放映游艺场所。将其建筑面积限定在 200m²，是为了将火灾限制在一定的区域内，减少人员伤亡。

4.4.3.2 防火卷帘的耐火极限不应低于 3h。

【条文解析】

本条对防火卷帘的耐火极限作出了具体规定,其目的是提高防火卷帘作为防火分隔物的可靠性。

2.3 建筑内部装修材料的燃烧性能等级

2.3.1 一般规定

《建筑内部装修设计防火规范 2001 年版》GB 50222—1995

2.0.2 装修材料按其燃烧性能应划分为四级,并应符合表 2.0.2 的规定:

表 2.0.2 装修材料燃烧性能等级

等级	装修材料燃烧性能
A级	不燃性
B_1级	难燃性
B_2级	可燃性
B_3级	易燃性

【条文解析】

按现行国家标准《建筑材料及制品燃烧性能分级》GB 86242,将内部装修材料的燃烧性能分为四级。以利于装修材料的检测和本规范的实施。

2.0.3 装修材料的燃烧性能等级,应按本规范附录 A 的规定,由专业检测机构检测确定。B_3 级装修材料可不进行检测。

【条文解析】

选定材料的燃烧性能测试方法和建立材料燃烧性能分级标准,是编制有关设计防火规范性能指数的依据和基础。

3.1.2 除地下建筑外,无窗房间的内部装修材料的燃烧性能等级,除 A 级外,应在本章规定的基础上提高一级。

【条文解析】

无窗房间发生火灾时有几个特点:火灾初起阶段不易被发觉,发现起火时,火势往往已经较大;室内的烟雾和毒气不能及时排出;消防人员进行火情侦察和施救比较困难。因此将无窗房间室内装修的要求提高一级。

3.1.3 图书室、资料室、档案室和存放文物的房间,其顶棚、墙面应采用 A 级装修材料,地面应采用不低于 B_1 级的装修材料。

3.1.4 大中型电子计算机房、中央控制室、电话总机房等放置特殊贵重设备的房间，其顶棚和墙面应采用 A 级装修材料，地面及其他装修应采用不低于 B$_1$ 级的装修材料。

【条文解析】

此类设备或本身价格昂贵，或影响面大，一旦发生火灾，火势发展迅速，损失重大。因此要求顶棚、墙面均使用 A 级材料装修，地面应使用不低于 B$_1$ 级的材料装修。

3.1.5 消防水泵房、排烟机房、固定灭火系统钢瓶间、配电室、变压器室、通风和空调机房等，其内部所有装修均应采用 A 级装修材料。

【条文解析】

这些设备的正常运转对火灾的监控和扑救是非常重要的，故要求全部使用 A 级材料装修。

3.1.6 无自然采光楼梯间、封闭楼梯间、防烟楼梯间及其前室的顶棚、墙面和地面均应采用 A 级装修材料。

【条文解析】

火灾发生时，各楼层人员都需要经过纵向疏散通道。尤其是高层建筑，如果纵向通道被火封住，对受灾人员的逃生和消防人员的救援都极为不利。另外对高层建筑的楼梯间，一般无美观装修的要求。

3.1.7 建筑物内设有上下层相连通的中庭、走马廊、开敞楼梯、自动扶梯时，其连通部位的顶棚、墙面应采用 A 级装修材料，其他部位应采用不低于 B$_1$ 级的装修材料。

【条文解析】

这些部位空间高度很大，有的上下贯通几层甚至十几层。万一发生火灾，能起到烟囱一样的作用，使火势无阻挡地向上蔓延，很快充满整幢建筑物，给人员疏散造成很大困难。

3.1.13 地上建筑的水平疏散走道和安全出口的门厅，其顶棚装饰材料应采用 A 级装修材料，其他部位应采用不低于 B$_1$ 级的装修材料。

【条文解析】

建筑物各层的水平疏散走道和安全出口门厅是火灾中人员逃生的主要通道，因而对装修材料的燃烧性能要求较高。

3.1.16 建筑物内的厨房，其顶棚、墙面、地面均应采用 A 级装修材料。

【条文解析】

一般来说，厨房的装修以易于清洗为主要目的，多采用瓷砖、石材、涂料等材料。厨房内火源较多，对装修材料的燃烧性能应严格要求。

3.1.18 当歌舞厅、卡拉 OK 厅（含具有卡拉 OK 功能的餐厅）、夜总会、录像厅、放映厅、桑拿浴室（除洗浴部分外）、游艺厅（含电子游艺厅）、网吧等歌舞娱乐放映游艺场所（以下简称歌舞娱乐放映游艺场所）设置在一、二级耐火等级建筑的四层及四层以上时，室内装修的顶棚材料应采用 A 级装修材料，其他部分应采用不低于 B₁ 级的装修材料；当设置在地下一层时，室内装修的顶棚、墙面材料应采用 A 级装修材料，其他部分应采用不低于 B₁ 级的装修材料。

【条文解析】

近年来，歌舞娱乐放映游艺场所屡屡发生一次死亡数十人或数百人的火灾事故，其中一个重要的原因是这类场所使用大量可燃装修材料，发生火灾时，这些材料产生大量有毒烟气，导致人员在很短的时间内窒息死亡。因此，本条对这类场所的室内装修材料作出相应规定。

3.2.1 单层、多层民用内部各部位装修材料的燃烧性能等级，不应低于表 3.2.1 的规定。

表 3.2.1　单层、多层民用建筑内部各部位装修材料的燃烧性能等级

建筑物及场所	建筑规模、性质	装修材料燃烧性能等级							其他装饰材料
		顶棚	墙面	地面	隔断	固定家具	装饰织物		
							窗帘	帷幕	
候机楼的候机大厅、商店、餐厅、贵宾候机室、售票厅等	建筑面积＞10000m²的候机楼	A	A	B₁	B₁	B₁	B₁		B₁
	建筑面积≤10000m²的候机楼	A	B₁	B₁	B₁	B₂	B₂		B₂
汽车站、火车站、轮船客运站的候车(船)室、餐厅、商场等	建筑面积＞10000m²的车站、码头	A	A	B₁	B₁	B₂	B₂		B₂
	建筑面积≤10000m²的车站、码头	B₁	B₁	B₁	B₂	B₂	B₂		B₂
影院、会堂、礼堂、剧院、音乐厅	＞800座位	A	A	B₁	B₁	B₁	B₁	B₁	B₁
	≤800座位	A	B₁	B₁	B₂	B₂	B₁	B₁	B₂
体育馆	＞3000座位	A	A	B₁	B₁	B₁	B₂	B₂	B₂
	≤3000座位	A	B₁	B₁	B₂	B₂	B₁	B₁	B₂

建筑物及场所	建筑规模、性质	装修材料燃烧性能等级							
		顶棚	墙面	地面	隔断	固定家具	装饰织物		其他装饰材料
							窗帘	帷幕	
商场营业厅	每层建筑面积>3000m² 或总建筑面积>9000m²的营业厅	A	B₁	A	A	B₁	B₁		B₂
	每层建筑面积1000～3000m²或总建筑面积3000～9000m²的营业厅	A	B₁	B₁	B₁	B₂	B₁		
	每层建筑面积<1000m²或总建筑面积<3000m²的营业厅	B₁	B₁	B₁	B₂	B₂	B₂		
饭店、旅馆的客房及公共活动用房等	设有中央空调系统的饭店、旅馆	A	B₁	B₁	B₁	B₂	B₂		B₂
	其他饭店、旅馆	B₁	B₁	B₂	B₂	B₂	B₂		
歌舞厅、餐馆等娱乐、餐饮建筑	营业面积>100m²	A	B₁	B₁	B₁	B₂	B₁		B₂
	营业面积≤100m²	B₁	B₁	B₁	B₂	B₂	B₂		B₂
幼儿园、托儿所、中、小学、医院病房楼、疗养院、养老院		A	B₁	B₂	B₁	B₂	B₁		B₂
纪念馆、展览馆、博物馆、图书馆、档案馆、资料馆等	国家级、省级	A	B₁	B₁	B₁	B₂	B₁		B₂
	省级以下	B₁	B₁	B₂	B₂	B₂	B₂		B₂
办公楼、综合楼	设有中央空调系统的办公楼、综合楼	A	B₁	B₁	B₁	B₂	B₂		B₂
	其他办公楼、综合楼	B₁	B₁	B₂	B₂	B₂			

建筑物及场所	建筑规模、性质	装修材料燃烧性能等级							其他装饰材料
		顶棚	墙面	地面	隔断	固定家具	装饰织物		
							窗帘	帷幕	
住宅	高级住宅	B_1	B_1	B_1	B_1	B_2	B_2		B_2
	普通住宅	B_1	B_2	B_2	B_2	B_2			

【条文解析】

表 3.2.1 中给出的装修材料燃烧性能等级是允许使用材料的基准级制。

3.2.3 除 3.1.18 条规定外，当单层、多层民用建筑内装有自动灭火系统时，除顶棚外，其内部装修材料的燃烧性能等级可在表 3.2.1 规定的基础上降低一级；当同时装有火灾自动报警装置和自动灭火系统时，其顶棚装修材料的燃烧性能等级可在表 3.2.1 规定的基础上降低一级，其他装修材料的燃烧性能等级可不限制。

【条文解析】

考虑到一些建筑物装修标准要求较高，需要采用可燃材料进行装修，为了满足现实需要，又不降低整体安全性能，因此规定设置消防设施以弥补装修材料燃烧等级不够的问题。

2.3.2 高层民用建筑内部装修材料燃烧性能等级规定

《建筑内部装修设计防火规范 2001 年版》 GB 50222—1995

3.3.1 高层民用建筑内部各部位装修材料的燃烧性能等级，不应低于表 3.3.1 的规定。

表 3.3.1　高层民用建筑内部各部位装修材料的燃烧性能等级

建筑物	建筑规模、性质	装修材料燃烧性能等级					装饰织物				其他装饰材料
		顶棚	墙面	地面	隔断	固定家具	窗帘	帷幕	床罩	家具包布	
高级旅馆	>800座位的观众厅、会议厅；顶层餐厅	A	B₁	B₁	B₁	B₁	B₁	B₁		B₁	B₁
	≤800座位的观众厅、会议厅	A	B₁	B₁	B₂	B₂	B₁	B₂		B₂	B₂
	其他部位	A	B₁	B₁	B₂	B₂	B₁	B₂	B₁	B₂	B₁
商业楼、展览楼、综合楼、商住楼、医院病房楼	一类建筑	A	B₁	B₁	B₁	B₂	B₁	B₂		B₂	B₁
	二类建筑	B₁	B₁	B₂	B₂	B₂	B₁	B₂		B₂	B₂
电信楼、财贸金融楼、邮政楼、广播电视楼、电力调度楼、防灾指挥调度楼	一类建筑	A	A	B₁	B₁	B₁	B₁	B₂		B₂	B₁
	二类建筑	B₁	B₁	B₂	B₂	B₂	B₁	B₂		B₂	B₂
教学楼、办公楼、科研楼、档案楼、图书馆	一类建筑	B₁	B₁	B₂	B₂	B₂	B₁	B₂		B₂	B₁
	二类建筑	B₁	B₂	B₂	B₂	B₂	B₂	B₂		B₂	B₂
住宅、普通旅馆	一类普通旅馆高级住宅	A	B₁	B₂	B₂	B₂	B₁	B₂		B₂	B₁
	二类普通旅馆普通住宅	B₁	B₁	B₂	B₂	B₂	B₂	B₂		B₂	B₂

注：1. "顶层餐厅"包括设在高空的餐厅、观光厅等；

2. 建筑物的类别、规模、性质应符合国家现行标准《高层民用建筑设计防火规范》的有关规定。

【条文解析】

表中建筑物类别、场所及建筑规划是根据《高层民用建筑设计防火规范》GB 50045 有关内容结合室内设计情况划分的。

对高级旅馆的其他部位定为相同的装修要求，而对其中内含的观众厅、会议厅、顶层餐厅等又按照座位的数量划分成两类。这都是基于《高层民用建筑设计防火规范》GB 50045 对此类房间、场所的限制规定的。其中将顶层餐厅同时加以限制，虽性质有不同，但因部位特殊，也划为同一等级。

综合楼是《高层民用建筑设计防火规范》GB 50045 中的概念，即除内部设有旅馆以外的综合楼。商业楼、展览楼、综合楼、商住楼具有相同的功能,在《高层民用建筑设计防火规范》GB 50045 中同以面积概念提出,故划作一类。

电信、财贸、金融等建筑均为国家和地方政府政治经济要害部门,以其重要特性划为一类。

教学、办公等建筑其内部功能相近,均属国家重要文化、科技、资料、档案等范畴,装修材料的燃烧性能等级可取得一致。

普通旅馆和住宅,使用功能相近,参照《高层民用建筑设计防火规范》GB 50045 对普通旅馆的划分,将其分为两类。

3.3.2 除第 3.1.18 条所规定的场所和 100m 以上的高层民用建筑及大于 800 座位的观众厅、会议厅、顶层餐厅外,当设有火灾自动报警装置和自动灭火系统时,除顶棚外,其内部装修材料的燃烧性能等级可在表 3.3.1 规定的基础上降低一级。

【条文解析】

100m 以上的高层建筑与高层建筑内大于 800 座的观众厅、会议厅、顶层餐厅均属特殊范围。观众厅等不仅人员密集,采光条件也较差,万一发生火灾,人员伤亡会比较严重,对人的心理影响也要超过物质因素,所以在任何条件下都不应降低内部装修材料的燃烧性能等级。

3.3.3 高层民用建筑的裙房内面积小于 $500m^2$ 的房间,当设有自动灭火系统,并且采用耐火等级不低于 2h 的隔墙、甲级防火门、窗与其他部位分隔时,顶棚、墙面、地面的装修材料的燃烧性能等级可在表 3.3.1 规定的基础上降低一级。

【条文解析】

高层建筑裙房的使用功能比较复杂,其内装修与整栋高层取同为一个水平,在实际操作中有一定的困难。考虑到裙房与主体高层之间有防火分隔并且裙房的层数有限,因此本条作了相应的规定。

2.3.3 地下民用建筑内部装修材料燃烧性能等级规定

《建筑内部装修设计防火规范 2001 年版》GB 50222—1995

3.4.1 地下民用建筑内部各部位装修材料的燃烧性能等级,不应低于表 3.4.1 的规定。

注:地下民用建筑系指单层、多层、高层民用建筑的地下部分,单独建造在地下的民用建筑以及平战结合的地下人防工程。

表 3.4.1 地下民用建筑内部各部位装修材料的燃烧性能等级

建筑物及场所	装修材料燃烧性能等级						
	顶棚	墙面	地面	隔断	固定家具	装饰织物	其他装饰材料
休息室和办公室等,旅馆和客房及公共活动用房等	A	B_1	B_1	B_1	B_1	B_2	B_2
娱乐场所、旱冰场等,舞厅、展览厅等,医院的病房、医疗用房等	A	A	B_1	B_1	B_1	B_1	B_2
电影院的观众厅、商场的营业厅	A	A	A	B_1	B_1	B_1	B_2
停车库、人行通道、图书资料库、档案库	A	A	A	A	A		

【条文解析】

本条结合地下民用建筑的特点,按建筑类别、场所和装修部位分别规定了装修材料的燃烧性能等级。人员比较密集的商场营业厅、电影院观众厅,以及各类库房选用装修材料燃烧性能等级应严,旅馆客房、医院病房,以及各类建筑的办公室等房间使用面积较小且经常有管理人员值班,选用装修材料燃烧性能等级可稍宽。

装修部位不同,如顶棚、墙面、地面等,火灾危险性也不同,因而分别对装修材料燃烧性能等级提出不同要求。表中娱乐场所是指建在地下的体育及娱乐建筑,如篮球、排球、乒乓球、武术、体操、棋类等的比赛练习场馆。餐馆是指餐馆餐厅、食堂餐厅等地下饮食建筑。

本条的注解说明了地下民用建筑的范围。地下民用建筑也包括半地下民用建筑,半地下民用建筑的定义按有关防火规范执行。

3.4.2 地下民用建筑的疏散走道和安全出口的门厅,其顶棚、墙面和地面的装修材料应采用 A 级装修材料。

【条文解析】

本条特别提出公共疏散走道各部位装修材料的燃烧性能等级要求,是由地下民用建筑的火灾特点及疏散走道部位在火灾疏散时的重要性决定的。

3 建筑总平面布局和平面布置

3.1 一般规定

《高层民用建筑设计防火规范 2005 年版》 GB 50045—1995

4.1.1 在进行总平面设计时，应根据城市规划，合理确定高层建筑的位置、防火间距、消防车道和消防水源等。

高层建筑不宜布置在火灾危险性为甲、乙类厂（库）房，甲、乙、丙类液体和可燃气体储罐以及可燃材料堆场附近。

注：厂房、库房的火灾危险性分类和甲、乙、丙类液体的划分，应按现行的国家标准《建筑设计防火规范》的有关规定执行。

【条文解析】

本条对高层民用建筑位置、防火间距、消防车道、消防水源等作出了原则规定，这是针对高层建筑发生火灾时容易蔓延和疏散、扑灭难度大，往往造成严重损失和重大伤亡事故及易燃易爆厂房、仓库发生火灾时对高层建筑的威胁等因素确定的。为了保障高层民用建筑消防安全，吸取上述火灾教训，并考虑目前各地高层建筑设置的实际情况，本条提出必须注意合理布置总平面，选择安全地点，特别要避免在甲、乙类厂（库）房，易燃、可燃液体和可燃气体储罐以及易燃、可燃材料堆场的附近布置高层民用建筑，以防止和减少火灾对高层民用建筑的危害。

4.1.2 燃油或燃气锅炉、油浸电力变压器、充有可燃油的高压电容器和多油开关等宜设置在高层建筑外的专用房间内。

当上述设备受条件限制需与高层建筑贴邻布置时,应设置在耐火等级不低于二级的建筑内，并应采用防火墙与高层建筑隔开，且不应贴邻人员密集场所。

当上述设备受条件限制需布置在高层建筑中时，不应布置在人员密集场所的上一层、下一层或贴邻，并应符合下列规定：

4.1.2.1 燃油和燃气锅炉房、变压器室应布置在建筑物的首层或地下一层靠外墙部位，但常（负）压燃油、燃气锅炉可设置在地下二层；当常（负）压燃气锅炉房距安全出口的距离大于 6.00m 时，可设置在屋顶上。

采用相对密度（与空气密度比值）大于或等于 0.75 的可燃气体作燃料的锅炉，不得设置在建筑物的地下室或半地下室。

4.1.2.2 锅炉房、变压器室的门均应直通室外或直通安全出口；外墙上的门、窗等开口部位的上方应设置宽度不小于 1.0m 的不燃烧体防火挑檐或高度不小于 1.20m 的窗槛墙。

4.1.2.3 锅炉房、变压器室与其他部位之间应采用耐火极限不低于 2.00h 的不燃烧体隔墙和 1.50h 的楼板隔开。在隔墙和楼板上不应开设洞口；当必须在隔墙上开门窗时，应设置耐火极限不低于 1.20h 的防火门窗。

4.1.2.4 当锅炉房内设置储油间时，其总储存量不应大于 1.00m³，且储油间应采用防火墙与锅炉间隔开；当必须在防火墙上开门时，应设置甲级防火门。

4.1.2.5 变压器室之间、变压器室与配电室之间，应采用耐火极限不低于 2.00h 的不燃烧体墙隔开。

4.1.2.6 油浸电力变压器、多油开关室、高压电容器室，应设置防止油品流散的设施。油浸电力变压器下面应设置储存变压器全部油量的事故储油设施。

4.1.2.7 锅炉的容量应符合现行国家标准《锅炉房设计规范》GB 50041 的规定。油浸电力变压器的总容量不应大于 1260kVA，单台容量不应大于 630kVA。

4.1.2.8 应设置火灾报警装置和除卤代烷以外的自动灭火系统。

4.1.2.9 燃气、燃油锅炉房应设置防爆泄压设施和独立的通风系统。采用燃气作燃料时，通风换气能力不小于 6 次/h，事故通风换气次数不小于 12 次/h；采用燃油作燃料时，通风换气能力不小于 3 次/h，事故通风换气能力不小于 6 次/h。

【条文解析】

1）我国目前生产的快装锅炉，其工作压力一般为 0.10~1.30MPa，其蒸发量为 1~30t/h。产品质量差、安全保护设备失灵或操作不慎等都有导致发生爆炸的可能，特别是燃油、燃气的锅炉，容易发生爆炸事故，故不宜在高层建筑内安装使用，但考虑目前建筑用地日趋紧张，尤其旧城区改造，脱开高层建筑单独设置锅炉房困难较大，目前国产锅炉本体材料、生产质量与国外不相上下，有差距之处是控制设备，根据《热水锅炉安全技术监督规定》的要求，并参考了国外的一些做法，本条对锅炉房的设置部位作了规定。即如受条件限制，锅炉房不能与高层建筑脱开布置时，允许将其布置在高层建筑内，但应采取相应的防火措施。

对于常压类型热水锅炉设置问题，通过大量的调查，热水锅炉的危险性远比蒸汽锅炉的低。目前作为一些双回程的热水锅炉（即锅炉为常压高温水，热交换器为承压设备），可以适当放宽该机房的设置位置，即设在地下一层或地下二层。同时，对所用燃料及机房的防火要求作了规定。

对于负压类型的锅炉——如直燃型溴化锂冷（热）水机组有别于蒸汽锅炉，它在制冷、供热以及提供卫生热水三种工况运行时，机组本身处于真空负压状态，所以是相对安全可靠的，可设于建筑物内。但考虑到溴化锂直燃机组用油用气，机房一旦失火，扑救难度较大等问题，对溴化锂直燃机组在高层建筑内的位置和机房的防火要求作出了规定。

对于常（负）压燃气锅炉房设置在屋顶问题，经过大量的调研和对常（负）压燃气锅炉房实际运行情况的考察，在燃料供给等有相应防火措施的情况下可设置在屋顶，但锅炉房的门距安全出口的距离应大于 6.0m。

另外，锅炉房的设置还须符合本条相应条款的规定，采取相应的防火措施。

2）可燃油油浸电力变压器发生故障产生电弧时，将使变压器内的绝缘油迅速发生热分解，析出氢气、甲烷、乙烯等可燃气体，压力骤增，造成外壳爆裂大量喷油，或者析出的可燃气体与空气混合形成爆炸混合物，在电弧或火花的作用下引起燃烧爆炸。变压器爆裂后，高温的变压器油流到哪里就会烧到哪里，致使火势蔓延。如某水电站的变压器爆炸，将厂房炸坏，油火顺过道、管沟、电缆架蔓延，从一楼烧到地下室，又从地下室烧到二楼主控制室，将控制室全部烧毁，造成重大损失。充有可燃油的高压电容器、多油开关等，也有较大的火灾危险性，故规定可燃油油浸电力变压器和充有可燃油的高压电容器、多油开关等不宜布置在高层民用建筑裙房内。对干式或不燃液体的变压器，因其火灾危险性小，不易发生爆炸，故本条未作限制。

3）由于受到规划要求、用地紧张、基建投资等条件的限制，如必须将可燃油油浸变压器等布置在高层建筑内时，应采取符合本条要求的防火措施。

4.1.3 柴油发电机房布置在高层建筑和裙房内时，应符合下列规定：

4.1.3.1 可布置在建筑物的首层或地下一、二层，不应布置在地下三层及以下。柴油的闪点不应小于 55℃；

4.1.3.2 应采用耐火极限不低于 2.00h 的隔墙和 1.50h 的楼板与其他部位隔开，门应采用甲级防火门；

4.1.3.3 机房内应设置储油间，其总储存量不应超过 8.00h 的需要量，且储油间应采用防火墙与发电机间隔开；当必须在防火墙上开门时，应设置能自动关闭的甲级防火门；

4.1.3.4 应设置火灾自动报警系统和除卤代烷 1211、1301 以外的自动灭火系统。

【条文解析】

据调查，柴油发电机房与常（负）压锅炉房在燃料防火安全方面有类似之处，可布置在高层建筑、裙房的首层或地下一、二层，但不应低于地下二层，且应满足本条的有关规定。

卤代烷对环境有较大影响，依照国家有关规定对自动灭火系统的选用作了适当修改。

由于城市用地日趋紧张，自备柴油发电机房脱开高层建筑单独设置比较困难，同时考虑柴油闪点较低，发生火灾危险性较小，故在采取相应的防火措施时，也可布置在高层主体建筑相连的裙房的首层或地下一层。并应设置火灾自动报警系统和固定灭火装置。

4.1.4 消防控制室宜设在高层建筑的首层或地下一层，且应采用耐火极限不低于 2.00h 的隔墙和 1.50h 的楼板与其他部位隔开，并应设直通室外的安全出口。

【条文解析】

消防控制室是建筑物内防火、灭火设施的显示控制中心，是火灾的扑救指挥中心，是保障建筑物安全的要害部位之一，应设在交通方便和发生火灾时不易延烧的部位。故本条对消防控制室位置、防火分离和安全出口作了规定。

在我国目前已建成的高层建筑中，不少建筑都没有消防控制室，也有的把消防控制室设于地下层交通极不方便的部位，这样一旦发生大的火灾，在消防控制室坚持工作的人员就很难撤出大楼。故本条规定消防控制室应设直通室外的安全出口。

4.1.5 高层建筑内的观众厅、会议厅、多功能厅等人员密集场所，应设在首层或二、三层；当必须设在其他楼层时，除本规范另有规定外，尚应符合下列规定：

4.1.5.1 一个厅、室的建筑面积不宜超过 $400m^2$。

4.1.5.2 一个厅、室的安全出口不应少于两个。

4.1.5.3 必须设置火灾自动报警系统和自动喷水灭火系统。

4.1.5.4 幕布和窗帘应采用经阻燃处理的织物。

【条文解析】

据调查，有些已建成的高层民用建筑内附设观众厅、会议厅等人员密集的厅、室，有的设在接近首层或低层部位，有的设在顶层。一旦建筑物内发生火灾，将给安全疏散带来很大困难。因此，本条规定上述人员密集的厅、室最好设在首层或二、三层，这样就能比较经济、方便地在局部增设疏散楼梯，使大量人流能在短时间内安全疏散。如果设在其他层，必须采取本条规定的 4 条防火措施。

4.1.5A 高层建筑内的歌舞厅、卡拉 OK 厅（含具有卡拉 OK 功能的餐厅）、夜总会、录像厅、放映厅、桑拿浴室（除洗浴部分外）、游艺厅（含电子游艺厅）、网吧等歌舞娱乐放映游艺场所（以下简称歌舞娱乐放映游艺场所），应设在首层或二、三层；宜靠外墙设置，不应布置在袋形走道的两侧和尽端，其最大容纳人数按录像厅、放映厅为 1.0 人/m² ，其他场所为 0.5 人/m² 计算，面积按厅室建筑面积计算；并应采用耐火极限不低于 2.00h 的隔墙和 1.00h 的楼板与其他场所隔开，当墙上必须开门时应设置不低于乙级的防火门。

当必须设置在其他楼层时，尚应符合下列规定：

4.1.5A.1 不应设置在地下二层及二层以下，设置在地下一层时，地下一层地面与室外出入口地坪的高差不应大于 10m；

4.1.5A.2 一个厅、室的建筑面积不应超过 200m²；

4.1.5A.3 一个厅、室的出口不应少于两个，当一个厅、室的建筑面积小于 50m² ，可设置一个出口；

4.1.5A.4 应设置火灾自动报警系统和自动喷水灭火系统；

4.1.5A.5 应设置防烟、排烟设施。并应符合本规范有关规定；

4.1.5A.6 疏散走道和其他主要疏散路线的地面或靠近地面的墙上，应设置发光疏散指示标志。

【条文解析】

1）近几年，歌舞娱乐放映游艺场所群死群伤火灾多发，为保护人身安全，减少财产损失，对歌舞娱乐放映游艺场所作出相应规定。

2）歌舞娱乐放映游艺场所内的房间如果设置在袋形走道的两侧或尽端，不利于人员疏散。

3）为保证歌舞娱乐放映游艺场所人员安全疏散，根据我国实际情况，并参考国外有关标准，规定了这些场所的人数计算指标。

4）歌舞娱乐放映游艺场所，每个厅、室的出口不少于两个的规定，是考虑到当其中一个疏散出口被烟火封堵时，人员可以通过另一个疏散出口逃生。对于建筑面积小于 50m² 的厅、室，面积不大，人员数量较少，疏散比较容易，所以可设置一个疏散出口。

5）"一个厅、室"是指一个独立的歌舞娱乐放映游艺场所。其建筑面积限定在 200m²

是为了将火灾限制在一定的区域内，减少人员伤亡。对此类场所没有规定采用防火墙，而采用耐火极限不低于 2.00h 的隔墙与其他场所隔开，是考虑到这类场所一般是后改建的，采用防火墙进行分隔，在构造上有一定难度，为了解决这一实际问题，又加强这类场所的防火分隔，故作本条规定。这类场所内的各房间之间隔墙的防火要求在本规范中已有相应规定，本条不再作规定。

6）大多数火灾案例表明，人员死亡绝大部分都是由于吸入有毒烟气而窒息死亡的。因此，对这类场所作出了防排烟要求。

7）疏散指示标志的合理设置对人员安全疏散具有重要作用，国内外实际应用表明，在疏散走道和主要疏散路线的地面上或靠近地面的墙上设置发光疏散指示标志，对安全疏散起到很好的作用，可以更有效地帮助人们在浓烟弥漫的情况下，及时识别疏散位置和方向，迅速沿发光疏散指示标志顺利疏散，避免造成伤亡事故。为此，特作本条规定。本条所指"发光疏散指示标志"包括电致发光型（如灯光型、电子显示型等）和光致发光型（如蓄光自发光型等）。这些疏散指示标志适用于歌舞娱乐放映游艺场所和地下大空间场所，作为辅助疏散指示标志使用。

4.1.5B 地下商店应符合下列规定：

4.1.5B.1 营业厅不宜设在地下三层及三层以下；

4.1.5B.2 不应经营和储存火灾危险性为甲、乙类储存物品属性的商品；

4.1.5B.3 应设火灾自动报警系统和自动喷水灭火系统；

4.1.5B.4 当商店总建筑面积大于 20000m² 时，应采用防火墙进行分隔，且防火墙上不得开设门窗洞口；

4.1.5B.5 应设防烟、排烟设施，并应符合本规范有关规定；

4.1.5B.6 疏散走道和其他主要疏散路线的地面或靠近地面的墙面上，应设置发光疏散指示标志。

【条文解析】

1）火灾危险性为甲、乙类储存物品属性的商品，极易燃烧，难以扑救，本条参照《建筑设计防火规范》GB 50016 关于甲、乙类物品的商品不应布置（包括经营和储存）在半地下或地下各层的要求作了相应规定。

2）营业厅设置在地下三层及三层以下时，由于经营和储存的商品数量多、火灾荷载大、垂直疏散距离较长，一旦发生火灾，火灾扑救、烟气排除和人员疏散都较为困难。故规定不宜设置在地下三层及三层以下。规定"不宜"是考虑到如经营不燃或难燃的商品，则可根据具体情况，设置在地下三层及三层以下。

　　3）为最大限度减少火灾的危害，同时考虑使用和经营的需要，对地下商店的总建筑面积作出了不应大于20000m²，并采用防火墙分隔，且防火墙上不应开设门窗洞口的限定。总建筑面积包括营业面积、储存面积及其他配套服务面积等。这样的规定，是为了解决目前实际工程中存在地下商店规模越建越大，并采用防火卷帘门作防火分隔，以致数万平方米的地下商店连成一片，不利于安全疏散和火灾扑救的问题。

　　4）本条所指"发光疏散指示标志"包括电致发光型（如灯光型、电子显示型等）和光致发光型（如蓄光自发光型等）。

　　4.1.6 托儿所、幼儿园、游乐厅等儿童活动场所不应设置在高层建筑内，当必须设置在高层建筑内时，应设置在建筑物的首层或二、三层，并应设置单独出入口。

　　【条文解析】

　　据调查，一些托儿所、幼儿园、游乐厅等儿童活动场所设在高层建筑的四层以上，由于儿童缺乏逃生自救能力，火灾时无法迅速疏散，容易造成伤亡事故。为此，本条作了相应的规定。

　　4.1.7 高层建筑的底边至少有一个长边或周边长度的1/4且不小于一个长边长度，不应布置高度大于5.0m、进深大于4.0m的裙房，且在此范围内必须设有直通室外的楼梯或直通楼梯间的出口。

　　【条文解析】

　　本条要求高层建筑裙房的布置不应影响消防车扑救作业。规定1/4周边不应布置相连的大裙房。无论是建筑物底部留一长边或1/4周边长度，其目的要使登高消防车能展开实施灭火救援工作，所以在布置时要考虑这一基本要求。

　　登高消防车功能试验证明，高度在5m、进深在4m的附属建筑，不会影响扑救作业，故本条对其未作要求。

　　4.1.8 设在高层建筑内的汽车停车库，其设计应符合现行国家标准《汽车库、修车库、停车场设计防火规范》GB 50067的规定。

　　【条文解析】

　　不少建筑物在地下室或其他层设有汽车停车库，为了节约用地和方便管理使用，与高层民用建筑结合在一起修建的停车库将会逐渐增加。

　　4.1.9 高层建筑内使用可燃气体作燃料时，应采用管道供气。使用可燃气体的房间或部位宜靠外墙设置。

　　【条文解析】

　　液化石油气是一种易燃易爆的可燃气体，其爆炸下限约2%以下，密度为空气的

1.5～2倍，火灾危险性大。它通常以液态方式储存在受压容器内，当容器、管道、阀门等设备破损而泄漏时，将迅速汽化，遇到明火就会燃烧爆炸。如某厂家属宿舍一住户的液化石油气灶具阀门未关，液化气外漏，点火时发生爆炸，数人伤亡，建筑起火；某住户的液化石油气瓶角阀破坏，发生火灾，烧毁了一个单元房屋，并烧伤一人；上海某住宅发生火灾，抢出来的液化气瓶因未注意及时关闭阀门，泄漏的液化气遇明火发生爆炸，死伤几十人。

鉴于液化石油气火灾的危险性大和高层建筑运输不便，如用电梯运输气瓶，一旦液化气漏入电梯井，容易发生严重爆炸事故等因素，为了保障高层建筑的消防安全，故本条规定凡使用可燃气体的高层民用建筑，在设计时，必须考虑设置管道煤气或管道液化石油气。其具体设计要求应按现行的国家标准《城镇燃气设计规范》GB 50028 的有关规定执行。

燃气灶、开水器等燃气或其他一些可燃气体用具，当设备管道损坏或操作有误时，往往漏出大量可燃气体，达到爆炸浓度时，遇到明火就会引起燃烧爆炸事故。开水器爆炸事故时有发生。因此本条作了相应的规定。

4.1.10 高层建筑使用丙类液体作燃料时，应符合下列规定：

4.1.10.1 液体储罐总储量不应超过15m³，当直埋于高层建筑或裙房附近，面向油罐一面4.00m范围内的建筑物外墙为防火墙时，其防火间距可不限。

4.1.10.2 中间罐的容积不应大于1.00m³，并应设在耐火等级不低于二级的单独房间内，该房间的门应采用甲级防火门。

【条文解析】

在没有管道煤气的高层宾馆、饭店等，若使用丙类液体作燃料，其储罐的设置位置又无法满足本规范第4.2.5条所规定的防火间距时，在采取必要的防火安全措施后，也可直埋于高层主体建筑与其相连的附属建筑附近，防火间距可以减少或不限。本条中所说的"面向油罐一面4.00m范围内的建筑物外墙为防火墙时"，4.00m范围是指储罐两端和上、下部各4.00m范围。

4.1.11 当高层建筑采用瓶装液化石油气作燃料时，应设集中瓶装液化石油气间，并应符合下列规定：

4.1.11.1 液化石油气总储量不超过1.00m³的瓶装液化石油气间，可与裙房贴邻建造。

4.1.11.2 总储量超过1.00m³、而不超过3.00m³的瓶装液化石油气间，应独立建造，且与高层建筑和裙房的防火间距不应小于10m。

4.1.11.3 在总进气管道、总出气管道上应设有紧急事故自动切断阀。

4.1.11.4 应设有可燃气体浓度报警装置。

4.1.11.5 电气设计应按现行的国家标准《爆炸和火灾危险环境电力装置设计规范》的有关规定执行。

4.1.11.6 其他要求应按现行的国家标准《建筑设计防火规范》的有关规定执行。

【条文解析】

1）为了安全，并与现行的国家标准《城镇燃气设计规范》GB 50028—2006 的规定取得一致，规定总储量不超过 1.00m³ 的瓶装液化石油气汽化间，可与高层建筑直接相连的裙房贴邻建造，但不能与高层建筑主体贴邻建造。

2）总储量超过 1.00m³ 且不超过 3.00m³ 的瓶装液化石油气汽化间，一定要独立建造，且与高层主体建筑和直接相连的裙房保持 10m 以上的防火间距。

3）瓶装液化石油气汽化间的耐火等级不应低于二级，这与高层主体建筑和高层主体建筑直接相连的裙房的耐火等级相吻合。

4）为防止事故扩大，减少损失，应在总进、总出气管上设有紧急事故自动切断阀。

5）为了迅速而有效地扑灭液化石油气火灾，在汽化间内必须设有自动灭火系统，如 1211 或 1301、CO_2 等灭火系统。

6）液化石油气如接头、阀门密封不严，容易漏气，达到爆炸浓度，遇火源或高温作用，容易发生爆炸起火，因此应设有可燃气体浓度检漏报警装置。

7）为了防止因电气火花而引起的液化石油气火灾爆炸，造成不应有的损失，因此安装在汽化间的灯具、开关等，必须采用防爆型的，导线应穿金属管或采用耐火电线。

8）液化石油气比空气重，一旦漏气，容易积聚达到爆炸浓度，发生爆炸，为防止类似事故发生，因此本条作了相应的规定。

9）为了稀散可燃气体，使之不能达到爆炸浓度，汽化间应根据条件，采取人工或自然通风措施。

4.1.12 设置在建筑物内的锅炉、柴油发电机，其燃料供给管道应符合下列规定：

4.1.12.1 应在进入建筑物前和设备间内设置自动和手动切断阀；

4.1.12.2 储油间的油箱应密闭，且应设置通向室外的通气管，通气管应设置带阻火器的呼吸阀。油箱的下部应设置防止油品流散的设施；

4.1.12.3 燃料供给管道的敷设应符合现行国家标准《城镇燃气设计规范》GB 50028 的规定。

【条文解析】

为了防止储油间内油箱火灾，有效切断燃料供给，控制油品流散和油气扩散，本条对燃料供给管道及储油间内油箱的防火措施作出了规定。燃料供给管道的敷设在国家标准《城镇燃气设计规范》GB 50028 中已有明确要求，应按其规定执行。

《汽车库、修车库、停车场设计防火规范》GB 50067—1997

4.1.1 车库不应布置在易燃、可燃液体或可燃气体的生产装置区和贮存区内。

【条文解析】

本条规定不应将汽车库布置在易燃、可燃液体和可燃气体的生产装置区和贮存区内，这对保证防火安全是非常必要的。

4.1.2 汽车库不应与甲、乙类生产厂房、库房以及托儿所、幼儿园、养老院组合建造；当病房楼与汽车库有完全的防火分隔时，病房楼的地下可设置汽车库。

【条文解析】

本条对汽车库与一般工业、民用建筑的组合或贴邻不作限制规定，只对甲、乙类易燃易爆危险品生产车间、储存仓库和民用建筑中的托儿所、幼儿园、养老院和病房楼等特殊建筑的组合建造作了限制。

当汽车库和病房楼有完全的防火分隔，汽车的进出口和病房楼人员的出入口完全分开、不会相互干扰时，可考虑在病房楼的地下设置汽车库。

4.1.3 甲、乙类物品运输车的汽车库、修车库应为单层、独立建造。当停车数量不超过 3 辆时，可与一、二级耐火等级的Ⅳ类汽车库贴邻建造，但应采用防火墙隔开。

【条文解析】

甲、乙类物品运输车在停放或修理时，可能有残留的易燃液体和可燃气体散发到室内并流淌或漂浮在地面上，遇到明火就会燃烧、爆炸。故对甲、乙类物品运输车的汽车库、修车库强调单层独立建造。考虑到一些较小修车库的实际情况，对停车数不超过 3 辆的车库，在有防火墙隔开的条件下，允许与一、二级耐火等级的Ⅳ类汽车库贴邻建造。

4.1.4 Ⅰ类修车库应单独建造；Ⅱ、Ⅲ、Ⅳ类修车库可设置在一、二级耐火等级的建筑物的首层或与其贴邻建造，但不得与甲、乙类生产厂房、库房、明火作业的车间或托儿所、幼儿园、养老院、病房楼及人员密集的公共活动场所组合或贴邻建造。

【条文解析】

Ⅰ类修车库火灾危险性大，应单独建造。本条同时明确对Ⅱ、Ⅲ、Ⅳ类修车库允许独立设置有困难时，可与没有明火作业的丙、丁、戊类危险性生产厂房、库房及一、二级耐火等级的一般民用建筑（除托儿所、幼儿园、养老院、病房楼及人员密集的公共活动场所，如商场、展览、餐饮、娱乐场所等）贴邻建造或附设在建筑底层，但必须用防火墙、楼板、防火挑檐措施进行分隔。

4.1.5 为车库服务的下列附属建筑，可与汽车库、修车库贴邻建造，但应采用防火墙隔开，并应设置直通室外的安全出口：

4.1.5.1 贮存量不超过 1.0t 的甲类物品库房；

4.1.5.2 总安装容量不超过 5.0m³/h 的乙炔发生器间和贮存量不超过 5 个标准钢瓶的乙炔气瓶库；

4.1.5.3 一个车位的喷漆间；

4.1.5.4 面积不超过 50m² 的充电间和其他甲类生产的房间。

【条文解析】

根据甲类危险品库及乙炔发生间、喷漆间、充电间以及其他甲类生产工间的火灾危险性的特点，这类房间应该与其他建筑保持一定的防火间距。调查中发现有不少汽车库为了适应汽车保养、修理、生产工艺的需要，将上述生产工间贴邻建造在汽车库的一侧。为了保障安全，有利生产，并考虑节约用地，根据相关条文的精神，对为修理、保养车辆服务，且规模较小的生产工间，作了可以贴邻建造的规定。

4.1.6 地下汽车库内不应设置修理车位、喷漆间、充电间、乙炔间和甲、乙类物品贮存室。

【条文解析】

地下汽车库一般通风条件较差，散发的可燃气体或蒸气不易排除，遇火源极易引起燃烧爆炸。喷漆间容易产生有机溶剂的挥发蒸气，电瓶充电时容易产生氢气，上述均为易燃寻爆的气体。为了确保地下汽车库的消防安全，必须给予限制。

4.1.7 汽车库和修车库内不应设置汽油罐、加油机。

【条文解析】

本条规定汽油罐、加油机不应设在汽车库和修车库内。以防止汽油罐、加油机容易挥发可燃蒸气和达到爆炸浓度而引发火灾、爆炸事故。

4.1.8 停放易燃液体、液化石油气罐车的汽车库内，严禁设置地下室和地沟。

【条文解析】

相对密度大于空气相对密度的可燃气体、可燃蒸气泄漏在空气中，浮沉在地面或地沟、地坑等低洼处，当浓度达到爆炸极限后，一遇明火就会发生燃烧和爆炸。《石油化工企业设计防火规范》GB 50160 和《城镇燃气设计规范》GB 50028 中都明确规定了石油液化气管道严禁设在管沟内，就是防止气体泄出后引起管沟爆炸。

4.1.9 I、II类汽车库、停车场宜设置耐火等级不低于二级的消防器材间。

【条文解析】

本条根据消防安全需要，规定了停车数量较多的Ⅰ、Ⅱ类汽车库、停车场要设置专门的消防器材间，此消防器材间是消防员的工作室和对灭火器等消防器材进行定期保养、换药检修的场所。

4.1.10 车库区内的加油站、甲类危险物品仓库、乙炔发生器间不应布置在架空电力线的下面。

【条文解析】

跨越加油站等场所的输（配）电线路发生断线、短路等事故易引起上述场所发生火灾和爆炸，另一方面，如果加油站、甲类危险物品库房、乙炔间一旦发生火灾，将会危及架空输（配）电线路，造成停电、断电事故。故规定输（配）电线路均不应从这些场所上空跨越。

《人民防空工程设计防火规范》GB 50098—2009

3.1.1 人防工程的总平面设计应根据人防工程建设规划、规模、用途等因素，合理确定其位置、防火间距、消防水源和消防车道等。

【条文解析】

本条对人防工程的总平面设计提出了原则性规定。强调了人防工程与城市建设的结合，特别是与消防有关的地面出入口建筑、防火间距、消防水源、消防车道等应充分考虑，以便合理确定人防工程总体及出入口地面建筑的位置。

3.1.2 人防工程内不得使用和储存液化石油气、相对密度（与空气密度比值）大于或等于0.75的可燃气体和闪点小于60℃的液体燃料。

【条文解析】

液化石油气和相对密度（与空气密度的比值）大于或等于0.75的可燃气体一旦泄漏，极易积聚在室内地面，不易排出工程外，故明确规定不得在人防工程内使用和储存。闪点小于60℃的液体，挥发性高，火灾危险性大，故规定不得在人防工程内使用。

3.1.3 人防工程内不应设置哺乳室、托儿所、幼儿园、游乐厅等儿童活动场所和残疾人员活动场所。

【条文解析】

婴幼儿、儿童和残疾人员缺乏逃生自救能力，尤其是在人防地下工程疏散更为困难，因此，本条规定这些场所不应设置在人防工程内。

3.1.4 医院病房不应设置在地下二层及以下层，当设置在地下一层时，室内地面与室外出入口地坪高差不应大于10m。

【条文解析】

医院病房里的病人由于病情、体质等因素，疏散比较困难，所以对上述场所的设置层数作出了限制。

3.1.5 歌舞厅、卡拉 OK 厅（含具有卡拉 OK 功能的餐厅）、夜总会、录像厅、放映厅、桑拿浴室（除洗浴部分外）、游艺厅（含电子游艺厅）、网吧等歌舞娱乐放映游艺场所（以下简称歌舞娱乐放映游艺场所），不应设置在地下二层及以下层；当设置在地下一层时，室内地面与室外出入口地坪高差不应大于 10m。

【条文解析】

歌舞娱乐放映游艺场所发生火灾时，容易造成群死群伤，为保护人身安全，减少财产损失，对这些场所在地下的设置位置作了规定。

当设置在地下一层时，如果垂直疏散距离过大，也无法保证人员安全疏散，故规定室内地面与室外出入口地坪高差不应大于 10m。

3.1.6 地下商店应符合下列规定：

1 不应经营和储存火灾危险性为甲、乙类储存物品属性的商品；

2 营业厅不应设置在地下三层及三层以下。

【条文解析】

本条规定了平时作为地下商店使用时的具体要求和做法。

1）火灾危险性为甲、乙类储存物品属性的商品，极易燃烧，难以扑救，故规定不应经营和储存。

2）营业厅不应设置在地下三层及三层以下，主要考虑如果经营和储存的商品数量多，火灾荷载大，再加上垂直疏散距离较长，一旦发生火灾，扑救、烟气排除和人员疏散都较为困难。

3.1.10 柴油发电机房和燃油或燃气锅炉房的设置除应符合现行国家标准《建筑设计防火规范》GB 50016 的有关规定外，尚应符合下列规定：

1 防火分区的划分应符合本规范第 4.1.1 条第 3 款的规定；

2 柴油发电机房与电站控制室之间的密闭观察窗除应符合密闭要求外，还应达到甲级防火窗的性能；

3 柴油发电机房与电站控制室之间的连接通道处，应设置一道具有甲级防火门耐火性能的门，并应常闭；

4 储油间的设置应符合本规范第 4.2.4 条的规定。

【条文解析】

柴油发电机和锅炉的燃料是柴油、重油、燃气等,在采取相应的防火措施,并设置火灾自动报警系统和自动灭火装置后是可以在人防工程内使用的。对于储油间储油量,燃油锅炉房不应大于 $1.00m^3$;柴油发电机房不应大于 8h 的需要量,其规定是指平时的储油量;战时根据战时的规定确定储油量,不受平时规定的限制。

1)使用燃油、燃气的设备房间有一定的火灾危险性,故需要独立划分防火分区。

2)柴油发电机房与电站控制室属于两个不同的防火分区,故密闭观察窗应达到甲级防火窗的性能,并应符合人防工程密闭的要求。

3)柴油发电机房与电站控制室之间连接通道处的连通门是用于不同防火分区之间的分隔,除了防护上需要设置密闭门外,需要设置一道甲级防火门。如采用密闭门代替,则其中一道密闭门应达到甲级防火门的性能。由于该门仅由操作人员使用,对该门的开启和关闭是熟悉的,故可以采用具有防火功能的密闭门,也可增加设置一道甲级防火门。

《中小学校设计规范》GB 50099—2011

4.3.1 中小学校的总平面设计应包括总平面布置、竖向设计及管网综合设计。总平面布置应包括建筑布置、体育场地布置、绿地布置、道路及广场、停车场布置等。

【条文解析】

应完善总平面设计工作的内容,以避免因该层次的工作不到位而留下隐患。可持续发展是我国的国策,应遵照绿色设计的原则,充分而且合理地利用场地原有的地形、地貌,不宜将学校用地全部推平后再建。应进行竖向设计。竖向设计必须体现科学性、经济性。在总平面设计阶段结合发展需要进行管网综合设计也是实现可持续发展必要的工作内容。

4.3.4 中小学校至少应有1间科学教室或生物实验室的室内能在冬季获得直射阳光。

【条文解析】

为满足科学课及生物课教学对适时观察盆栽植物生长过程的需要,本条文对科学教室和生物实验室利用直射阳光作出规定。

4.3.9 中小学校应在校园的显要位置设置国旗升旗场地。

【条文解析】

升旗仪式是学校每日或每周重要的爱国主义教学内容。旗杆、旗台应设置在校门附近可以看到的显要位置。

《电影院建筑设计规范》JGJ 58—2008

3.2.1 总平面布置应符合下列规定：

1 宜为将来的改建和发展留有余地；

2 建筑布局应使基地内人流、车流合理分流，并应有利于消防、停车和人员集散。

【条文解析】

电影院建筑内人员较多，观众厅数量和占地较大，使用功能复杂，因投资费用和基地原因限制，常常分散、分阶段实施，应当坚持可持续发展原则，因此本条提出了总平面布置的基本原则。

3.2 道路设置规定

《民用建筑设计通则》GB 50352—2005

4.1.5 基地机动车出入口位置应符合下列规定：

1 与大中城市主干道交叉口的距离，自道路红线交叉点量起不应小于 70m；

2 与人行横道线、人行过街天桥、人行地道（包括引道、引桥）的最边缘线不应小于 5m；

3 距地铁出入口、公共交通站台边缘不应小于 15m；

4 距公园、学校、儿童及残疾人使用建筑的出入口不应小于 20m；

5 当地基道路坡度大于 8%时，应设缓冲段与城市道路连接；

6 与立体交叉口的距离或其他特殊情况，应符合当地城市规划行政主管部门的规定。

【条文解析】

本条各款是维护城市交通安全的基本规定。

5.2.1 建筑基地内道路应符合下列规定：

1 基地内应设道路与城市道路相连接，其连接处的车行路面应设限速设施，道路应能通达建筑物的安全出口；

2 沿街建筑应设连通街道和内院的人行通道（可利用楼梯间），其间距不宜大于 80m；

3 道路改变方向时，路边绿化及建筑物不应影响行车有效视距；

4 基地内设地下停车场时，车辆出入口应设有效显示标志；标志设置高度不应影响人、车通行；

5 基地内车流量较大时应设人行道路。

【条文解析】

按消防、公共安全等要求对基地内道路的一般规定。

5.2.2 建筑基地道路宽度应符合下列规定：

1 单车道路宽度不应小于 4m，双车道路不应小于 7m；

2 人行道路宽度不应小于 1.50m；

3 利用道路边设停车位时，不应影响有效通行宽度；

4 车行道路改变方向时，应满足车辆最小转弯半径要求；消防车道路应按消防车最小转弯半径要求设置。

【条文解析】

提示路边设停车位及最小转弯半径等要求。

《城市居住区规划设计规范 2002 年版》GB 50180—1993

8.0.2 居住区内道路可分为：居住区道路、小区路、组团路和宅间小路四级。其道路宽度，应符合下列规定：

8.0.2.1 居住区道路：红线宽度不宜小于 20m；

8.0.2.2 小区路：路面宽 6~9m；建筑控制线之间的宽度，需敷设供热管线的不宜小于 14m；无供热管线的不宜小于 10m；

8.0.2.3 组团路：路面宽 3~5m；建筑控制线之间的宽度，需敷设供热管线的不宜小于 10m；无供热管线的不宜小于 8m；

8.0.2.4 宅间小路：路面宽不宜小于 2.5m；

8.0.2.5 在多雪地区，应考虑堆积清扫道路积雪的面积，道路宽度可酌情放宽，但应符合当地城市规划行政主管部门的有关规定。

【条文解析】

居住区内各级道路的宽度，主要根据交通方式、交通工具、交通量及市政管线的敷设要求而定，对于重要地段，还要考虑环境及景观的要求做局部调整。

8.0.3 居住区内道路纵坡规定，应符合下列规定：

8.0.3.1 居住区内道路纵坡控制指标应符合表 8.0.3 的规定：

表 8.0.3　居住区内道路纵坡控制指标（%）

道路类别	最小纵坡	最大纵坡	多雪严寒地区最大纵坡
机动车道	≥0.2	≤8.0 $L≤200m$	≤5.0 $L≤600m$
非机动车道	≥0.2	≤3.0 $L≤50m$	≤2.0 $L≤100m$
步行道	≥0.2	≤8.0	≤4.0

注：L 为坡长（m）。

8.0.3.2 机动车与非机动车混行的道路，其纵坡宜按非机动车道要求，或分段按非机动车道要求控制。

【条文解析】

道路最大坡度控制指标是为保证车辆安全行驶的极限值，在一般情况下最好尽量少出现，尤其是在多冰雪地区、地形起伏大及海拔高于 3000m 等地区要严格控制，并要尽量避免出现孤立的道路陡坡。

机动车道的最大纵坡及相应的限制坡长规定，为的是保障司机的正常驾驶状态而不致产生心理紧张，防止事故的产生。

关于非机动车道的纵坡限制，主要是根据自行车交通要求确定，它对于我国大部分城市是极为重要的，因为在现阶段，自行车对一般居民来说不仅是出行代步的交通工具，而且也是运载日常物品的运输工具。

8.0.5 居住区道路设置，应符合下列规定：

8.0.5.1 小区内主要道路至少应有两个出入口；居住区内主要道路至少应有两个方向与外围道路相连；机动车道对外出入口间距不应小于 150m。沿街建筑物长度超过 150m 时，应设不小于 4m×4m 的消防车通道。人行出口间距不宜超过 80m，当建筑物长度超过 80m 时，应在底层加设人行通道；

8.0.5.2 居住区内道路与城市道路相接时，其交角不宜小于 75°；当居住区内道路坡度较大时，应设缓冲段与城市道路相接；

8.0.5.3 进入组团的道路，既应方便居民出行和利于消防车、救护车的通行，又应维护院落的完整性和利于治安保卫；

8.0.5.4 在居住区内公共活动中心，应设置为残疾人通行的无障碍通道。通行轮椅车的坡道宽度不应小于 2.5m，纵坡不应大于 2.5%；

8.0.5.5 居住区内尽端式道路的长度不宜大于 120m，并应在尽端设不小于 12m×12m

的回车场地；

8.0.5.6 当居住区内用地坡度大于 8%时，应辅以梯步解决竖向交通，并宜在梯步旁附设推行自行车的坡道；

8.0.5.7 在多雪严寒的山坡地区，居住区内道路路面应考虑防滑措施；在地震设防地区，居住区内的主要道路，宜采用柔性路面；

8.0.5.8 居住区内道路边缘至建筑物、构筑物的最小距离，应符合表 8.0.5 规定。

表 8.0.5 道路边缘至建、构筑物最小距离（m）

与建、构筑物关系		道路级别	居住区道路	小区路	组团路及宅间小路
建筑物面向道路	无出入口	高层	5.0	3.0	2.0
		多层	3.0	3.0	2.0
	有出入口		—	5.0	2.5
建筑物山墙面向道路		高层	4.0	2.0	1.5
		多层	2.0	2.0	1.5
围墙面向道路			1.5	1.5	1.5

注：居住区道路的边缘指红线；小区路、组团路及宅间小路的边缘指路面边线。当小区路设有人行便道时，其道路边缘指便道边线。

【条文解析】

本条对居住区内道路设置作了规定。

1）本条款对居住区与外部联系的出入口数作了原则性规定。规定了出入口数不能太少，是为了保证居住区与城市有良好的交通联系。小区对外出入口不少于两个，为的是不使小区级道路呈尽端式格局，以保证消防、救灾、疏散等的可靠性，但两个出入口可以是两个方向，也可以在同一个方向与外部连接，而居住区的对外出入口要求是不少于两个方向，这是考虑到居住区用地规模较大，必须有两个方向与城市干道相连（含次干道及城市支路）。有关车行和人行出入口的最大间距是依据消防规范的有关条款作出的。正文条文中提到的人行通道，可以是楼房底层专设的供行人穿行的洞口。如果小区、组团等实施独立管理，也应按规定设置出入口，供应急时使用。

2）居住区道路与城市道路交接时应尽量采用正交，以简化路口的交通组织。

3）居住区内有必要在商业服务中心、文化娱乐中心、老年人活动站及老年公寓等主要地段设置无障碍通行设施。无障碍交通规划设计的主要依据是满足轮椅和盲人的出行需要。

4）过长的尽端路会影响行车路线，使车辆交会前不能及早采取避让措施，并影响到自行车与行人的正常通行，对消防、急救等车辆的紧急出入尤为不利。所以在正文条文中对居住区内尽端式道路长度作了规定。

5）条文中提到在地震区，居住区内的主要道路宜采用柔性路面，这是道路工程技术设计的原则规定。所谓柔性路面，指的是用沥青混凝土为面层的道路。

6）道路边缘至建筑物、构筑物要保持一定距离，主要是考虑在建筑底层开窗开门和行人出入时不影响道路的通行及一旦楼上掉下物品也不影响路上行人和车辆的安全及有利安排地下管线、地面绿化及减少对底层住户的视线干扰等因素而提出的。对有出入口的一面要保持较宽的间距，为的是在人进出建筑物时可以有个缓冲地方，并可在门口临时停放车辆以保障道路的正常交通。

9.0.2 居住区竖向规划设计，应遵循下列原则：

9.0.2.1 合理利用地形地貌，减少土方工程量；

9.0.2.2 各种场地的适用坡度，应符合表 9.0.1 规定；

表 9.0.1　各种场地的适用坡度（％）

场地名称	适用坡度
密实性地面和广场	0.3～3.0
广场兼停车场	0.2～0.5
室外场地：	
1. 儿童游戏场	0.3～2.5
2. 运动场	0.2～0.5
3. 杂用场地	0.3～2.9
绿地	0.5～1.0
湿陷性黄土地面	0.5～7.0

9.0.2.3 满足排水管线的埋设要求；

9.0.2.4 避免土壤受冲刷；

9.0.2.5 有利于建筑布置与空间环境的设计；

9.0.2.6 对外联系道路的高程应与城市道路标高相衔接。

【条文解析】

竖向规划设计应综合利用地形地貌及地质条件，因坡就势合理布局道路、建筑、绿地，及顺畅地排除地面水，而不能把竖向规划当作是平整土地、改造地形的简单过程。

9.0.3 当自然地形坡度大于 8%，居住区地面连接形式宜选用台地式，台式之间应用挡土墙或护坡连接。

【条文解析】

当居住区内的地面坡度超过8%时,地面水对地表土壤及植被的冲刷就严重加剧,行人上下步行也产生困难,就必须整理地形,以台阶式来缓解上述矛盾。无论是坡地式还是台阶式,建筑物的布局及设计、道路和管线的设计都应作好相应的工程处理。

9.0.4 居住区内地面水的排水系统,应根据地形特点设计。在山区和丘陵地区还必须考虑排洪要求。地面水排水方式的选择,应符合以下规定:

9.0.4.1 居住区内应采用暗沟(管)排除地面水;

9.0.4.2 在埋设地下暗沟(管)极不经济的陡坎、岩石地段,或在山坡冲刷严重,管沟易堵塞的地段,可采用明沟排水。

【条文解析】

居住区内地面水的排除一般要求采用暗沟(管)的方式,主要出于下列考虑:

1)省地——可充分利用道路及某些场地的地下空间。

2)卫生——雨水、污水用管道或暗沟,可减轻对环境的污染,有利控制蚊蝇孳生。

只有在地形及地质条件不良的地区,才可考虑明沟排水方式。

《住宅建筑规范》GB 50368—2005

4.3.1 每个住宅单元至少应有一个出入口可以通达机动车。

【条文解析】

随着生活水平提高,老年人口增多,购物方式改变及居住密度增大,在实践中出现了很多诸如机动车能进入小区,但无法到达住宅单元的事例,给急救、消防及运输等造成不便,降低了居住的方便性、安全性,也损害了居住者的权益。

4.3.2 道路设置应符合下列规定:

1 双车道道路的路面宽度不应小于6m;宅前路的路面宽度不应小于2.5m;

2 当尽端式道路的长度大于 120m 时,应在尽端设置不小于 12m×12m 的回车场地;

3 当主要道路坡度较大时,应设缓冲段与城市道路相接;

4 在抗震设防地区,道路交通应考虑减灾、救灾的要求。

【条文解析】

为保证各类车辆的顺利通行,规定了双车道和宅前路路面宽度,对尽端式道路、内外道路衔接和抗震设防地区道路设置提出了相应要求。因居住用地内道路往往也是工程管线埋设的通道,为此,道路设置还应满足管线埋设要求。当宅前路有兼顾大货车、消防车通行的要求时，路面两边还应设置相应宽度的路肩。

《体育建筑设计规范》JGJ 31—2003

3.0.5 出入口和内部道路应符合下列要求：

1 总出入口布置应明显，不宜少于二处，并以不同方向通向城市道路。观众出入口的有效宽度不宜小于 0.15m/百人的室外安全疏散指标；

2 观众疏散道路应避免集中人流与机动车流相互干扰，其宽度不宜小于室外安全疏散指标；

3 道路应满足通行消防车的要求，净宽度不应小于 3.5m，上空有障碍物或穿越建筑物时净高不应小于 4m。体育建筑周围消防车道应环通；当因各种原因消防车不能按规定靠近建筑物时，应采用下列措施之一满足对火灾扑救的需要：

1）消防车在平台下部空间靠近建筑主体；

2）消防车直接开入建筑内部；

3）消防车到达平台上部以接近建筑主体；

4）平台上部设消火栓。

4 观众出入口处应留有疏散通道和集散场地，场地不得小于 0.2m^2/人，可充分利用道路、空地、屋顶、平台等。

【条文解析】

本条规定保证基地内部的交通疏散以及与城市公共道路的联系。消防管道部门提出，一些体育建筑周围常为一些低层建筑和裙房所包围，给消防扑救带来了困难。故专门针对这种情况提出了相应措施作为补充。

《剧场建筑设计规范》JGJ 57—2000

3.0.2 剧场基地应至少有一面临接城镇道路，或直接通向城市道路的空地。临接的城市道路可通行宽度不应小于剧场安全出口宽度的总和，并应符合下列规定：

1）800 座及以下，不应小于 8m；

2）801～1200 座，不应小于 12m；

3）1201 座以上，不应小于 15m。

【条文解析】

本条规定保证剧场有疏散的道路，并保证疏散道路有一定的宽度。

3.3 消防车道

《建筑设计防火规范》GB 50016—2012

7.1.1 街区内的道路应考虑消防车的通行,其道路中心线间的距离不宜大于160m。

当建筑物沿街道部分的长度大于150m或总长度大于220m时,应设置穿过建筑物的消防车道。当确有困难时,应设置环形消防车道。

【条文解析】

本条主要针对城市区域内建筑比较密集、消防车展开灭火困难的情况提出的要求。

7.1.3 工厂、仓库区内应设置消防车道。

占地面积大于3000m²的甲、乙、丙类厂房或占地面积大于1500m²的乙、丙类仓库,应设置环形消防车道,确有困难时,应沿建筑物的两个长边设置消防车道。

【条文解析】

工厂或仓库区内各种功能的建筑物多,通常采用道路连接,但有些道路并不能满足消防车的通行和停靠要求,故规定要求设置专门的消防车道以便扑救火灾。这些消防车道可以和厂区或库区内的其他道路合用。

7.1.4 有封闭内院或天井的建筑物,当其短边长度大于24m时,宜设置进入内院或天井的消防车道。

有封闭内院或天井的建筑物沿街时,应设置连通街道和内院的人行通道(可利用楼梯间),其间距不宜大于80m。

【条文解析】

当建筑内院较大时,应考虑消防车在火灾时进入内院进行扑救操作,同时考虑消防车的回车需要,但如内院太小,消防车将无法展开,故规定内院或天井短边长度大于24m时宜设置进入内院或天井的消防车道。

7.1.6 可燃材料露天堆场区,液化石油气储罐区,甲、乙、丙类液体储罐区和可燃气体储罐区,应设置消防车道。消防车道的设置应符合下列规定:

1 储量大于表7.1.6规定的堆场、储罐区,宜设置环形消防车道;

表7.1.6 堆场、储罐区的储量

名称	棉、麻、毛、化纤/t	稻草、麦秸、芦苇/t	木材/m³	甲、乙、丙类液体储罐/m³	液化石油气储罐/m³	可燃气体储罐/m³
储量	1000	5000	5000	1500	500	30000

2 占地面积大于 30000m² 的可燃材料堆场，应设置与环形消防车道相连的中间消防车道，消防车道的间距不宜大于 150m。液化石油气储罐区，甲、乙、丙类液体储罐区，可燃气体储罐区，区内的环形消防车道之间宜设置连通的消防车道；

3 消防车道与材料堆场堆垛的最小距离不应小于 5m；

4 中间消防车道与环形消防车道交接处应满足消防车转弯半径的要求。

【条文解析】

本条规定了可燃材料露天堆场区，液化石油气储罐区，甲、乙、丙类液体储罐区和可燃气体储罐区消防车道的设计要求。

7.1.7 供消防车取水的天然水源和消防水池应设置消防车道。消防车道边缘距离取水点不宜大于 2m。

【条文解析】

本条规定供消防车取水的天然水源和消防水池应设置消防车道。并且消防车道的道路宽度、承载能力或净空应满足相关要求。

7.1.8 消防车道的净宽度和净空高度均不应小于 4.0m，消防车道的坡度不宜大于 8%，其转弯处应满足消防车转弯半径的要求。消防车道距高层建筑或大型公共建筑的外墙宜大于 5m 且不宜大于 15m。供消防车停留的操作场地，其坡度不宜大于 3%。

消防车道与厂（库）房、民用建筑之间不应设置妨碍消防车操作的架空高压电线、树木、车库出入口等障碍。

【条文解析】

本条规定了消防车道的净宽度和净空高度等通行要求。

7.1.10 消防车道不宜与铁路正线平交。如必须平交，应设置备用车道，且两车道之间的间距不应小于一列火车的长度。

【条文解析】

本条的规定对于保证消防车在任何时候能畅通无阻是需要和可行的。如有特殊超长车辆通过时，还应按实际情况确定。

《高层民用建筑设计防火规范 2005 年版》GB 50045—1995

4.3.1 高层建筑的周围，应设环形消防车道。当设环形车道有困难时，可沿高层建筑的两个长边设置消防车道，当建筑的沿街长度超过 150m 或总长度超过 220m 时，应在适中位置设置穿过建筑的消防车道。

有封闭内院或天井的高层建筑沿街时，应设置连通街道和内院的人行通道（可利用楼梯间)，其距离不宜超过 80m。

【条文解析】

高层建筑的平面布置和使用功能往往复杂多样，给消防扑救带来一些不利因素。为了给消防扑救工作创造方便条件，保障建筑物的安全，并根据各地消防部门的经验，对高层建筑作了在其周围设置环形车道的规定。但不论建筑物规模大小，一律要求环形消防车道会有困难，为此作了放宽。

对于少数高层建筑由于使用功能广、面积大，故规定了总长度超过 220m 的建筑，要设置穿越建筑物的消防车道。

对于设有环形车道的高层建筑，可以不设置穿过建筑的消防车道；对于无法设置环形消防车道，仅沿两个长边设置消防车道的高层建筑，当其沿街长度超过 150m 或总长度超过 220m 时，要求在适中位置设置穿过高层建筑的消防车道。

高层建筑如没有连通街道和内院的人行通道，发生火灾时不仅影响人员疏散，还会妨碍消防扑救工作，参照《建筑设计防火规范》GB 50016 的有关规定，故在本条中作了相应的规定。人行通道也可利用前后穿通的楼梯间。

4.3.2 高层建筑的内院或天井，当其短边长度超过 24m 时，宜设有进入内院或天井的消防车道。

【条文解析】

有些高层建筑由于通风采光或庭院布置、绿化等需要，常常设有面积较大的内院或天井，这种内院或天井一旦发生火灾，如果消防车进不去就难以扑救。

为了便于消防车迅速进入内院或天井，及时控制火势和车辆在天井或内院内有回旋余地，故规定了短边长度超过 24m 的内院或天井宜加设消防车道的要求。短边 24m 以上的要求，主要考虑消防车进得去，且易掉头出来。

4.3.3 供消防车取水的天然水源和消防水池，应设消防车道。

【条文解析】

为了在发生火灾时，能保证消防车迅速开到天然水源（如江、河、湖、海、水库、沟渠等）和消防水池取水灭火，故本条规定凡是供消防车取水的天然水源和消防水池，均应设有消防车道。

4.3.4 消防车道的宽度不应小于 4.00m。消防车道距高层建筑外墙宜大于 5.00m，消防车道上空 4.00m 以下范围内不应有障碍物。

【条文解析】

本条规定的消防车道宽度是按单行线考虑的。消防车道距地面上部障碍物之间的净空是参照《建筑设计防火规范》GB 50016 的要求拟定的，一般能满足目前通用的消防车辆尺寸的要求，如有特殊大型消防车辆通过，应与当地消防监督部门协商解决。

4.3.5 尽头式消防车道应设有回车道或回车场，回车场不宜小于 15m×15m。大型消防车的回车场不宜小于 18m×18m。

消防车道下的管道和暗沟等，应能承受消防车辆的压力。

【条文解析】

规定回车场面积一般不小于 15m×15m，主要是根据目前使用较广泛的几种大型消防车而提出的。

根据地形，回车场也可作成 Y 形、T 形的回车道。有的消防车道下的管道和沟渠的侧墙和盖板由于承载能力过低，不能满足大型消防车行驶的需要，因此本条作出了原则规定。

4.3.6 穿过高层建筑的消防车道，其净宽和净空高度均不应小于 4.00m。

【条文解析】

本条规定的尺寸是根据目前我国各城市使用的消防车外形尺寸，并参照《建筑设计防火规范》GB 50016 要求制定的。所规定的尺寸基本与《建筑设计防火规范》GB 50016 尺寸一致，其目的在于发生火灾时便于消防车无阻挡地通过，迅速到达火场，顺利开展扑救工作。

4.3.7 消防车道与高层建筑之间，不应设置妨碍登高消防车操作的树木、架空管线等。

【条文解析】

本条规定是针对有些高层建筑常常在消防车道靠近建筑物一侧有树木、架空管线等障碍物。这些障碍物有可能阻碍消防车的通行和扑救工作。故要求在设计总平面时，应充分考虑这个问题，合理布置上述设施，以确保消防车扑救工作的顺利进行。

《住宅建筑规范》GB 50368—2005

9.8.1 10 层及 10 层以上的住宅建筑应设置环形消防车道，或至少沿建筑的一个长边设置消防车道。

【条文解析】

本条对 10 层及 10 层以上的住宅建筑周围设置消防车道提出了要求，以保证外部救援的实施。

9.8.2 供消防车取水的天然水源和消防水池应设置消防车道，并满足消防车的取水要求。

【条文解析】

为保证在发生火灾时消防车能迅速开到附近的天然水源（如江、河、湖、海、水库、沟渠等）和消防水池取水灭火，本条规定了供消防车取水的天然水源和消防水池，均应设有消防车道，并便于取水。

《汽车库、修车库、停车场设计防火规范》GB 50067—1997

4.3.1 汽车库、修车库周围应设环形车道，当设环形车道有困难时，可沿建筑物的一个长边和另一边设置消防车道，消防车道宜利用交通道路。

【条文解析】

在车库设计中对消防车道考虑不周，发生火灾时消防车无法靠近建筑物往往延误灭火时机，造成重大损失。为了给消防扑救工作创造方便条件，保障建筑物的安全，规定了汽车库、修车库周围应设环形车道，对环形车道有困难的，作了适当的技术处理。

4.3.2 消防车道的宽度不应小于 4m，尽头式消防车道应设回车道或回车场，回车场不宜小于 12m × 12m。

【条文解析】

本条是根据《建筑设计防火规范》关于消防车通道的有关规定制订的，规定回车道或回车场是根据消防车回转需要而设置的，各地也可根据当地消防车的实际需要而确定回转的半径。

4.3.3 穿过车库的消防车道，其净空高度和净宽均不应小于 4m；当消防车道上空遇有障碍物时，路面与障碍物之间的净空不应小于 4m。

【条文解析】

本条对消防车道穿过建筑物和上空遇其他障碍物时规定的诸多方面，如净高、净宽尺寸是符合消防车行驶实际需要的。但各地可根据本地消防车的实际情况予以确定。

3.4 防火间距

3.4.1 民用建筑

《建筑设计防火规范》GB 50016—2012

5.2.2 民用建筑之间的防火间距不应小于表 5.2.2 的规定，与其他建筑物之间的防火间距除本节的规定外，应符合本规范其他章的有关规定。

表 5.2.2 民用建筑之间的防火间距（m）

建筑类别		高层民用建筑	裙房和其他民用建筑		
		一、二级	一、二级	三级	四级
高层民用建筑	一、二级	13	9	11	14
裙房和其他民用建筑	一、二级	9	6	7	9
	三级	11	7	8	10
	四级	14	9	10	12

注：1. 相邻两座建筑物，当相邻外墙为不燃烧体且无外露的燃烧体屋檐，每面外墙上未设置防火保护措施的门窗洞口不正对开设，且面积之和不大于该外墙面积的5%时，其防火间距可按本表规定减少25%。

2. 通过裙房、连廊或天桥等连接的建筑物，其相邻两座建筑物之间的防火间距应符合本表规定。

3. 同一座建筑中两个不同防火分区的相对外墙之间的间距，应符合不同建筑之间的防火间距要求。

【条文解析】

本条文注 1 主要考虑有的建筑物防火间距不足，而全部不开设门窗洞口又有困难，允许每一面外墙开设门窗洞口面积之和不超过该外墙全部面积的 5%时，其防火间距可缩小 25%。

5.2.5 民用建筑与单独建造的终端变电所、单台蒸汽锅炉的蒸发量不大于 4t/h 或单台热水锅炉的额定热功率不大于 2.8MW 的燃煤锅炉房，其防火间距可按本规范第 5.2.2 条的规定执行。

民用建筑与单独建造的其他变电所，其防火间距应符合本规范第 3.4.1 条有关室外变、配电站的规定。

民用建筑与燃油或燃气锅炉房及蒸发量或额定热功率大于本条规定的燃煤锅炉房，其防火间距应符合本规范第 3.4.1 条有关丁类厂房的规定。

10kV 及以下的预装式变电站与建筑物的防火间距不应小于 3m。

【条文解析】

本条规定了民用建筑与变电所、锅炉房的防火间距。

5.2.6 除高层民用建筑外，数座一、二级耐火等级的住宅建筑或办公建筑，当建筑物的占地面积总和不大于 2500m² 时，可成组布置，但组内建筑物之间的间距不宜小于 4m。组与组或组与相邻建筑物之间的防火间距不应小于本规范第 5.2.2 条的规定。

【条文解析】

本条主要为解决在城市用地紧张条件下小型建筑的布局问题。

除 6 层以上住宅的成组布置外，占地面积不大的其他类型建筑，如办公建筑等进行成组布置的也不少。本条主要针对住宅建筑、办公建筑等单一使用功能的建筑，当数座建筑占地面积总和不超过防火分区最大允许建筑面积时，可以把它视为一座建筑。允许占地面积在 2500m² 内的建筑可以成组布置，对组内建筑之间的间距不宜小于 4m，这是考虑必要的消防车道和卫生、安全等要求，也是最低的间距要求。组与组、组与周围相邻建筑的间距，仍应按本规范第 5.2.2 条有关民用建筑防火间距的要求执行。

3.4.2 高层建筑

《高层民用建筑设计防火规范 2005 年版》GB 50045—1995

4.2.1 高层建筑之间及高层建筑与其他民用建筑之间的防火间距，不应小于表 4.2.1 的规定。

表 4.2.1 高层建筑之间及高层建筑与其他民用建筑之间的防火间距（m）

建筑类别	高层建筑	裙房	其他民用建筑		
			耐火等级		
			一、二级	三级	四级
高层建筑	13	9	9	11	14
裙房	9	6	6	7	9

注：防火间距应按相邻建筑外墙的最近距离计算；当外墙有突出可燃构件时，应从其突出的部分外缘算起。

【条文解析】

本条规定的防火间距，主要是综合考虑满足消防扑救需要和防止火势向邻近建筑蔓延以及节约用地等几个因素，并参照已建高层民用建筑防火间距的现状确定的。

4.2.2 两座高层建筑或高层建筑与不低于二级耐火等级的单层、多层民用建筑相邻，当较高一面外墙为防火墙或比相邻较低一座建筑屋面高 15.00m 及以下范围内的墙为不开设门、窗洞口的防火墙时，其防火间距可不限。

4.2.3 两座高层建筑或高层建筑与不低于二级耐火等级的单层、多层民用建筑相邻，当较低一座的屋顶不设天窗、屋顶承重构件的耐火极限不低于 1.00h，且相邻较低一面外墙为防火墙时，其防火间距可适当减小，但不宜小于 4.00m。

4.2.4 两座高层建筑或高层建筑与不低于二级耐火等级的单层、多层民用建筑相邻，当相邻较高一面外墙耐火极限不低于 2.00h，墙上开口部位设有甲级防火门、窗或防火卷帘时，其防火间距可适当减小，但不宜小于 4.00m。

【条文解析】

为了便于理解和执行，这三条明确了高层建筑与一、二级耐火等级单层、多层民用建筑之间的防火要求。

4.2.5 高层建筑与小型甲、乙、丙类液体储罐、可燃气体储罐和化学易燃物品库房的防火间距，不应小于表 4.2.5 的规定。

表 4.2.5 高层建筑与小型甲、乙、丙类液体储罐、可燃气体储罐和化学易燃物品库房的防火间距

名称和储量		防火间距/m	
		高层建筑	裙房
小型甲、乙类液体储罐	<30m³	35	30
	30～60m³	40	35
小型丙类液体储罐	<150m³	35	30
	150～200m³	40	35
可燃气体储罐	<100m³	30	25
	100～500m³	35	30
化学易燃物品库房	<1t	30	25
	1～5t	35	30

注：1.储罐的防火间距应从距建筑物最近的储罐外壁算起。

2.当甲、乙、丙类液体储罐直埋时，本表的防火间距可减少50%。

【条文解析】

对储量在本条规定范围内的甲、乙、丙类液体储罐，可燃气体储罐和化学易燃品库房的防火间距作了规定。

4.2.6 高层医院等的液氧储罐总容量不超过 3.00m³ 时，储罐间可一面贴邻所属高层建筑外墙建造，但应采用防火墙隔开，并应设直通室外的出口。

【条文解析】

液氧储罐如若操作使用不当，极易发生强烈燃烧，危害很大，所以本条对高层医院液氧储罐库房的总容量作了限制，并对设置部位、采取的防火措施也作了规定。

4.2.7 高层建筑与厂（库）房的防火间距，不应小于表 4.2.7 的规定。

表 4.2.7 高层建筑与厂（库）房的防火间距（m）

厂（库）房			一类		二类	
			高层建筑	裙房	高层建筑	裙房
丙类	耐火等级	一、二级	20	15	15	13
		三、四级	25	20	20	15
丁类、戊类		一、二级	15	10	13	10
		三、四级	18	12	15	10

【条文解析】

高层建筑不宜布置在甲、乙类厂房附近，如丙、丁、戊类的厂房、库房等必须布置时，其防火间距应符合表 4.2.7 的规定。

对丙、丁、戊类的厂房、库房，本条在表 4.2.7 中作了具体规定。

一类高层民用建筑在防火间距上要求比二类建筑大些，故在表 4.2.7 规定中予以区别对待。

执行中应按照建筑物类别，一一对应确定具体的防火间距。

4.2.8 高层民用建筑与燃气调压站、液化石油气汽化站、混气站和城市液化石油气供应站瓶库之间的防火间距应按《城镇燃气设计规范》GB 50028 中的有关规定执行。

【条文解析】

由于《城镇燃气设计规范》GB 50028—2006 对高层民用建筑与燃气调压站、液化石油气汽化站、混气站和城市液化石油气供应站瓶库之间的防火间距已经作了明确规定，经协调，高层建筑与上述部位之间的防火间距按《城镇燃气设计规范》GB 50028—2006 的有关规定执行。

3.4.3 住宅建筑

《住宅建筑规范》GB 50368—2005

9.3.1 住宅建筑与相邻建筑、设施之间的防火间距应根据建筑的耐火等级、外墙的防火构造、灭火救援条件及设施的性质等因素确定。

【条文解析】

本条规定了确定防火间距时应考虑的主要因素，即应从满足消防扑救需要和防止火势通过"飞火""热辐射"和"热对流"等方式向邻近建筑蔓延的要求出发，设置合理的防火间距。在满足防火安全条件的同时，尚应体现节约用地和与现实情况相协调的原则。

9.3.2 住宅建筑与相邻民用建筑之间的防火间距应符合表 9.3.2 的要求。当建筑相邻外墙采取必要的防火措施后，其防火间距可适当减少或贴邻。

表 9.3.2 住宅建筑与住宅及其他民用建筑之间的防火间距（m）

建筑类别			10层及10层以上住宅、高层民用建筑		9层及9层以下住宅、非高层民用建筑		
					耐火等级		
			高层建筑	裙房	一、二级	三级	四级
9层及9层以下住宅	耐火等级	一、二级	9	6	6	7	9
		三级	11	7	7	8	10
		四级	14	9	9	10	12

建筑类别	10层及10层以上住宅、高层民用建筑		9层及9层以下住宅、非高层民用建筑		
			耐火等级		
	高层建筑	裙房	一、二级	三级	四级
10层及10层以上住宅	13	9	9	11	14

【条文解析】

本条规定了住宅建筑与相邻民用建筑之间的防火间距要求以及防火间距允许调整的条件。

3.4.4 汽车库、修车库

《汽车库、修车库、停车场设计防火规范》GB 50067—1997

4.2.1 车库之间以及车库与除甲类物品库房外的其他建筑物之间的防火间距不应小于表4.2.1的规定。

表4.2.1 车库之间以及车库与除甲类物品库房外的其他建筑物之间的防火间距

防火间距（m） 车库名称和耐火等级		汽车库、修车库、厂房、库房、民用建筑耐火等级		
		一、二级	三级	四级
汽车库、修车库	一、二级	10	12	14
	三级	12	14	16
停车场		6	8	10

注：1. 防火间距应按相邻建筑物外墙的最近距离算起，如外墙有凸出的可燃物构件时，则应从其凸出部分外缘算起，停车场从靠近建筑物的最近停车位置边缘算起。

2. 汽车库与其他建筑物之间，汽车库、修车库与高层民用建筑之间的防火间距应按本表规定值增加3m。

3. 汽车库、修车库与甲类厂房之间的防火间距应按本表规定值增加2m。

【条文解析】

汽车库、修车库与一、二级耐火等级建筑之间，在火灾初期有10m左右的间距，一般能满足扑救的需要和防止火势的蔓延。高度超过24m的汽车库发生火灾时需使用登高车灭火抢救，间距需大些。露天停车场由于自然条件好，汽油蒸气不易聚积，遇明火发生事故的机会要少一些，发生火灾时进行扑救和车辆疏散条件较室内有利，对建筑物的威胁也较小。所以，停车场与其他建筑物的防火间距作了相应减少。

4.2.2 两座建筑物相邻较高一面外墙为不开设门、窗、洞口的防火墙或当较高一面外墙比较低建筑高15m及以下范围内的墙为不开门、窗、洞口的防火墙时，其防火间距可不限。

当较高一面外墙上，同较低建筑等高的以下范围内的墙为不开设门、窗、洞口的防火墙时，其防火间距可按本规范表 4.2.1 的规定值减小 50%。

4.2.3 相邻的两座一、二级耐火等级建筑，当较高一面外墙耐火极限不低于 2.00h，墙上开口部位设有甲级防火门、窗或防火卷帘、水幕等防火设施时，其防火间距可减小，但不宜小于 4m。

4.2.4 相邻的两座一、二级耐火等级建筑，当较低一座的屋顶不设天窗，屋顶承重构件的耐火极限不低于 1.00h，且较低一面外墙为防火墙时，其防火间距可减小，但不宜小于 4m。

【条文解析】

条文中的两座建筑物是指相邻的车库与车库或车库与相邻的其他建筑物。

4.2.5 甲、乙类物品运输车的车库与民用建筑之间的防火间距不应小于 25m，与重要公共建筑的防火间距不应小于 50m。甲类物品运输车的车库与明火或散发火花地点的防火间距不应小于 30m，与厂房、库房的防火间距应按本规范表 4.2.1 的规定值增加 2m。

【条文解析】

甲、乙类物品运输车的车库与相邻厂房、库房之间要适当加大防火间距。甲、乙类物品运输车的车库与民用建筑和有明火或散发火花地点的防火间距采用 25～30m，与重要公共建筑的防火间距采用 50m，这与《建筑设计防火规范》也是相吻合的。

4.2.6 车库与易燃、可燃液体储罐，可燃气体储罐，液化石油气储罐的防火间距，不应小于表 4.2.6 的规定。

表 4.2.6　车库与易燃、可燃液体储罐，
可燃气体储罐，液化石油气储罐的防火间距

名称	防火间距（m） 总贮量（m³）	汽车库、修车库		停车场
		一、二级	三级	
易燃液体储罐	1～50	12	15	12
	51～200	15	20	15
	2001～1000	20	25	20
	1001～5000	25	30	25

名称	防火间距（m） 总贮量（m³）	汽车库、修车库		停车场
		一、二级	三级	
可燃液体储罐	5~250	12	15	12
	251~1000	15	20	15
	1001~5000	20	25	20
	5001~25000	25	30	25
水槽式可燃气体储罐	≤1000	12	15	12
	1001~10000	15	20	15
	>10000	20	25	20
液化石油气储罐	1~30	18	20	18
	31~200	20	25	20
	201~500	25	30	25
	>500	30	40	30

注：1. 防火间距应从距车库最近的储罐外壁算起，但设有防火堤的储罐，其防火堤外侧基脚线距车库的距离不应小于10m。

2. 计算易燃、可燃液体储罐区总贮存量时，1m³的易燃液体按5m³的可燃液体计算。

3. 干式可燃气体储罐与车库的防火间距按本表规定值增加25%。

【条文解析】

本条根据《建筑设计防火规范》有关易燃液体储罐、可燃液体储罐、可燃气体储罐、液化石油气储罐与建筑物的防火间距作了相应规定。

4.2.8 车库与甲类物品库房的防火间距不应小于表 4.2.8 的规定。

表 4.2.8 车库与甲类物品库房的防火间距

名称	防火间距（m） 总贮量（m³）		汽车库、修车库		停车场
			一、二级	三级	
甲类物品库房	3、4项	≤5	15	20	15
		>5	20	25	20
	1、2、5、6项	≤10	12	15	12
		>10	15	20	15

注：甲类物品的分项应按现行的国家标准《建筑设计防火规范》的规定执行。

【条文解析】

本条是参照现行《建筑设计防火规范》的有关规定条文提出的，规定车库与火灾危险性较大的甲类物品库房之间留出一定的防火间距。

4.2.9 车库与可燃材料露天、半露天堆场的防火间距不应小于表 4.2.9 的规定。

表 4.2.9 汽车库与可燃材料露天、半露天堆场的防火间距

名称		防火间距（m）总贮量（m³）	汽车库、修车库 一、二级	三级	停车场
稻草、麦秸、芦苇等		10~500	15	20	15
		501~10000	20	25	20
		10001~20000	25	30	25
棉麻、毛、化纤、百货		10~500	10	15	10
		501~1000	15	20	15
		1001~5000	20	25	20
煤和焦炭		1000~5000	6	8	6
		>5000	8	0	8
粮食	筒仓	10~5000	10	15	10
		5001~20000	15	20	15
	席穴囤	10~5000	15	20	15
		5001~20000	20	25	20
木材等可燃材料		50~1000m³	10	15	10
		1001~10000m³	15	20	15

【条文解析】

本条主要规定了汽车库可燃材料堆场的防火间距。由于堆放的可燃材料和汽车使用的燃料均有较大危险，因此，本条将汽车库与可燃材料堆场的防火间距参照《建筑设计防火规范》有关内容作了相应规定。

4.2.10 车库与煤气调压站之间，车库与液化石油气的瓶装供应站之间的防火间距，应按现行的国家标准《城镇燃气设计规范》的规定执行。

【条文解析】

由于煤气调压站、液化气的瓶装供应站有其特殊的要求，在《城镇燃气设计规范》中已作了明确的规定，该规定也适合汽车库、修车库的情况，因此不另行规定。汽车库参照规范中民用建筑的标准来要求防火间距，修车库参照明火、散发火花地点来要求。

4.2.11 车库与石油库、小型石油库、汽车加油站的防火间距应按现行国家标准《石油库设计规范》《小型石油库及汽车加油站设计规范》的规定执行。

【条文解析】

石油库、小型石油库、汽车加油站与建筑物的防火间距，在国家标准《石油库设计规范》《汽车加油加气站设计与施工规范》的规定中都明确这些条文也适用于汽车库，所以本条不另作规定。停车库参照规范中民用建筑的标准来设置防火间距，修车库按照

明火或散发火花的地点来要求。

4.2.12 停车场的汽车宜分组停放，每组停车的数量不宜超过 50 辆，组与组之间的防火间距不应小于 6m。

【条文解析】

本条本着既保障安全生产又便于扑救火灾的精神，对停车场的停车要求作了规定。

3.4.5 汽车加油站、加气站

《汽车加油加气站设计与施工规范》GB 50156—2012

5.0.13 加油加气站内设施之间的防火距离，不应小于表 5.0.13-1 和表 5.0.13-2 的规定。

表 5.0.13-1 站内设施

设施名称		汽油罐	柴油罐	汽油通气管管口	柴油通气管管口	LPG储罐						CNG储气设施	CNG集中放散管管口	油品卸车点
						地上罐			埋地罐					
						一级站	二级站	三级站	一级站	二级站	三级站			
汽油罐		0.5	0.5	—	—	×	×	×	6	4	3	6	6	—
柴油罐		0.5	0.5	—	—	×	×	×	4	3	3	4	4	—
汽油通气管管口		—	—	—	—	×	×	×	8	6	6	8	6	3
柴油通气管管口		—	—	—	—	×	×	×	6	4	4	6	4	2
LPG储罐	地上罐 一级站	×	×	×	×	D			×	×	×	×	×	12
	地上罐 二级站	×	×	×	×		D		×	×	×	×	×	10
	地上罐 三级站	×	×	×	×			D	×	×	×	×	×	8
	埋地罐 一级站	6	4	8	6	×	×	×	2			×	×	5
	埋地罐 二级站	4	3	6	4	×	×	×		2		×	×	3
	埋地罐 三级站	3	3	6	4	×	×	×			2	×	×	3
CNG储气设施		6	4	8	6	×	×	×	×	×	×	1.5（1）	—	6
CNG集中放散管管口		6	4	6	4	×	×	×	×	×	×	—	—	6
油品卸车点		—	—	3	2	12	10	8	5	3	3	6	6	—
LPG卸车点		5	3.5	8	6	12/10	10/8	8/6	5	3	3	×	×	4
LPG泵（房）、压缩机（间）		5	3.5	6	4	12/10	10/8	8/6	6	5	4	×	×	4
天然气压缩机（间）		6	4	6	4	×	×	×	×	×	×	×	×	6
天然气调压器（间）		6	4	6	4	×	×	×	×	×	×	×	×	6
天然气脱硫和脱水设备		5	3.5	5	3.5	×	×	×	×	×	×	×	×	5
加油机		—	—	—	—	12/10	10/8	8/6	8	6	6	6	6	—
LPG加气机		4	3	8	6	12/10	10/8	8/6	8	6	6	×	×	4
CNG加气机、加气柱和卸气柱		4	3	8	6	×	×	×	×	×	×	—	—	4
站房		4	3	4	3.5	12/10	10/8	8	8	6	6	5	5	5
消防泵房和消防水池取水口		10	7	10	7	40/30	30/20	30/20	20	15	12			10
自用燃煤锅炉房和燃煤厨房		18.5	13	18.5	13	45	38	33	30	25	18	25	15	15
自用燃气（油）设备的房间		8	6	8	6	18/14	16/12	16/12	10	8	8	14	14	8
站区围墙		3	2	3	2	6	5	5	4	3	3	3	3	—

注：1. 表中数据分子为LPG储罐无固定喷淋装置的距离，分母为LPG储罐设有固定喷淋装置的距离。D为LPG地上罐相邻较大罐

2. 括号内数值为储气井与储气井、柴油加气机与自用有燃煤或燃气（油）设备的房间的距离。

3. 撬装式加油装置的油罐与站内设施之间的防火间距应按本表汽油罐、柴油罐增加30%。

4. 当卸油采用油气回收系统时，汽油通气管管口与站区围墙的距离不应小于2m。

5. LPG储罐放散管管口与LPG储罐距离不限，与站内其他设施的防火间距可按相应级别的LPG埋地储罐确定。

6. LPG泵和压缩机、天然气压缩机、调压器和天然气脱硫和脱水设备露天布置或布置在开敞的建筑物内时，起算点应为设备外

7. 容量小于或等于10m³的地上LPG储罐的整体装配式加气站，其储罐与站内其他设施的防火间距，不应低于本表三级站的地上

8. CNG加气站的橇装设备与站内其他设施的防火间距，应按本表相应设备的防火间距确定。

9. 站房、有燃煤或燃气（油）等明火设备的房间的起算点应为门窗等洞口。站房内设置有变配电间时，变配电间的布置应符合

10. 表中"—"表示无防火间距要求，"×"表示该类设施不应合建。

的防火间距（m）

LPG卸车点	LPG泵（房）、压缩机（间）	天然气压缩机（间）	天然气调压器（间）	天然气脱硫和脱水设备	加油机	LPG加气机	CNG加气机、加气柱和卸气柱	站房	消防泵房和消防水池取水口	自用燃煤锅炉房和燃煤厨房	自用有燃气（油）设备的房间	站区围墙
5	5	6	6	5	—	4	4	4	10	18.5	8	
3.5	3.5	4	4	3.5	—	3	3	3	7	13	6	3
8	6	6	6	5	—	8	8	4	10	18.5	8	2
6	4	4	4	3.5	—	6	6	3.5	7	13	6	3
12/10	12/10	×	×	×	12/10	12/10	×	12/10	40/30	45	18/14	2
10/8	10/8	×	×	×	10/8	10/8	×	10/8	30/20	38	16/12	6
8/6	8/6	×	×	×	8/6	8/6	×	8	30/20	33	16/12	5
5	6	×	×	×	8	8	×	8	20	30	10	4
3	5	×	×	×	6	6	×	6	15	25	8	3
3	4	×	×	×	4	4	×	6	12	18	8	3
×	×	—	—	—	6	6	×	5		25	14	3
×	×	—	—	—	8	×	×	5		15	14	3
4	4	6	6	5	—	4	4	5	10	15	8	
—	5	×	×	×	6	5	×	6	8	25	12	3
5	—	×	×	×	4	4	×	6	8	25	12	2
×	×	—	—	—	4	4	×	5	8	25	12	2
×	×	—	—	—	6	6	×	5	8	25	12	2
×	×	—	—	—	5	×	×	5	15	25	12	
6	4	4	6	5	—	4	4	5	6	15（10）	8（6）	
5	4	4	6	5	4	—	×	5.5	6	18	12	
×	×	—	—	—	4	×	×	5	6	18	12	
6	6	5	5	5	5	5.5	5	—	—	—	—	
8	8	8	8	15	6	6	6	—	—	12		
25	25	25	25	25	15（10）	18	18	—	12	—	—	
12	12	12	12	12	8（6）	12	12	—	—	—	—	
3	2	2	2	—	—	—	—	—	—	—	—	

的直径。

缘；LPG泵和压缩机、天然气压缩机、天然气调压器设置在非开敞的室内时，起算点应为该类设备所在建筑物的门窗等洞口。

储罐防火间距的80%。

本规范第5.0.8条的规定。

表 5.0.13.2 站内设施的

设施名称		汽油罐、柴油罐	油罐通气管管口	LPG储罐			CNG储气设施	天然气放散管管口		油品卸车点	LNG卸车点	天然气压缩机（间）
				一级站	二级站	三级站		CNG系统	LNG系统			
汽油罐、柴油罐		*	*	15	12	10	*	*	6	*	6	*
油罐通气管管口		*	*	12	10	8	8	*	6	*	8	*
LPG储罐	一级站	15	12	2			6	5	—	12	5	6
	二级站	12	10		2		4	4	—	10	3	4
	三级站	10	8			2	4	4	—	8	2	4
CNG储气设施		*	8	6	4	4	*	*	3	*	6	*
天然气放散管管口	CNG系统	*	*	5	4	4	*	—	—	*	4	*
	LNG系统	6	6	—	—	—	3	—	—	6	3	—
油品卸车点		*	*	12	10	8	*	*	6	*	6	*
LNG卸车点		6	8	5	3	2	6	4	3	6		3
天然气压缩机（间）		*	*	6	4	4	*	*	—	*	3	
天然气调压器（间）		*	*	6	4	4	*	*	3	*	3	*
天然气脱硫、脱水装置		*	*	6	4	4	*	*	4	*	6	*
加油机		*	*	8	8	6	*	*	6	*	6	*
CNG加气机		*	*	8	6	4	*	*	8	*	6	*
LNG加气机		4	8	8	4	2	6	6	—	6	—	6
LNG潜液泵池		6	8	—	—	—	6	4	—	6		6
LNG柱塞泵		6	8	2	2	2	6	4	—	6	2	6
LNG高压气化器		5	5	6	4	3	3	—	—	5	4	6
站房		*	*	10	8	6	*	*	8	*	6	*
消防泵房和消防水池取水口		*	*	20	15	15	*	*	12	*	15	*
有燃气（油）设备的房间		*	*	15	12	12	*	*	12	*	12	*
站区围墙		*	*	6	5	4	*	*	3	*	2	*

注：1. 站房、有燃气（油）等明火设备的房间的起算点应为门窗等洞口。

2. 表中"—"表示无防火间距要求，"*"表示应符合表5.0.13-1的规定。

的防火间距（m）

天然气调压器（间）	天然气脱硫、脱水装置	加油机	CNG加气机	LNG加气机	LNG潜液泵池	LNG柱塞泵	LNG高压气化器	站房	消防泵房和消防水池取水口	有燃气（油）设备的房间	站区围墙
*	*	*	*	4	6	6	5	*	*	*	*
*	*	*	*	8	8	8	5	*	*	*	*
6	6	8	8	8	—	2	6	10	20	15	6
4	4	8	6	4	—	2	4	8	15	12	5
4	4	6	4	2	—	2	3	6	15	12	4
*	*	*	*	6	6	6	3	*	*	*	*
*	*	*	*	6	4	4	—	*	*	*	*
3	4	6	8	—	—	—	8		12	12	3
*	*	*	*	6	6	6	5	*	*	*	*
3	6	6	6	—	—	2	4	6	15	12	2
*	*	*	*	6	6	6	6	*	*	*	*
	*	*	*	6	6	6	6	*	*	*	*
*		*	*	6	6	6	6	*	*	*	*
*	*	*	*	2	6	6	6	*	*	*	*
*	*	*	*	2	6	6	5	*	*	*	*
6	6	2	2	—	4	6	5	6	15	8	—
6	6	6	6	4	—	2	5	6	15	8	2
6	6	6	6	6	2	—	2	6	15	8	2
6	6	6	5	5	5	2	—	8	15	8	2
*	*	*	*	6	6	6	8	*	*	*	*
*	*	*	*	15	15	15	15	*	*	*	*
*	*	*	*	8	8	8	8	*	*	*	*
*	*	*	*	—	2	2	2	*	*	*	*

【条文解析】

根据加油加气站内各设施的特点和附录 C 所划分的爆炸危险区域规定了各设施间的防火距离。

3.4.6 厂房

《建筑设计防火规范》GB 50016—2012

3.4.1 除本规范另有规定者外，厂房之间及其与乙、丙、丁、戊类仓库、民用建筑等之间的防火间距不应小于表 3.4.1 的规定。

表 3.4.1 厂房之间及其与乙、丙、丁、戊类仓库、民用建筑等之间的防火间距（m）

名称		甲类厂房 单层或多层 一、二级	乙类厂房（仓库） 单层或多层 一、二级	乙类厂房（仓库） 单层或多层 三级	乙类厂房（仓库） 高层 一、二级	丙、丁、戊类厂房（仓库） 单层或多层 一、二级	丙、丁、戊类厂房（仓库） 单层或多层 三级	丙、丁、戊类厂房（仓库） 单层或多层 四级	丙、丁、戊类厂房（仓库） 高层 一、二级	民用建筑 裙房、单层或多层 一、二级	民用建筑 裙房、单层或多层 三级	民用建筑 裙房、单层或多层 四级	民用建筑 高层 一类	民用建筑 高层 二类
甲类厂房	单层、多层 一、二级	12	12	14	13	12	14	16	13	25	25	25	50	50
乙类厂房	单层、多层 一、二级	12	10	12	13	10	12	14	13	25	25	25	50	50
乙类厂房	单层、多层 三级	14	12	14	15	12	14	16	15	25	25	25	50	50
乙类厂房	高层 一、二级	13	13	15	13	13	15	17	13	25	25	25	50	50
丙类厂房	单层或多层 一、二级	12	10	12	13	10	12	14	13	10	12	14	20	15
丙类厂房	单层或多层 三级	14	12	14	15	12	14	16	15	12	14	16	25	20
丙类厂房	单层或多层 四级	16	14	16	17	14	16	18	17	14	16	18	25	20
丙类厂房	高层 一、二级	13	13	15	13	13	15	17	13	13	15	17	20	15
丁、戊类厂房	单层或多层 一、二级	12	10	12	13	10	12	14	13	10	12	14	15	13
丁、戊类厂房	单层或多层 三级	14	12	14	15	12	14	16	15	12	14	16	18	15
丁、戊类厂房	单层或多层 四级	16	14	16	17	14	16	18	17	14	16	18	18	15
丁、戊类厂房	高层 一、二级	13	13	15	13	13	15	17	13	13	15	17	15	13
室外变、配电站 变压器总油量/t	≥5, ≤10	25	25	25	25	12	15	20	12	15	20	25	20	20
室外变、配电站 变压器总油量/t	>10, ≤50	25	25	25	25	15	20	25	15	20	25	30	25	25
室外变、配电站 变压器总油量/t	>50	25	25	25	25	20	25	30	20	25	30	35	30	30

注：1. 乙类厂房与重要公共建筑之间的防火间距不宜小于50m，与明火或散发火花地点不宜小于30m。单层或多层戊类厂房之间及其与戊类仓库之间的防火间距，可按本表的规定减少2m。单层多层戊类厂房与民用建筑之间的防火间距可按本规范第5.2.2条的规定执行。为丙、丁、戊类厂房服务而单独设立的生活用房应按民用建筑确定，与所属厂房之间的防火间距不应小于6m。必须相邻建造时，应符合本表注2、3的规定。

2. 两座厂房相邻较高一面的外墙为防火墙时，其防火间距不限，但甲类厂房之间不应小于4m。两座丙、丁、戊类厂房相邻两面的外墙均为不燃烧体，当无外露的燃烧体屋檐，每面外墙上的门窗洞口面积之和各不大于该外墙面积的5%，且门窗洞口不正对开设时，其防火间距可按本表的规定减少25%。甲、乙类厂房（仓库）不应与本规范第3.3.5条规定外的其他建筑贴邻建造。

3. 两座一、二级耐火等级的厂房，当相邻较低一面外墙为防火墙且较低一座厂房的屋顶耐火极限不低于1.00h，或相邻较高一面外墙的门窗等开口部位设置甲级防火门窗或防火分隔水幕或按本规范第6.5.2条的规定设置防火卷帘时，甲、乙类厂房之间的防火间距不应小于6m；丙、丁、戊类厂房之间的防火间距不应小于4m。

4. 发电厂内的主变压器，其油量可按单台确定。

5. 耐火等级低于四级的原有厂房，其耐火等级可按四级确定。

6. 当丙、丁、戊类厂房与丙、丁、戊类仓库相邻时，应符合本表注2、3的规定。

【条文解析】

本条规定了厂房之间及厂房与乙、丙、丁、戊类仓库之间以及与其他建筑物之间的防火间距。

3.4.2 甲类厂房与重要公共建筑之间的防火间距不应小于50m，与明火或散发火花地点之间的防火间距不应小于 30m，与架空电力线的最小水平距离应符合本规范第12.2.1条的规定，与甲、乙、丙类液体储罐，可燃、助燃气体储罐，液化石油气储罐，可燃材料堆场的防火间距，应符合本规范第 4 章的有关规定。

3.4.3 散发可燃气体、可燃蒸气的甲类厂房与铁路、道路等的防火间距不应小于表3.4.3 的规定，但甲类厂房所属厂内铁路装卸线当有安全措施时，其间距可不受表3.4.3规定的限制。

表 3.4.3　甲类厂房与铁路、道路等的防火间距（m）

名称	厂外铁路线中心线	厂内铁路线中心线	厂外道路路边	厂内道路路边	
				主要	次要
甲类厂房	30	20	15	10	5

【条文解析】

规定了甲类厂房与各类建筑物，以及甲类厂房与重要的公共建筑等及架空电力线和铁路、道路之间的防火间距。

3.4.4 高层厂房与甲、乙、丙类液体储罐，可燃、助燃气体储罐，液化石油气储罐，可燃材料堆场（煤和焦炭场除外）的防火间距，应符合本规范第 4 章的有关规定，且不应小于 13m。

【条文解析】

本条规定了高层厂房与民用建筑、各类储罐、堆场之间的防火间距。

3.4.5 当丙、丁、戊类厂房与民用建筑的耐火等级均为一、二级时，其防火间距可按下列规定执行：

1 当较高一面外墙为不开设门窗洞口的防火墙,可比相邻较低一座建筑屋面高 15m 及以下范围内的外墙为不开设门窗洞口的防火墙时，其防火间距可不限。

2 相邻较低一面外墙为防火墙，且屋顶不设天窗，屋顶耐火极限不低于 1.00h，或相邻较高一面外墙为防火墙，且墙上开口部位采取了防火保护措施，其防火间距可适当减小，但不应小于 4m。

【条文解析】

本条规定了厂房与民用建筑物之间防火间距的调整要求。有关距离是比照前述因素和多层厂房的防火间距，考虑建筑火灾及其扑救情况确定的。

本条参照了现行国家标准《高层民用建筑设计防火规范（2005 年版）》GB 50045—1995 的有关规定以及厂房与其他厂房、仓库的间距，并考虑了实际灭火需要。

3.4.6 厂房外附设有化学易燃物品的设备时，其室外设备外壁与相邻厂房室外附设设备外壁或相邻厂房外墙之间的距离，不应小于本规范第 3.4.1 条的规定。用不燃烧材料制作的室外设备，可按一、二级耐火等级建筑确定。

总储量不大于 15m^3 的丙类液体储罐，当直埋于厂房外墙外，且面向储罐一面 4.0m 范围内的外墙为防火墙时，其防火间距可不限。

【条文解析】

本条主要规定了厂房外设有化学易燃物品的设备时，与相邻厂房、设备之间的防火间距确定方法。

3.4.7 同一座 U 形或山形厂房中相邻两翼之间的防火间距，不宜小于本规范第 3.4.1 条的规定，但当该厂房的占地面积小于本规范第 3.3.1 条规定的每个防火分区的最大允许建筑面积时，其防火间距可为 6m。

【条文解析】

为便于扑救火灾、控制火势蔓延，两翼之间防火间距 L 应按本规范第 3.4.1 条的规定执行。但整个厂房占地面积不超过本规范第 3.3.1 条规定的防火分区允许最大面积时，其两翼之间的防火间距 L 值可以减小到 6m。

3.4.8 除高层厂房和甲类厂房外，其他类别的数座厂房占地面积之和小于本规范第 3.3.1 条规定的防火分区最大允许建筑面积（按其中较小者确定，但防火分区的最大允许建筑面积不限者，不应超过 10000m^2）时，可成组布置。当厂房建筑高度不大于 7m 时，组内厂房之间的防火间距不应小于 4m；当厂房建筑高度大于 7m 时，组内厂房之间的防火间距不应小于 6m。

组与组或组与相邻建筑之间的防火间距,应根据相邻两座耐火等级较低的建筑,按本规范第 3.4.1 条的规定确定。

【条文解析】

本条规定了厂房成组布置的要求。

3.4.9 一级汽车加油站、一级汽车液化石油气加气站和一级汽车加油加气合建站不应建在城市建成区内。

3.4.10 汽车加油、加气站和加油加气合建站的分级,汽车加油、加气站和加油加气合建站及其加油(气)机、储油(气)罐等与站外明火或散发火花地点、建筑、铁路、道路之间的防火间距,以及站内各建筑或设施之间的防火间距,应符合现行国家标准《汽车加油加气站设计与施工规范》GB 50156 的有关规定。

【条文解析】

有关汽车加油加气站的防火间距的规定。

3.4.11 电力系统电压为 35~500kV 且每台变压器容量在 10MV·A 以上的室外变、配电站以及工业企业的变压器总油量大于 5t 的室外降压变电站,与建筑之间的防火间距不应小于本规范第 3.4.1 条和第 3.5.1 条的规定。

【条文解析】

本条规定了室外变、配电站与建筑物的防火间距。

3.4.12 厂区围墙与厂内建筑之间的间距不宜小于 5m,且围墙两侧的建筑之间还应满足相应的防火间距要求。

【条文解析】

本条是对厂区围墙与本厂区内厂房等建筑的有关要求。

3.4.7 仓库

《建筑设计防火规范》GB 50016—2012

3.5.1 甲类仓库之间及其与其他建筑、明火或散发火花地点、铁路、道路等的防火间距不应小于表 3.5.1 的规定,与架空电力线的最小水平距离应符合本规范第 12.2.1 条的规定。厂内铁路装卸线与设置装卸站台的甲类仓库的防火间距,可不受表 3.5.1 规定的限制。

表 3.5.1 甲类仓库之间及其与其他建筑、明火或散发火花地点、铁路等的防火间距（m）

名　称		甲类仓库及其储量（t）			
		甲类储存物品第3、4项		甲类储存物品第1、2、5、6项	
		≤5	>5	≤10	>10
高层民用建筑、重要公共建筑		50			
裙房、其他民用建筑、明火或散发火花地点		30	40	25	30
甲类仓库		20			
厂房和乙、丙、丁、戊类仓库	一、二级耐火等级	15	20	12	15
	三级耐火等级	20	25	15	20
	四级耐火等级	25	30	20	25
电力系统电压为35～500kV且每台变压器容量在10MV·A以上的室外变、配电站工业企业的变压器总油量大于5t的室外降压变电站		30	40	25	30
厂外铁路线中心线		40			
厂内铁路线中心线		30			
厂外道路路边		20			
厂内道路路边	主要	10			
	次要	5			

注：甲类仓库之间的防火间距，当第3、4项物品储量不大于2t，第1、2、5、6项物品储量不大于5t时，不应小于12m，甲类仓库与高层仓库之间的防火间距不应小于13m。

【条文解析】

有关仓库的防火间距的确定，除在厂房的防火间距中所述因素外，还考虑了以下情况：

1）硝化棉、硝化纤维胶片、喷漆棉、火胶棉、赛璐珞和金属钾、钠、锂、氢化锂、氢化钠等甲类易燃易爆物品，一旦发生事故，燃速快、燃烧猛烈、祸及范围大。

2）目前各地建设的专门危险物品仓库（其中大多为甲类物品，少数为乙类物品），除了库址选择在城市边缘较安全的地带外，库区内仓库之间的距离，小的在20m，大的在35m以上。

3）甲类物品的储存量大小是决定其危害性的主要因素，因此，本条分别根据其储量分档提出防火要求。

4）对于重要的公共建筑，对其相关要求应比对其他建筑的防火间距要求更严些。

5）规定了甲类仓库与架空电力线的距离。

6）甲类仓库与铁路线的防火间距，主要考虑蒸汽机车飞火对仓库的影响。从火灾情况看，甲类仓库着火时的影响范围取决于所存放物品数量、性质和仓库规模等，一般在20～40m之间，有时甚至更大，故将其与铁路线的最小间距定为30m。

甲类仓库与道路的防火间距，主要考虑道路的通行情况、汽车和拖拉机排气管飞火的影响等因素。一般汽车和拖拉机的排气管飞火距离远者为 8～10m，近者为 3～4m。所以厂内甲类仓库与道路的防火间距，一般定为 5m、10m，与厂外道路的间距考虑到车辆流量大且不便管理等因素而要求大些。

3.5.2 除本规范另有规定者外，乙、丙、丁、戊类仓库之间及其与民用建筑之间的防火间距，不应小于表3.5.2的规定。

表 3.5.2　乙、丙、丁、戊类仓库之间及其与民用建筑之间的防火间距（m）

名称			乙类仓库			丙类仓库				丁、戊类仓库			
			单层或多层		高层	单层或多层			高层	单层或多层			高层
			一、二级	三级	一、二级	一、二级	三级	四级	一、二级	一、二级	三级	四级	一、二级
乙、丙、丁、戊类仓库	单层或多层	一、二级	10	12	13	10	12	14	13	10	12	14	13
		三级	12	14	15	12	14	16	15	12	14	16	15
		四级	14	16	17	14	16	18	17	14	16	18	17
	高层	一、二级	13	15	13	13	15	17	13	13	15	17	13
民用建筑	裙房、单层或多层	一、二级	25			10	12	14	13	10	12	14	13
		三级	25			12	14	16	15	12	14	16	15
		四级	25			14	16	18	17	14	16	18	17
	高层	一类	50			20	25	25	20	15	18	18	15
		二类	50			15	20	20	15	13	15	15	13

注：1. 单层或多层戊类仓库之间的防火间距，可按本表减少2m。

2. 两座仓库相邻较高一面外墙为防火墙，且总占地面积不大于本规范第3.3.2条一座仓库的最大允许占地面积规定时，其防火间距不限。

3. 除乙类第6项物品外的乙类仓库，与民用建筑之间的防火间距不宜小于25m，与重要公共建筑之间的防火间距不应小于50m，与铁路、道路等的防火间距不宜小于表3.5.1中甲类仓库与铁路、道路等的防火间距。

【条文解析】

本条规定了除甲类仓库外的单层、多层、高层仓库之间的防火间距，明确了乙、丙、丁、戊类仓库与民用建筑之间的防火间距。主要考虑了满足扑救火灾、防止初期火灾（20min以内）向邻近建筑蔓延扩大以及节约用地三项因素。

3.5.3 当丁、戊类仓库与民用建筑的耐火等级均为一、二级时，其防火间距可按下列规定执行：

1 当较高一面外墙为不开设门窗洞口的防火墙，或比相邻较低一座建筑屋面高15m及以下范围内的外墙为不开设门窗洞口的防火墙时，其防火间距可不限。

2 相邻较低一面外墙为防火墙，且屋顶不设天窗，屋顶耐火极限不低于1.00h，或

相邻较高一面外墙为防火墙，且墙上开口部位采取了防火保护措施，其防火间距可适当减小，但不应小于 4m。

【条文解析】

考虑到城市用地紧张和拆迁改造困难，对仓库和民用建筑的防火间距作出的调整规定。

3.5.4 粮食筒仓与其他建筑之间及粮食筒仓组与组之间的防火间距，不应小于表 3.5.4 的规定。

表 3.5.4 粮食筒仓与其他建筑之间及粮食筒仓组与组之间的防火间距（m）

名称	粮食总储量 W/t	粮食立筒仓			粮食浅圆仓		建筑的耐火等级		
		W≤40000	40000<W≤50000	W>50000	W≤50000	W>50000	一、二级	三级	四级
粮食立筒仓	500<W≤10000	15	20	25	20	25	10	15	20
	10000<W≤40000						15	20	25
	40000<W≤50000	20					20	25	30
	W>50000	25					25	30	—
粮食浅圆仓	W≤50000	20	20	25	20	25	20	25	—
	W>50000	25					25	30	—

注：1. 当粮食立筒仓、粮食浅圆仓与工作塔、接收塔、发放站为一个完整工艺单元的组群时，组内各建筑之间的防火间距不受本表限制。

2. 粮食浅圆仓组内每个独立的储量不应大于 10000t。

【条文解析】

有关粮食仓库之间及与其他建筑之间防火间距的规定，是在与国家粮食局及其所属设计研究单位共同研究的基础上确定的。

3.5.5 库区围墙与库区内建筑之间的间距不宜小于 5m，且围墙两侧的建筑之间还应满足相应的防火间距要求。

【条文解析】

本条规定了库区围墙与库区内各类建筑的间距。

3.4.8 人防工程

《人民防空地下室设计规范》GB 50038—2005

3.1.3 防空地下室距生产、储存易燃易爆物品厂房、库房的距离不应小于 50m；距有害液体、重毒气体的贮罐不应小于100m。

【条文解析】

为确保防空地下室的战时安全,尤其是考虑到防空地下室处于地下的不利条件,在距危险目标的距离方面应该从严掌握。本条主要是参照了《建筑设计防火规范》以及《人民防空一、二等建筑物设计技术规范》等中的有关条款作出的规定。距危险目标的距离系指防空地下室各出入口(及通风口)的出地面段与危险目标的最不利直线距离。

《人民防空工程设计防火规范》 GB 50098—2009

3.2.2 人防工程的采光窗井与相邻地面建筑的最小防火间距,应符合表3.2.2的规定。

表3.2.2 采光窗井与相邻地面建筑的最小防火间距(m)

人防工程类别 \ 地面建筑类别和耐火等级	民用建筑			丙、丁、戊类厂房、库房			高层民用建筑		甲、乙类厂房、库房
	一、二级	三级	四级	一、二级	三级	四级	主体	附属	—
丙、丁、戊类生产车间、物品库房	10	12	14	10	12	14	13	6	25
其他人防工程	6	7	9	10	12	14	13	6	25

注:1. 防火间距按人防工程有窗外墙与相邻地面建筑外墙的最近距离计算;

2. 当相邻的地面建筑物外墙为防火墙时,其防火间距不限。

【条文解析】

有采光窗井的人防工程其防火间距是按照耐火等级为一级的相应地面建筑所要求的防火间距来考虑的,由于人防工程设置在地下,所以无论人防工程对周围建筑物的影响,还是周围建筑物对人防工程的影响,比起地面建筑相互之间的影响来说都要小,因此按此规定是偏于安全的。

3.5 其他建筑间距

《民用建筑设计通则》GB 50352—2005

5.2.3 道路与建筑物间距应符合下列规定：

1 基地内设有室外消火栓时，车行道路与建筑物的间距应符合防火规范的有关规定；

2 基地内道路边缘至建筑物、构筑物的最小距离应符合现行国家标准《城市居住区规划设计规范》GB 50180 的有关规定；

3 基地内不宜设高架车行道路，当设置高架人行道路与建筑平行时应有保护私密性的视距和防噪声的要求。

【条文解析】

提示基地内道路的设置应符合防火规范、城规规范等要求，一些大城市在大型基地内有设高架通路的，为此提示设置高架通路的一般要求。

《住宅建筑规范》GB 50368—2005

4.1.2 住宅至道路边缘的最小距离，应符合表 4.1.2 的规定。

表 4.1.2　住宅至道路边缘最小距离（m）

面宽度与住宅距离			<6m	6～9m	>9m
住宅面向道路	无出入口	高层	2	3	5
		多层	2	3	3
	有出入口		2.5	5	—
住宅山墙面向道路	高层		1.5	2	4
	多层		1.5	2	2

注：1. 当道路设有人行便道时，其道路边缘指便道边线。

2. 其中"—"表示住宅不应向路面宽度大于9m的道路开设出入口。

【条文解析】

为维护住宅建筑底层住户的私密性，保障过往行人和车辆的安全（不碰头、不被上部坠落物砸伤等），并利于工程管线的铺设，本条规定了住宅建筑至道路边缘应保持的最小距离。宽度大于 9m 的道路一般为城市道路，车流量较大，为此不允许住宅面向道路开设出入口。

4.5.2 住宅用地的防护工程设置应符合下列规定：

1 台阶式用地的台阶之间应用护坡或挡土墙连接，相邻台地间高差大于 1.5m

时，应在挡土墙或坡比值大于 0.5 的护坡顶面加设安全防护设施；

　　2　土质护坡的坡比值不应大于 0.5；

　　3　高度大于 2m 的挡土墙和护坡的上缘与住宅间水平距离不应小于 3m，其下缘与住宅间的水平距离不应小于 2m。

【条文解析】

　　本条提出了住宅用地的防护工程的相应控制指标，以确保建设基地内建筑物、构筑物、人、车以及防护工程自身的安全。

4 防火分区

4.1 民用建筑

《建筑设计防火规范》GB 50016—2012

5.3.1 除本规范另有规定者外，建筑的防火分区允许面积和建筑最大允许层数应符合表 5.3.1 的规定。

表 5.3.1　建筑的耐火等级、允许层数和防火分区最大允许建筑面积

名称	耐火等级	建筑高度或允许层数	防火分区的最大允许建筑面积/m²	备注
高层民用建筑	一、二级	符合表5.1.1的规定	1500	1. 当高层建筑主体与其裙房之间设置防火墙等防火分隔设施时,裙房的防火分区最大允许建筑面积不应大于2500m² 2. 体育馆、剧场的观众厅,其防火分区最大允许建筑面积可适当放宽
单层或多层民用建筑	一、二级		2500	
	三级	5层	1200	—
	四级	2层	600	—
地下、半地下建筑（室）	一级	不宜超过3层	500	设备用房的防火分区最大允许建筑面积不应大于1000m²

注：表中规定的防火分区的最大允许建筑面积，当建筑内设置自动灭火系统时，可按本表的规定增加1.0倍。局部设置时，增加面积可按该局部面积的1.0倍计算。

【条文解析】

本条规定了民用建筑的耐火等级、层数和防火分区的设计要求。

5.3.2 当建筑物内设置自动扶梯、中庭、开敞楼梯等上下层相连通的开口时，其防火分区的建筑面积应按上下层相连通的建筑面积叠加计算，且不应大于本规范第 5.3.1 条的规定。

对于中庭，当相连通楼层的建筑面积之和大于一个防火分区的建筑面积时，应符合

下列规定：

1 除首层外，建筑功能空间与中庭间应进行防火分隔，与中庭相通的门或窗，应采用火灾时可自行关闭的甲级防火门或甲级防火窗；

2 与中庭相通的过厅、通道等处，应设置甲级防火门或耐火极限不小于 3.00h 的防火分隔物；

3 高层建筑中的中庭回廊应设置自动喷水灭火系统和火灾自动报警系统；

4 中庭应按本规范第 8 章的规定设置排烟设施。

【条文解析】

为了控制和减小火灾蔓延的区域，本条规定了建筑的上下相连通的自动扶梯、中庭、开敞楼梯等开口部位的防火设计要求。

4.2 高层建筑

《高层民用建筑设计防火规范 2005 年版》GB 50045—1995

5.1.1 高层建筑内应采用防火墙等划分防火分区，每个防火分区允许最大建筑面积，不应超过表 5.1.1 的规定。

表 5.1.1　每个防火分区的允许最大建筑面积

建筑类别	每个防火分区建筑面积（m²）
一类建筑	1000
二类建筑	1500
地下室	500

注：1. 设有自动灭火系统的防火分区，其允许最大建筑面积可按本表增加1.00倍；当局部设置自动灭火系统时，增加面积可按该局部面积的1.00倍计算。

2. 一类建筑的电信楼，其防火分区允许最大建筑面积可按本表增加50%。

【条文解析】

防火分区的划分，既要从限制火势蔓延、减少损失方面考虑，又要顾及到便于平时使用管理，以节省投资。比较可靠的防火分区应包括楼板的水平防火分区和垂直防火分区两部分，所谓水平防火分区，就是用防火墙或防火门、防火卷帘等将各楼层在水平方向分隔为两个或几个防火分区；所谓垂直防火分区，就是将具有 1.5h 或 1.0h 耐火极限的楼板和窗间墙（两上、下窗之间的距离不小于 1.2m）将上、下层隔开。当上、下层设有走廊、自动扶梯、传送带等开口部位时，应将相连通的各层作为一个防火分区考虑。防火分区的作用在于发生火灾时，可将火势控制在一定的范围内，有利于消防扑救、减少火灾损失。

5.1.2 高层建筑内的商业营业厅、展览厅等，当设有火灾自动报警系统和自动灭火系统，且采用不燃烧或难燃烧材料装修时，地上部分防火分区的允许最大建筑面积为 4000m²；地下部分防火分区的允许最大建筑面积为 2000m²。

【条文解析】

目前有些商业营业厅、展览厅附设在高层建筑下部，面积往往超过规范较多，还有些商业高层建筑每层面积较大，经过对 20 多个建筑的调查，4000m² 能满足使用要求，故调整为 4000m²，以利执行。

5.1.3 当高层建筑与其裙房之间设有防火墙等防火分隔设施时，其裙房的防火分区允许最大建筑面积不应大于 2500m²，当设有自动喷水灭火系统时，防火分区允许最大建筑面积可增加 1.00 倍。

【条文解析】

与高层建筑相连的裙房建筑高度较低，火灾时疏散较快，且扑救难度也比较小，易于控制火势蔓延。当高层主体建筑与裙房之间用防火墙等防火分隔设施分开时，其裙房的最大允许建筑面积可按《建筑设计防火规范》GB 50016 的规定执行。

5.1.4 高层建筑内设有上、下层相连通的走廊、开敞楼梯、自动扶梯、传送带等开口部位时，应按上、下连通层作为一个防火分区，其允许最大建筑面积之和不应超过本规范第 5.1.1 条的规定。当上、下开口部位设有耐火极限大于 3.00h 的防火卷帘或水幕等分隔设施时，其面积可不叠加计算。

【条文解析】

有些高层公共建筑，在门厅等处设有贯通 2~3 层或更多的各种开口，如走廊、开敞楼梯、自动扶梯、传送带等开口部位。为了既照顾实际需要，又能保障防火安全，应把连通部位作为一个整体看待，其建筑总面积不得超过本规范表 5.1.1 的规定，如果总面积超过规定，应在开口部位采取防火分隔设施，使其满足表 5.1.1 的要求。

5.1.5 高层建筑中庭防火分区面积应按上、下层连通的面积叠加计算，当超过一个防火分区面积时，应符合下列规定：

5.1.5.1 房间与中庭回廊相通的门、窗，应设自行关闭的乙级防火门、窗。

5.1.5.2 与中庭相通的过厅、通道等，应设乙级防火门或耐火极限大于 3.00h 的防火卷帘分隔。

5.1.5.3 中庭每层回廊应设有自动喷水灭火系统。

5.1.5.4 中庭每层回廊应设火灾自动报警系统。

【条文解析】

建筑物中的中庭高度不等，有的与建筑物同高，有的则只是在旅馆的上面或下部几层。竖向多层连通的中庭在满足本条规定的前提下，才可作为一个防火分区对待。

4.3 住宅建筑

《住宅建筑规范》GB 50368—2005

9.1.2 住宅建筑中相邻套房之间应采取防火分隔措施。

【条文解析】

本条规定了相邻住户之间的防火分隔要求。考虑到住宅建筑的特点，从被动防火措施上，宜将每个住户作为一个防火单元处理，故本条对住户之间的防火分隔要求作了原则规定。

9.1.3 当住宅与其他功能空间处于同一建筑内时，住宅部分与非住宅部分之间应采取防火分隔措施，且住宅部分的安全出口和疏散楼梯应独立设置。

经营、存放和使用火灾危险性为甲、乙类物品的商店、作坊和储藏间，严禁附设在住宅建筑中。

【条文解析】

本条规定了住宅与其他建筑功能空间之间的防火分隔和住宅部分安全出口、疏散楼梯的设置要求，并规定了火灾危险性大的场所禁止附设在住宅建筑中。

当住宅与其他功能空间处在同一建筑内时，采取防火分隔措施可使各个不同使用空间具有相对较高的安全度。经营、存放和使用火灾危险性大的物品，容易发生火灾，引起爆炸，故该类场所不应附设在住宅建筑中。

本条中的其他功能空间指商业经营性场所，以及机房、仓储用房等，不包括直接为住户服务的物业管理办公用房和棋牌室、健身房等活动场所。

4.4 旅馆建筑

《旅馆建筑设计规范》JGJ 62—1990

4.0.5 旅馆建筑内的商店、商品展销厅、餐厅、宴会厅等火灾危险性大、安全性要求高的功能区及用房，应独立划分防火分区或设置相应耐火极限的防火分隔，并设置必要的排烟设施。

【条文解析】

本条强调旅馆建筑内的商店、商品展销厅、餐厅、宴会厅等火灾危险性大、安全性要求高的功能区及用房，应独立划分防火分区，以保护人员和财产安全；如无独立划分防火分区的条件，需设置相应耐火极限的防火分隔并设置必要的排烟措施，耐火极限的确定应符合《建筑设计防火规范》以及相关规定。

4.5 汽车库、修车库

《汽车库、修车库、停车场设计防火规范》GB 50067—1997

5.1.1 汽车库应设防火墙划分防火分区。每个防火分区的最大允许建筑面积应符合表5.1.1的规定。

表 5.1.1　汽车库防火分区最大允许建筑面积（m²）

耐火等级	单层汽车库	多层汽车库	地下汽车库或高层汽车库
一、二级	3000	2500	2000
三级	1000		

注：1. 敞开式、错层式、斜楼板式的汽车库的上下连通层面积应叠加计算，其防火分区最大允许建筑面积可按本表规定值增加一倍。

2. 室内地坪低于室外地坪面高度超过该层汽车库净高1/3且不超过净高1/2的汽车库，或设在建筑物首层的汽车库的防火分区最大允许建筑面积不应超过2500m²。

3. 复式汽车库的防火分区最大允许建筑面积应按本表规定值减少35%。

【条文解析】

本条根据不同汽车库的形式、不同耐火等级分别作了防火分区面积的规定。

单层一、二级耐火等级的汽车库，其疏散条件较好和火灾扑救方便，建筑内部的防火分区建筑面积可大些，而三级耐火等级的汽车库，由于建筑物燃烧容易蔓延扩大火灾，其防火分区要控制得小些。多层汽车库较单层汽车库疏散和扑救困难，其防火分区的面积相应减小。

地下和高层汽车库疏散和扑救条件更困难，其防火分区的面积要再小些。半地下室车库，即室内地坪低于室外地坪面、高度超过该层车库净高 1/3 且不超过净高 1/2 的汽车库，和设在建筑首层的汽车库（不论是否是高层汽车库）按照多层汽车库对待。

复式汽车库与一般地下汽车库相比，由于其设备能叠放停车，相同的面积内可多停 30% ~ 50% 的小汽车，故其防火分区面积应适当减小，以保证安全。

5.1.3 机械式立体汽车库的停车数超过 50 辆时，应设防火墙或防火隔墙进行分隔。

【条文解析】

机械立体停车的形式主要有竖直循环式（汽车停放上、下移动）、电梯提升式（汽车停放上、下、左、右移动）、货架仓储式（汽车停放上、下、左、右、前、后移动），这些停车设备一般都在 50 辆以下为一组。由于这类车库的特点是立体机械化停车，一旦发生火灾，上下蔓延迅速，容易扩大成灾。对这类新型停车库国内尚缺乏经验，为了推广新型停车设备的应用，在满足使用要求的前提下，对其防火分隔作了相应的限制，这一限制符合国内目前机械立体停车库的实际情况。

5.1.4 甲、乙类物品运输车的汽车库、修车库，其防火分区最大允许建筑面积不应超过 500m²。

【条文解析】

甲、乙类危险物品运输车的地下汽车库、修车库，其火灾危险性较一般地下汽车库大。参照《建筑设计防火规范》乙类危险品库防火分区的建筑面积（500m²），本条规定此类汽车库地下防火分区为 500m²。

5.1.5 修车库防火分区最大允许建筑面积不应超过 2000m²，当修车部位与相邻的使用有机溶剂的清洗和喷漆工段采用防火墙分隔时，其防火分区最大允许建筑面积不应超过 4000m²。

设有自动灭火系统的修车库，其防火分区最大允许建筑面积可增加 1 倍。

【条文解析】

修车库类似厂房建筑，由于其清洗和喷漆等工段需使用汽油，火灾危险性可按甲类危险性对待。参照《建筑设计防火规范》甲类厂房的要求，防火分区面积控制在 2000m² 以内，对于净危险性较大的工段进行了完全分隔的修车库，适当调整至 4000m²。

4.6 铁路交通建筑

《铁路旅客车站建筑设计规范 2011 年版》GB 50226—2007

7.1.2 其他建筑与旅客车站合建时必须划分防火分区。

7.1.4 特大型、大型和中型站内的集散厅、候车区（室）、售票厅和办公区、设备区、行李与包裹库，应分别设置防火分区。集散厅、候车区（室）、售票厅不应与行李及包裹库上下组合布置。

【条文解析】

以上两条提出旅客车站防火分区的划分原则，根据《铁路工程设计防火规范》TB

10063—2007中第6.1.1条的规定,铁路旅客车站的候车区及集散厅符合下列条件时,其每个防火分区最大允许建筑面积可扩大到10000m²。

1）设置在首层、单层高架层,或有一半直接对外疏散出口且采用室内封闭楼梯间的二层;

2）设有火灾自动报警系统和自动喷水灭火系统、排烟设施;

3）内部装修设计符合现行国家标准《建筑内部装修设计防火规范》GB 50222—1995的有关规定。

4.7 医院

《综合医院建筑设计规范》JGJ 49—1988

第4.0.3条防火分区

一、医院建筑的防火分区应结合建筑布局和功能分区划分。

二、防火分区的面积除按建筑耐火等级和建筑物高度确定外;病房部分每层防火分区内,尚应根据面积大小和疏散路线进行防火再分隔;同层有二个及二个以上护理单元时,通向公共走道的单元入口处,应设乙级防火门。

三、防火分区内的病房、产房、手术部、精密贵重医疗装备用房等,均应采用耐火极限不低于1小时的非燃烧体与其他部分隔开。

【条文解析】

所谓防火分区是指采用防火分隔措施划分出的、能在一定时间内防止火灾向同一建筑的其余部分蔓延的局部区域（空间单元）。

综合医院的防火分区面积首先应根据有关防火规范确定,然后再根据面积大小和疏散路线确定病房部每层防火分区。墙上开门应为乙级防火门。

4.8 剧场、电影院及体育建筑

《剧场建筑设计规范》JGJ 57—2000

8.1.12 当剧场建筑与其他建筑合建或毗连时,应形成独立的防火分区,以防火墙隔开,并不得开门窗洞;当设门时,应设甲级防火门,上下楼板耐火极限不应低于1.5h。

【条文解析】

大城市中心区用地紧张,剧场建筑多与其他建筑毗连修建,尤其是一些老的剧场,与其他建筑的距离远远小于防火间距。合建即混合使用,亦即剧场建在其他用途的建筑物中，这种情况还会随着建筑技术发展有所增多，本条规定意义在于使在其他用途的建筑中的剧场形成独立的防火分区。

《电影院建筑设计规范》JGJ 58—2008

6.1.2 当电影院建在综合建筑内时，应形成独立的防火分区。

【条文解析】

随着电影院的市场化和技术发展，电影院建在综合建筑内的情况会越来越多。本条强调建在综合建筑内的电影院应形成独立的防火分区，有利于限制火势蔓延、减少损失，同时便于平时使用管理，以节省投资。

《体育建筑设计规范》JGJ 31—2003

8.1.3 防火分区应符合下列要求：

1 体育建筑的防火分区尤其是比赛大厅，训练厅和观众休息厅等大空间处应结合建筑布局、功能分区和使用要求加以划分，并应报当地公安消防部门认定；

2 观众厅、比赛厅或训练厅的安全出口应设置乙级防火门；

3 位于地下室的训练用房应按规定设置足够的安全出口。

【条文解析】

根据体育建筑的具体要求，规定了防火分区确定的原则。

体育建筑是民用建筑中较为特殊的一种建筑形式。体育建筑的比赛、训练场馆的特点是占地面积大，设观众席位时容纳人员数量大。它的功能和具体使用要求确定了建筑的规模和布局形式。喻示它的防火分区也必须满足功能分区和使用要求，才能作为体育建筑正常使用，这是体育建筑比赛、训练场馆存在的前提条件。

由于比赛、训练场馆的项目功能不同和使用要求不同，具体防火分区面积不能是一个既定数值。

体育建筑终究属于民用建筑，所以本条文在强调了比赛、训练部位防火分区设定办法之后，对其他部分的防火分区划定还应按既定的民用建筑防火要求执行。

4.9 图书馆建筑

《图书馆建筑设计规范》JGJ 38—1999

6.2.2 基本书库、非书库资料库，藏阅合一的阅览空间防火分区最大允许建筑面积：当为单层时，不应大于 1500m²；当为多层，建筑高度不超过 24.00m 时，不应大于 1000m²；当高度超过 24.00m 时，不应大于 700m²；地下室或半地下室的书库，不应大于

$300m^2$。

当防火分区设有自动灭火系统时，其允许最大建筑面积可按上述规定增加 1.00 倍，当局部设置自动灭火系统时，增加面积可按该局部面积的 1.00 倍计算。

6.2.3 珍善本书库、特藏库，应单独设置防火分区。

6.2.4 采用积层书架的书库，划分防火分区时，应将书架层的面积合并计算。

【条文解析】

本规范的防火分区是根据《高层民用建筑设计防火规范》及《建筑设计防火规范》有关防火分区面积的规定综合确定的。对高度超过24m的书库，其防火分区面积为$700m^2$的规定系按照《建筑设计防火规范》丙类物品的相应规定确定的。

关于积层书架的书库在划分防火分区时，明确规定应将书架层的面积合并计算。

4.10 人防工程

《人民防空工程设计防火规范》GB 50098—2009

4.1.1 人防工程内应采用防火墙划分防火分区，当采用防火墙确有困难时，可采用防火卷帘等防火分隔设施分隔，防火分区划分应符合下列要求：

1 防火分区应在各安全出口处的防火门范围内划分；

2 水泵房、污水泵房、水池、厕所、盥洗间等无可燃物的房间，其面积可不计入防火分区的面积之内；

3 与柴油发电机房或锅炉房配套的水泵间、风机房、储油间等，应与柴油发电机房或锅炉房一起划分为一个防火分区；

4 防火分区的划分宜与防护单元相结合；

5 工程内设置有旅店、病房、员工宿舍时，不得设置在地下二层及以下层，并应划分为独立的防火分区，且疏散楼梯不得与其他防火分区的疏散楼梯共用。

【条文解析】

防火分区之间一般应采用防火墙进行分隔，但有时使用上采用防火墙进行分隔有困难，因此需要采用其他分隔措施，采用防火卷帘分隔是其中措施之一。其他的分隔措施还有防火分隔水幕等。

4.1.2 每个防火分区的允许最大建筑面积，除本规定另有规定者外，不应大于$500m^2$。当设置有自动灭火系统时，允许最大建筑面积可增加 1 倍；局部设置时，增加的面积可按该局部面积的 1 倍计算。

【条文解析】

防火分区的划分既要从限制火灾的蔓延和减少经济损失的角度进行，又要结合人防工程的使用要求不能过小的角度综合考虑，并做到与相关防火规范相一致。

4.1.3 商业营业厅、展览厅、电影院和礼堂的观众厅、溜冰馆、游泳馆、射击馆、保龄球馆等防火分区划分应符合下列规定：

1 商业营业厅、展览厅等，当设置有火灾自动报警系统和自动灭火系统，且采用 A 级装修材料装修时，防火分区允许最大建筑面积不应大于 $2000m^2$；

2 电影院、礼堂的观众厅，防火分区允许最大建筑面积不应大于 $2000m^2$。当设置有火灾自动报警系统和自动灭火系统时，其允许最大建筑面积也不得增加；

3 溜冰馆的冰场、游泳馆的游泳池、射击馆的靶道区、保龄球馆的球道区等，其面积可不计入溜冰馆、游泳馆、射击馆、保龄球馆的防火分区面积内。溜冰馆的冰场、游泳馆的游泳池、射击馆的靶道区等，其装修材料应采用 A 级。

【条文解析】

人防工程内的商业营业厅、展览厅等，从当前实际需要以及人防工程防护单元的划分看，面积控制在 $2000m^2$ 较为合适。

电影院、礼堂等的观众厅，一方面，因功能上的要求，不宜设置防火墙划分防火分区；另一方面，对人防工程来说，像电影院、礼堂这种大厅式工程，规模过大，无论从防火安全上讲，还是从防护上、经济上讲都是不合适的。从上述情况考虑，对人防工程的规模加以限制是必要的。因此规定电影院、礼堂的观众厅作为一个防火分区最大建筑面积不超过 $1000m^2$。

溜冰馆的冰场、游泳馆的游泳池、射击馆的靶道区和保龄球馆的球道区等因无可燃物或无人员停留，故可不计入防火分区面积之内。

4.1.4 丙、丁、戊类物品库房的防火分区允许最大建筑面积应符合表 4.1.4 的规定。当设置有火灾自动报警系统和自动灭火系统时，允许最大建筑面积可增加 1 倍；局部设置时，增加的面积可按该局部面积的 1 倍计算。

表 4.1.4 丙、丁、戊类物品库房防火分区允许最大建筑面积（m^2）

储存物品类别		防火分区最大允许建筑面积
丙	闪点≥60℃的可燃液体	150
	可燃固体	300
丁		500
戊		1000

【条文解析】

人防工程内的自行车库属于戊类物品库，摩托车库属于丁类物品库。甲、乙类物品库不准许设置在人防工程内，因为该类物品火灾危险性太大。

4.1.5 人防工程内设置有内挑台、走马廊、开敞楼梯和自动扶梯等上下连通层时，其防火分区面积应按上下层相连通的面积计算，其建筑面积之和应符合本规范的有关规定，且连通的层数不宜大于 2 层。

【条文解析】

在人防工程中，有时因使用功能和空间高度等方面的需要，可能在两层间留出各种开口，如内挑台、走马廊、开敞楼梯和自动扶梯等。火灾时这些开口部位是燃烧蔓延的通道，故本条规定将有开口的上下连通层作为一个防火分区对待。

4.1.6 当人防工程地面建有建筑物，且与地下一、二层有中庭相通或地下一、二层有中庭相通时，防火分区面积应按上下多层相连通的面积叠加计算；当超过本规范规定的防火分区最大允许建筑面积时，应符合下列规定：

1 房间与中庭相通的开口部位应设置火灾时能自行关闭的甲级防火门窗；

2 与中庭相通的过厅、通道等处，应设置甲级防火门或耐火极限不低于 3h 的防火卷帘；防火门或防火卷帘应能在火灾时自动关闭或降落；

3 中庭应按本规范第 6.3.1 条的规定设置排烟设施。

【条文解析】

该条规定与相关防火规范的规定相一致，对地上与地下相通的中庭，防火分区的面积计算从严规定，以地下防火分区的最大允许建筑面积计算。

本条第 2 款规定了与中庭的防火分隔可设置甲级防火门或耐火极限不低于 3h 的防火卷帘，由于中庭的特殊性（不能设置防火墙），故防火卷帘的宽度可根据需要确定。

5 安全疏散

5.1 安全出口设置规定

5.1.1 民用建筑

《建筑设计防火规范》GB 50016—2012

5.5.2 当建筑设置多个安全出口时，安全出口应分散布置，并应符合双向疏散的要求。建筑内每个防火分区或一个防火分区的每个楼层，其相邻 2 个安全出口最近边缘之间的水平距离不应小于 5m。

【条文解析】

为避免安全出口之间设置距离太近，造成人员疏散拥堵现象，本条规定了安全出口布置的原则。

设置 2 个安全出口并且使人员能够双向疏散是建筑安全疏散设计的基本原则。邻近位置布置 2 个疏散门，发生火灾时实际上只起到 1 个出口的作用。两个安全出口的水平距离必须控制，以防止人员疏散时过于集中而堵塞。

此外，为保证人员疏散畅通、快捷、安全，疏散楼梯间在各层的平面位置不应改变。

5.5.3 公共建筑每个防火分区或一个防火分区的每个楼层，其安全出口的数量应经计算确定，且不应少于 2 个。公共建筑符合下列条件之一时，可设一个安全出口或一部疏散楼梯：

1 除托儿所、幼儿园外，建筑面积不大于200m²且人数不超过50人的单层建筑（或多层建筑的首层）；

2 除医疗建筑、老年人建筑及托儿所、幼儿园的儿童用房和儿童游乐厅等儿童活动场所等外，符合表5.5.3规定的2、3层建筑。

3 防火分区的建筑面积不大于50m²且经常停留人数不超过15人的地下、半地下建筑（室）。

表 5.5.3 公共建筑可设置一部疏散楼梯的条件

耐火等级	最多层数	每层最大建筑面积/m²	人数
一、二级	3层	500	第二层和第三层的人数之和不超过100人
三级	3层	200	第二层和第三层的人数之和不超过50人
四级	2层	200	第二层人数不超过30人

注：1. 建筑面积不大于500m²且使用人数不超过30人的地下、半地下建筑（室），其直通室外的金属竖向梯可作为第二安全出口。

2. 地下、半地下歌舞娱乐放映游艺场所的安全出口不应少于2个。

【条文解析】

本条规定了公共建筑内的安全出口的数量要求和限制条件。

1）建筑物使用性质的限制。规范规定中明确医疗建筑、老年人建筑及托儿所和幼儿园建筑不允许设一个疏散楼梯。设两个出口是疏散设计的基本原则，如只设一个时，应严格满足本条的各种要求。

2）层数限制。消防队员可以用来救人的普通节梯长一般只有10m左右。当建筑物层数较低，楼梯口被火封住还可以用三节梯抢救来不及疏散出来的人员。另外，层数低，其通向室外地坪的疏散距离短，有利于疏散。

3）根据建筑物耐火等级的不同，对每层最大建筑面积应有所限制。民用建筑的火灾绝大部分发生在三、四级建筑中。因而，把一、二级和三、四级耐火等级的建筑物加以区别，做到严宽分明。将一、二级耐火等级的面积限制定为500m²，这对于一般小型办公等公共建筑来说是可行的。同时，将人数限制为100人。

5.5.6 设置不少于2部疏散楼梯的一、二级耐火等级多层公共建筑，如顶层局部升高，当高出部分的层数不超过2层、人数之和不超过50人且每层建筑面积不大于200m²时，该高出部分可设置1部疏散楼梯，但至少应另外设置1个直通建筑主体上人平屋面的安全出口，且该上人平屋面应符合人员安全疏散要求。

【条文解析】

本条规定了公共建筑局部升高部位的疏散设计要求。

有些办公楼或科研楼等公共建筑，往往在屋顶部分局部高出1~2层。在此部分房间中，设计上不应布置会议室等面积较大、容纳人数较多的房间或存放可燃物品的仓库。同时，在高出部分的底层应考虑设置一个能直通主体部分平屋面的安全出口，以利在火灾时上部人员可以疏散到屋顶上临时避难或安全逃生。

5.5.12 公共建筑中各房间疏散门的数量应经计算确定，且不应少于2个，该房间相邻2个疏散门最近边缘之间的水平距离不应小于5m。当符合下列条件之一时，可设置 1 个：

1 房间位于 2 个安全出口之间或袋形走道两侧，托儿所、幼儿园、老年人建筑、医疗建筑、教学建筑内房间建筑面积不大于 60m²，其他建筑内房间建筑面积不大于 120m²；

2 除托儿所、幼儿园、老年人建筑、医疗建筑外，房间位于走道尽端，且由房间内任一点到疏散门的直线距离不大于 15m、房间建筑面积不大于 200m²，其疏散门的净宽度不小于 1.4m；当建筑面积小于 50m² 时，疏散门的净宽度不小于 0.90m；

3 歌舞娱乐放映游艺场所内建筑面积不大于 50m² 且经常停留人数不超过 15 人的厅室或房间；

4 建筑面积不大于 50m² 且经常停留人数不超过 15 人的地下、半地下房间，建筑面积不大于 100m² 的地下、半地下设备用房。

【条文解析】

本条规定了公共建筑中各房间疏散门的设计原则。

5.1.2 高层民用建筑

《高层民用建筑设计防火规范 2005 年版》GB 50045—1995

6.1.1 高层建筑每个防火分区的安全出口不应少于两个。但符合下列条件之一的，可设一个安全出口：

6.1.1.1 十八层及十八层以下，每层不超过 8 户、建筑面积不超过 650m²，且设有一座防烟楼梯间和消防电梯的塔式住宅。

6.1.1.2 每个单元设有一座通向屋顶的疏散楼梯，单元与单元之间设有防火墙，单元之间的楼梯能通过屋顶连通、且户门为甲级防火门，窗间墙宽度、窗槛墙高度为大于 1.2m 的实体墙的单元式住宅。

6.1.1.3 除地下室外，相邻两个防火分区之间的防火墙上有防火门连通时，且相邻两个防火分区的建筑面积之和不超过表 6.1.1 规定的公共建筑。

表 6.1.1　两个防火分区之和最大允许建筑

建筑类别	两个防火分区建筑面积之和/m²
一类建筑	1400
二类建筑	2100

注：上述相邻两个防火分区设有自动喷水灭火系统时，其相邻两个防火分区的建筑面积之和仍应符合本表的规定。

【条文解析】

对于高层建筑要求每个防火分区的安全出口不少于两个,能使起火层的人员尽快脱离火灾现场。处于两个楼梯之间或是外部出口之间的人员,当其中一个出口被烟火堵住时,可利用另一处楼梯间或出口达到疏散的目的。

对不超过十八层的塔式住宅和单元式住宅,限定每层为 8 个住户,可以控制每层的总人数,不会由此产生疏散上的不安全因素。对于采取一定措施的十八层及十八层以下的单元式住宅也允许设置一个安全出口;超过十八层的单元式住宅十八层及十八层以下部分采取同样的措施,十八层以上部分每层通过阳台或凹廊连通相邻单元的楼梯同样允许设置一个安全出口。每个单元设有一座通向屋顶的疏散楼梯,从第十层起,每层相邻单元之间都要设置连通阳台或凹廊的单元式住宅设置一个安全出口。

在允许设置一个安全出口的情况下,公共建筑内(地下室除外)的相邻两个防火分区,当防火墙上有防火门连通时,即使设置有自动喷水灭火系统,其最大允许建筑面积(即相邻两个防火分区的建筑面积之和)也不允许扩大。

6.1.2 塔式高层建筑,两座疏散楼梯宜独立设置,当确有困难时,可设置剪刀楼梯,并应符合下列规定:

6.1.2.1 剪刀楼梯间应为防烟楼梯间。

6.1.2.2 剪刀楼梯的梯段之间,应设置耐火极限不低于 1.00h 的不燃烧体墙分隔。

6.1.2.3 剪刀楼梯应分别设置前室。塔式住宅确有困难时可设置一个前室,但两座楼梯应分别设加压送风系统。

【条文解析】

剪刀楼梯,有的称为叠合楼梯或套梯。它是在同一楼梯间设置一对相互重叠、又互不相通的楼梯。在其楼层之间的梯段一般为单跑直梯段。剪刀楼梯最重要的特点是,在同一楼梯间里设置了两个楼梯,具有两条垂直方向疏散通道的功能。剪刀楼梯在平面设计中可利用较为狭窄的空间,可起两个楼梯的作用,楼梯段应是完全分隔的。

6.1.3A 商住楼中住宅的疏散楼梯应独立设置。

【条文解析】

商住楼一般上部是住宅,下部是商业场所。由于商业场所火灾危险性较大,如果住宅和商店共用楼梯,一旦下部商店发生火灾,就会直接影响住宅内人员的安全疏散。为此,本条作出了相应规定。

6.1.4 高层公共建筑的大空间设计,必须符合双向疏散或袋形走道的规定。

【条文解析】

国外高层办公楼等公共建筑，搞大空间设计的不少，即楼层内不进行分隔，而由使用者按照需要进行装饰与分隔。但从一些国内工程看，有的使用木质等可燃板进行分隔，有的没有考虑安全疏散距离，往往偏大，不利于安全疏散，因此本条作了相应的规定。

5.1.3 住宅建筑

《住宅设计规范》GB 50096—2011

6.2.1 十层以下的住宅建筑，当住宅单元任一层的建筑面积大于 $650m^2$，或任一套房的户门至安全出口的距离大于 15m 时，该住宅单元每层的安全出口不应少于 2 个。

6.2.2 十层及十层以上且不超过十八层的住宅建筑，当住宅单元任一层的建筑面积大于 $650m^2$，或任一套房的户门至安全出口的距离大于 10m 时，该住宅单元每层的安全出口不应少于 2 个。

6.2.3 十九层及十九层以上的住宅建筑，每层住宅单元的安全出口不应少于 2 个。

【条文解析】

根据不同的建筑层数，对安全出口设置数量作出的相关规定，兼顾了住宅建筑安全性和经济性的要求。关于剪刀梯作为疏散口的设计要求，应执行《高层民用建筑设计防火规范（2005 年版）》GB 50045—1995 的规定。

6.2.4 安全出口应分散布置，两个安全出口的距离不应小于 5m。

【条文解析】

在同一建筑中，若两个楼梯出口之间距离太近，会导致疏散人流不均而产生局部拥挤，还可能因出口同时被烟堵住，使人员不能脱离危险而造成重大伤亡事故。因此，建筑安全疏散出口应分散布置并保持一定距离。

6.2.5 楼梯间及前室的门应向疏散方向开启。

【条文解析】

若门的开启方向与疏散人流的方向不一致，当遇有紧急情况时，不易推开，会导致出口堵塞，造成人员伤亡事故。

6.2.6 十层以下的住宅建筑的楼梯间宜通至屋顶，且不应穿越其他房间。通向平层面的门应向屋面方向开启。

【条文解析】

对于住宅建筑，根据实际疏散需要，规定设置的楼梯间能通向屋面，并强调楼梯间通屋顶的门要易于开启，而不应采取上锁或钉牢等不易打开的做法，以利于人员的安全疏散。

6.2.7 十层及十层以上的住宅建筑，每个住宅单元的楼梯均应通至屋顶，且不应穿越其他房间。通向平屋面的门应向屋面方向开启。各住宅单元的楼梯间宜在屋顶相连通。但符合下列条件之一的，楼梯可不通至屋顶：

1 十八层及十八层以下，每层不超过 8 户、建筑面积不超过 650m²，且设有一座共用的防烟楼梯间和消防电梯的住宅；

2 顶层设有外部联系廊的住宅。

【条文解析】

十层及十层以上的住宅建筑，除条文里规定的两种情况外，每个住宅单元的楼梯均应通至屋顶，各住宅单元的楼梯间宜在屋顶相连通，以便于疏散到屋顶的人能够经过另一座楼梯到达室外，及时摆脱灾害威胁。对于楼层层数不同的单元，则不在本条的规定范围内，其安全疏散设计则应执行其他规范。

《住宅建筑规范》GB 50368—2005

9.5.1 住宅建筑应根据建筑的耐火等级、建筑层数、建筑面积、疏散距离等因素设置安全出口，并应符合下列要求：

1 10 层以下的住宅建筑，当住宅单元任一层的建筑面积大于 650m²，或任一套房的户门至安全出口的距离大于 15m 时，该住宅单元每层的安全出口不应少于 2 个。

2 10 层及 10 层以上但不超过 18 层的住宅建筑，当住宅单元任一层的建筑面积大于 650m²，或任一套房的户门至安全出口的距离大于 10m 时，该住宅单元每层的安全出口不应少于 2 个。

3 19 层及 19 层以上的住宅建筑，每个住宅单元每层的安全出口不应少于 2 个。

4 安全出口应分散布置，两个安全出口之间的距离不应小于 5m。

5 楼梯间及前室的门应向疏散方向开启；安装有门禁系统的住宅，应保证住宅直通室外的门在任何时候能从内部徒手开启。

【条文解析】

本条规定了设置安全出口应考虑的主要因素。考虑到当前住宅建筑形式趋于多样化，本条不具体界定建筑类型，但对各类住宅安全出口作了规定，总体兼顾了住宅的功能需求和安全需要。

本条根据不同的建筑层数，对安全出口设置数量作出规定，兼顾了安全性和经济性的要求。本条规定表明，在一定条件下，对 18 层及以下的住宅，每个住宅单元每层可仅设置一个安全出口。

19 层及 19 层以上的住宅建筑，由于建筑层数多，高度大，人员相对较多，一旦发生火灾，烟和火易发生竖向蔓延且蔓延速度快，而人员疏散路径长，疏散困难。故对此类建筑，规定每个单元每层设置不少于两个安全出口，以利于建筑内人员及时逃离火灾场所。

建筑安全疏散出口应分散布置。在同一建筑中，若两个楼梯出口之间距离太近，会导致疏散人流不均而产生局部拥挤，还可能因出口同时被烟堵住，使人员不能脱离危险而造成重大伤亡事故。

若门的开启方向与疏散人流的方向不一致，当遇有紧急情况时，会使出口堵塞，造成人员伤亡事故。疏散门具有不需要使用钥匙等任何器具即能迅速开启的功能，是火灾状态下对疏散门的基本安全要求。

5.1.4 办公建筑

《办公建筑设计规范》JGJ 67—2006

5.0.3 综合楼内的办公部分的疏散出入口不应与同一楼内对外的商场、营业厅、娱乐、餐饮等人员密集场所的疏散出入口共用。

【条文解析】

在综合楼内，除办公部分之外常带有对外营业的商场、餐厅、营业厅、舞厅和其他娱乐设施，这些地方往往人员较密集，如果它们的疏散楼梯和疏散出入口与办公部分共用，在紧急情况下就会造成拥挤、堵塞，若是为商场营业专用的办公室则不受此规定限制。

5.1.5 体育建筑

《体育建筑设计规范》JGJ 31—2003

4.3.8 看台安全出口和走道应符合下列要求：

1 安全出口应均匀布置，独立的看台至少应有二个安全出口，且体育馆每个安全出口的平均疏散人数不宜超过 400～700 人，体育场每个安全出口的平均疏散人数不宜超过 1000～2000 人。

注：设计时，规模较小的设施宜采用接近下限值；规模较大的设施宜采用接近上限值。

2 观众席走道的布局应与观众席各分区容量相适应，与安全出口联系顺畅。通向安全出口的纵走道设计总宽度应与安全出口的设计总宽度相等。经过纵横走道通向安全出口的设计人流股数应与安全出口的设计通行人流股数相等。

【条文解析】

这是专门对体育馆看台安全出口和走道提出的规定要求。

8.2.1 体育建筑应合理组织交通路线，并应均匀布置安全出口，内部和外部的通道，使分区明确。路线短捷合理。

【条文解析】

本条提出体育建筑设计时应合理组织交通路线，均匀布置疏散出口、内部和外部的通道，使分区明确，路线短捷。这是满足体育建筑日常使用的基本要求。也是在火灾情况下，满足人员疏散需要的必备条件。正常和非正常情况下的使用要求有必要的一致性。

5.1.6 汽车库、修车库

《民用建筑设计通则》GB 50352—2005

5.2.4 建筑基地内地下车库的出入口设置应符合下列要求：

1 地下车库出入口距基地道路的交叉路口或高架路的起坡点不应小于 7.50m；

2 地下车库出入口与道路垂直时，出入口与道路红线应保持不小于 7.50m 安全距离；

3 地下车库出入口与道路平行时，应经不小于 7.50m 长的缓冲车道汇入基地道路。

【条文解析】

地下车库也是大型基地规划停车的一种思路，为此提示地下车库设置要求；并应符合现行的行业标准《汽车库建筑设计规范》JGJ 100—1998 的规定。

《汽车库、修车库、停车场设计防火规范》GB 50067—1997

6.0.1 汽车库、修车库的人员安全出口和汽车疏散出口应分开设置。设在工业与民用建筑内的汽车库，其车辆疏散出口应与其他部分的人员安全出口分开设置。

【条文解析】

制定本条的目的，主要是确保人员的安全，不管平时还是在火灾情况下，都应做到人车分流、各行其道，避免造成交通事故，发生火灾时不影响人员的安全疏散。

条文中设在工业与民用建筑内的汽车库是指汽车库与其他建筑平面贴邻或上下组合的建筑。对这些组合式汽车库做到车辆的疏散出口和人员的安全出口分开设置，这样设置既方便平时的使用管理，又确保火灾时安全疏散的可靠性。

6.0.2 汽车库、修车库的每个防火分区内，其人员安全出口不应少于两个，但符合下列条件之一的可设一个：

6.0.2.1 同一时间的人数不超过 25 人;

6.0.2.2 Ⅳ类汽车库。

【条文解析】

汽车库、修车库人员安全疏散出口的数量一般都应设置两个。目的是可以进行双向疏散,一旦一个出口被火灾封死时,另一个出口还可进行疏散。但多设出口会增加车库的建筑面积和投资,不加区别地一律要求设置两个出口,在实际执行中有困难,因此,对车库内人员较少、停车数量在 50 辆以下的Ⅳ类汽车库作了适当调整处理的规定。

6.0.6 汽车库、修车库的汽车疏散出口不应少于两个,但符合下列条件之一的可设一个:

6.0.6.1 Ⅳ类汽车库;

6.0.6.2 汽车疏散坡道为双车道的Ⅲ类地上汽车库和停车数少于 100 辆的地下汽车库;

6.0.6.3 Ⅱ、Ⅲ、Ⅳ类修车库。

【条文解析】

确定车辆疏散出口的主要原则是,在汽车库满足平时使用要求的基础上,适当考虑火灾时车辆的安全疏散要求。对大型的汽车库,平时使用也需要设置两个以上的出口,所以原则规定出口不应少于两个。

由于地下汽车库设置出口不仅占用的面积大,而且难度大,因此本条规定 100 辆以下双车道的地下汽车库也可设一个出口。这些汽车库按要求设置自动喷淋灭火系统,最大的防火分区可为 4000m²,按每辆车平均需建筑面积 40m² 计,差不多是一个防火分区。在平时,对于地下多层汽车库,在计算每层设置汽车疏散出口数量时,应尽量按总数量予以考虑,即总数在 100 辆以上的应不少于两个,总数在 100 辆以下的可为一个双车道出口,但在确有困难,当车道上设有自动喷淋灭火系统时,可按本层地下车库所担负的车辆疏散数量是否超过 50 辆或 100 辆来确定汽车出口数。

6.0.7 Ⅰ、Ⅱ类地上汽车库和停车数大于 100 辆的地下汽车库,当采用错层或斜楼板式且车道、坡道为双车道时,其首层或地下一层至室外的汽车疏散出口不应少于两个,汽车库内的其他楼层汽车疏散坡道可设一个。

【条文解析】

错层式、斜楼板式汽车库内,一般汽车疏散是螺旋单向式、同一时针方向行驶的,楼层内难以设置两个疏散车道,但一般都为双车道,当车道上设置自动喷淋灭火系统时,楼层内可允许只设一个出口,但到了地面及地下至室外时,Ⅰ、Ⅱ类地下汽车库和超过 100 辆的地下汽车库应设两个出口，这样也便于平时汽车的出入管理。

6.0.8 除机械式立体汽车库外，IV 类的汽车库在设置汽车坡道有困难时，可采用垂直升降梯作汽车疏散出口，其升降梯的数量不应少于两台，停车数少于 10 辆的可设一台。

【条文解析】

在一些城市的闹市中心，由于基地面积小，车库建筑的周围毗邻马路，使楼层或地下汽车库的汽车坡道无法设置，为了解决少量停车的需要，新增了设置机械升降出口的条文。目前国内已有类似的停车库，但停车的数量都比较少，因此规定 IV 类汽车库方能适用。控制在 50 辆以下，主要根据目前国内已建的使用升降梯的汽车库和正在发展使用的机械式立体汽车库的停车数提出的。升降梯是指采用液压升降梯或设有备用电源的电梯。升降梯应尽量做到分开布置。对停车数少于 10 辆的，可只设一台升降梯。

6.0.10 两个汽车疏散出口之间的间距不应小于 10m；两个汽车坡道毗邻设置时应采用防火隔墙隔开。

【条文解析】

为了确保坡道出口的安全，对两个出口之间的距离作了限制，10m 的间距是考虑平时确保车辆安全转弯进出的需要，一旦发生火灾也为消防灭火双向扑救创造基本的条件。当两个车道毗邻时，如剪刀式等，为保证车道的安全，要求车道之间应设防火墙予以分隔。

6.0.11 停车场的汽车疏散出口不应少于两个。停车数量不超过 50 辆的停车场可设一个疏散出口。

【条文解析】

停车场的疏散出口实际是指停车场开设的大门，据对许多大型停车场的调查，基本都设有两个以上的大门，但也有一些停车数量少，受到周围环境的限制，设置两个出口有困难，本条规定不超过 50 辆的停车场允许设置一个出口。

《汽车库建筑设计规范》JGJ 100—1998

3.2.4 大中型汽车库的库址，车辆出入口不应少于 2 个；特大型汽车库库址，车辆出入口不应少于 3 个，并应设置人流专用出入口。各汽车出入口之间的净距应大于 15m。出入口的宽度，双向行驶时不应小于 7m，单向行驶时不应小于 5m。

【条文解析】

汽车库库址，出入车辆数，与基地停车位数呈正比，车位数越多，出入口数量也相应增加。本条文规定的出入口数量与现行《停车场规划设计规则》相一致，但汽车出入口之间净距，从安全和有利城市道路车流疏散考虑，已从 10m 增至 15m，并规定单向出入口宽度为不小于 5m。

3.2.8 汽车库库址的车辆出入口，距离城市道路的规划红线不应小于 7.5m，并在距出入口边线内 2m 处作视点的 120° 范围内至边线外 7.5m 以上不应有遮挡视线障碍物（图 3.2.8）。

【条文解析】

在库址出入口，车辆出入容易堵塞，所以出入口必须退出城市道路规划红线，否则容易造成城市道路的车流堵塞。

3.2.9 库址车辆出入口与城市人行过街天桥、地道、桥梁或隧道等引道口的距离应大于 50m；距离道路交叉口应大于 80m。

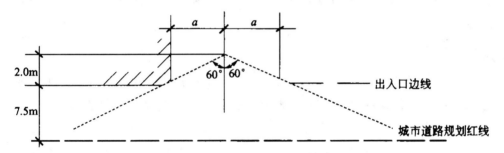

图3.2.8 汽车库库址车辆出入口通视要求
a—为视点至出口两侧的距离

【条文解析】

汽车库库址出入口距离城市道路交叉口及人行过街天桥、地道、桥梁或隧道等引道口，应有一定距离，以保证交通安全畅通。本条所采用距离值与现行国家标准《停车场规划设计规则》一致。

5.1.7 厂房、仓库、设备用房

《建筑设计防火规范》GB 50016—2012

3.7.1 厂房的安全出口应分散布置。每个防火分区、一个防火分区的每个楼层，其相邻 2 个安全出口最近边缘之间的水平距离不应小于 5m。

【条文解析】

本条规定了厂房安全出口布置的原则要求。

建筑物内的任一楼层上或任一防火分区中发生火灾时，其中一个或几个安全出口被烟火阻挡，仍要保证有其他出口可供安全疏散和救援使用。在有的国家还要求出口布置的位置应能使同一防火分区或同一房间内最远点与相邻 2 个出口中心点连线的夹角

不应小于 45°，以确保相邻出口用于疏散时安全可靠。本条规定了 5m 这一最小水平距离，设计时应根据具体情况和保证人员有不同方向的疏散路径这一原则，从人员安全疏散和救援需要出发进行布置。

3.7.2 厂房的每个防火分区、一个防火分区内的每个楼层，其安全出口的数量应经计算确定，且不应少于 2 个；当符合下列条件时，可设置 1 个安全出口：

1 甲类厂房，每层建筑面积不大于 100m²，且同一时间的生产人数不超过 5 人；

2 乙类厂房，每层建筑面积不大于 150m²，且同一时间的生产人数不超过 10 人；

3 丙类厂房，每层建筑面积不大于 250m²，且同一时间的生产人数不超过 20 人；

4 丁、戊类厂房，每层建筑面积不大于 400m²，且同一时间的生产人数不超过 30 人；

5 地下、半地下厂房或厂房的地下室、半地下室，其建筑面积不大于 50m²，经常停留人数不超过 15 人。

【条文解析】

本条规定了厂房地上部分安全出口设置数量的一般要求。所规定的安全出口数目既是对一座厂房而言，也是对厂房内任一个防火分区或某一使用房间的安全出口数量的要求。

足够数量的安全出口对保证人和物资的安全疏散极为重要。火灾案例中常有因出口设计不当或在实际使用中部分出口被封堵，人员无法疏散而伤亡惨重的事故。要求厂房每个防火分区至少应有 2 个安全出口，可提高火灾时人员疏散通道和出口的可靠性。但所有的建筑不论面积大小、人数多少一概要求 2 个出口有一定的困难，也不符合实际情况。因此，对面积小、人员少的厂房分别按类分档，规定了允许设置 1 个安全出口的条件：对危险性大的厂房类火势蔓延快，要求严格些，对火灾危险性小的可要求低些。

在执行时，还可根据各行业生产的具体情况，按本规范的原则确定更具体的要求。

3.7.3 地下、半地下厂房或厂房的地下室、半地下室，当有多个防火分区相邻布置，并采用防火墙分隔时，每个防火分区可利用防火墙上通向相邻防火分区的甲级防火门作为第二安全出口，但每个防火分区必须至少有 1 个独立直通室外的安全出口。

【条文解析】

本条规定了独立建造的地下厂房及附建在建筑地下的厂房的一般安全疏散设计要求。

地下、半地下厂房因为不能直接天然采光和自然通风，排烟有很大困难，而疏散只能通过楼梯间；为保证安全，避免万一出口被堵住就无法疏散的情况，故要求至少具备 2 个安全出口。但考虑到如果每个防火分区均要求 2 个直通室外的出口有一定困难，所以规定至少要有 1 个独立直通室外，另一个可通向相邻防火分区。

3.8.1 仓库的安全出口应分散布置。每个防火分区、一个防火分区的每个楼层，其相邻 2 个安全出口最近边缘之间的水平距离不应小于 5m。

【条文解析】

本条规定了仓库安全出口布置的原则要求。

建筑物内的任一楼层上或任一防火分区中发生火灾时，其中一个或几个安全出口被烟火阻挡，仍要保证有其他出口可供安全疏散和救援使用。在有的国家还要求出口布置的位置应能使同一防火分区或同一房间内最远点与相邻 2 个出口中心点连线的夹角不应小于 45°，以确保相邻出口用于疏散时安全可靠。本条规定了 5m 这一最小水平间距，设计时应根据具体情况和保证人员有不同方向的疏散路径这一原则，从人员安全疏散和救援需要出发进行布置。

3.8.2 每座仓库的安全出口不应少于 2 个，当一座仓库的占地面积不大于 300m² 时，可设置 1 个安全出口。仓库内每个防火分区通向疏散走道、楼梯或室外的出口不宜少于 2 个，当防火分区的建筑面积不大于 100m² 时，可设置 1 个出口。通向疏散走道或楼梯的门应为乙级防火门。

【条文解析】

本条规定了每座仓库的安全出口数目。

由于仓库的使用人数相对较少，因而在条文中规定每个防火分区的出口不宜少于 2 个。

火灾案例多次证明，有些火灾就发生在出口附近，出口常被烟火封住，使得人们无法利用其进行疏散。如果有 2 个或 2 个以上的安全出口，一个被烟火封住，其他的出口还可供人们紧急疏散。故原则上一座仓库或其内部每个防火分区的出口数目不宜少于 2 个。

考虑到仓库平时工作人员少，对面积较小（如占地面积不超过 300m² 的多层仓库）和面积不超过 100m² 的防火隔间，可设置 1 个楼梯或 1 个门。

3.8.3 地下、半地下仓库或仓库的地下室、半地下室的安全出口不应少于 2 个；当建筑面积不大于 100m² 时，可设置 1 个安全出口。

地下、半地下仓库或仓库的地下室、半地下室当有多个防火分区相邻布置，并采用防火墙分隔时，每个防火分区可利用防火墙上通向相邻防火分区的甲级防火门作为第二安全出口，但每个防火分区必须至少有 1 个直通室外的安全出口。

【条文解析】

本条规定了独立建造的地下仓库及附建在建筑地下的仓库的一般安全疏散设计要求。

地下、半地下仓库因为不能直接天然采光和自然通风，排烟有很大困难，而疏散只能通过楼梯间；为保证安全，避免万一出口被堵住就无法疏散的情况，故要求至少具备 2 个安全出口。但考虑到如果每个防火分区均要求 2 个直通室外的出口有一定困难，所以规定至少要有 1 个直通室外，另一个可通向相邻防火分区。

5.1.8 锅炉房

《锅炉房设计规范》GB 50041—2008

4.3.7 锅炉房出入口的设置，必须符合下列规定：

1 出入口不应少于 2 个。但对独立锅炉房，当炉前走道总长度小于 12m，且总建筑面积小于200m^{2}时，其出入口可设 1 个；

2 非独立锅炉房，其人员出入口必须有 1 个直通室外；

3 锅炉房为多层布置时，其各层的人员出入口不应少于 2 个。楼层上的人员出入口，应有直接通向地面的安全楼梯。

【条文解析】

本条的规定是为保证锅炉房工作人员出入的安全，或遇紧急状况时便于工作人员迅速离开现场。

5.1.9 医院

《综合医院建筑设计规范》JGJ 49—1988

第 4.0.5 条安全出口

一、在一般情况下，每个护理单元应有二个不同方向的安全出口。

二、尽端式护理单元，或"自成一区"的治疗用房，其最远一个房间门至外部安全出口的距离和房间内最远一点到房门的距离，如均未超过建筑设计防火规范规定时，可设一个安全出口。

【条文解析】

所谓安全出口是指供人员安全疏散用的房间的门、楼梯或直通室外地平面的门。安全出口的布置应分散简捷，易于寻找，并且有明显标志。

每个防火分区的安全出口一般不应少于两个（只设一个安全出口的除外），应保证安全出口畅通，不得封堵安全出口。

5.1.10 疗养院

《疗养院建筑设计规范》JGJ 40—1987

第 3.6.3 条 疗养院主要建筑物安全出口或疏散楼梯不应少于两个，并应分散布置，室内疏散楼梯应设置楼梯间。

第 3.6.4 条 建筑物内人流使用集中的楼梯，其净宽不应小于 1.65m。

【条文解析】

楼梯是最主要的疏散设施。医疗建筑不论面积大小都不得少于两个安全出口或疏散楼梯。

楼梯间的设置应满足安全疏散距离的要求，尽量避免袋形走道，在标准层或防火分区的两端布置，便于双向疏散；楼梯间应尽量保持竖向上下直通，在各层的位置不能改变。

5.1.11 中小学校

《中小学校设计规范》GB 50099—2011

8.3.1 中小学校的校园应设置 2 个出入口。出入口的位置应符合教学、安全、管理的需要，出入口的布置应避免人流、车流交叉。有条件的学校宜设置机动车专用出入口。

【条文解析】

对于中小学校，校门应分两处设置。学校正门，一方面要防止早晨急于奔赴学校或下午放学时涌出学校的学生与过路的车辆发生冲撞；另一方面要使进出校门的自行车和小型机动车便于为步行出入的师生让路。大型机动车（运送厨房的主副食料、教学装备、房屋与设施维护工料运输用的大型机动车及垃圾运输车）应以次要校门为出入口，避免与步行的师生交叉。

8.3.2 中小学校校园出入口应与市政交通衔接，但不应直接与城市主干道连接。校园主要出入口应设置缓冲场地。

【条文解析】

校门口人流、车流交叉对学生安全是严重的威胁，校门前退让出一定的缓冲距离是重要的安全措施。同时据调查，校园主要出入口明显干扰城市交通。在城市里，干扰主要集中在三个时段：

1）早晨进校时，在校门前，近半数步行的和骑自行车的学生急于横穿道路进校；部分送学生上学的小汽车也同时停车，校门前的道路每天早晨堵塞近半小时。

2）下午放学前，接孩子的家长围着校门，家长的车堵塞校门前的机动车道，堵塞的时间长于早晨。

3）召开家长会的时候，家长驾车前来的数量远多于平时接送学生的汽车数量。学校没有客用停车场，堵车的时间比家长会的时间长。

为使师生人流及自行车流出入顺畅，校门宜向校内退让，构成校门前的小广场，起缓冲作用。退后场地的面积大小取决于学校所在地段的交通环境、学校规模及生源家庭情况。

为解决家长的临时停车问题，若由学校建停车场则利用率过低，需由社区或城市管理部门结合周边的停车需要统一规划建设。

5.1.12 电影院、剧场

《电影院建筑设计规范》JGJ 58—2008

6.2.2 观众厅疏散门不应设置门槛，在紧靠门口1.40m范围内不应设置踏步。疏散门应为自动推闩式外开门，严禁采用推拉门、卷帘门、折叠门、转门等。

【条文解析】

本条主要是对观众厅疏散门设计提出的要求，为保证人员疏散路线快捷、畅通，不出现意外伤害事故制定的。

为防范偷盗事件的发生，疏散门常上了门锁，一旦火灾发生，门打不开，由此造成大量人员伤亡。为此强调疏散外门应设自动推闩式门锁。此锁的特点是人体接触门扇，触动门闩，门被打开，但从外面无法开启，使用方便又有很高的安全性。在实践中，通常一个观众厅设置两道疏散门，一道为出场门，一道为进场门。出场门上作推闩式门锁，门外无把手，人出去就进不来；进场门口通常有管理人员值班，可以没有锁，若带锁应是推闩式门锁，门外还要有把手。因此，门若有锁，应采用推闩式门锁。

6.2.3 观众厅疏散门的数量应经计算确定，且不应少于2个，门的净宽度应符合现行国家标准《建筑设计防火规范》GB 50016及《高层民用建筑设计防火规范》GB 50045的规定，且不应小于0.90m。应采用甲级防火门，并应向疏散方向开启。

【条文解析】

电影院观众厅之间的防火问题，首先是将观众厅与观众厅之间分隔开来，避免相互影响。使观众厅与观众厅形成独立的防火间隔，另外，要求出入场门均为甲级防火门。甲级防火门主要是指设置在观众厅隔墙上的门。

6.2.4 观众厅外的疏散走道、出口等应符合下列规定：

1 电影院供观众疏散的所有内门、外门、楼梯和走道的各自总宽度均应符合现行国家标准《建筑设计防火规范》GB 50016及《高层民用建筑设计防火规范》GB 50045的规定；

2 穿越休息厅或门厅时，厅内存衣、小卖部等活动陈设物的布置不应影响疏散的通畅；2m 高度内应无突出物、悬挂物；

3 当疏散走道有高差变化时宜做成坡道；当设置台阶时应有明显标志、采光或照明；

4 疏散走道室内坡道不应大于 1：8，并应有防滑措施；为残疾人设置的坡道坡度不应大于 1：12。

【条文解析】

本条规定观众厅外的疏散走道、出口的设计要求：

1）本条提出与《建筑设计防火规范》GB 50016 统一，观众厅座位数为每层观众厅的总人数。

2）本条提出为了保证人员在观众厅外，穿越休息厅或其他房间时的走道疏散通畅，厅内的陈设物不能使疏散路线被中断。

3）疏散通道上有高差变化时，为了便于快速通行，提倡设置坡道，当受限制时，不能设坡道而设台阶时，必须有明显标示和采光照明，大台阶应有护栏，避免出现意外。

4）疏散通道设计时应尽量在统一标高上，若有高差变化，室内坡道不应大于 1：8，这是人员行走可以忍受的最大坡度。

《剧场建筑设计规范》JGJ 57—2000

8.2.1 观众厅出口应符合下列规定：

1 出口均匀布置，主要出口不宜靠近舞台；

2 楼座与池座应分别布置出口。楼座至少有两个独立的出口，不足 50 座时可设一个出口。楼座不应穿越池座疏散。当楼座与池座疏散无交叉并不影响池座安全疏散时，楼座可经池座疏散。

【条文解析】

本条第一款的规定避免出口集中，造成负荷容量不均。舞台是火灾主要起源，所以应尽量远离舞台。

楼座不足 50 座的极少，故楼座一般不少于两个独立的出口。

8.2.2 观众厅出口门、疏散外门及后台疏散门应符合下列规定：

1 应设双扇门，净宽不小于 1.40m，向疏散方向开启；

2 紧靠门不应设门槛，设置踏步应在 1.40m 以外；

3 严禁用推拉门、卷帘门、转门、折叠门、铁栅门；

4 宜采用自动门闩，门洞上方应设疏散指示标志。

【条文解析】

本条规定为使观众通过疏散口迅速疏散出去。在调查中发现一些老剧场在建筑入口用推拉铁栅的很多，而且为了检票方便，只开很小宽度。观众在场时一旦发生灾情，很容易造成堵塞。

8.2.3 观众厅外疏散通道应符合下列规定：

1 坡度：室内部分不应大于 1：8，室外部分不应大于 1：10，并应加防滑措施，室内坡道采用地毯等不应低于 B_1 级材料。为残疾人设置的通道坡度不应大于 1：12；

2 地面以上 2m 内不得有任何突出物。不得设置落地镜子及装饰性假门；

3 疏散通道穿行前厅及休息厅时，设置在前厅、休息厅的小卖部及存衣处不得影响疏散的畅通；

4 疏散通道的隔墙耐火极限不应小于 1.00h；

5 疏散通道内装修材料：天棚不低于 A 级，墙面和地面不低于 B1 级，不得采用在燃烧时产生有毒气体的材料；

6 疏散通道宜有自然通风及采光；当没有自然通风及采光时应设人工照明，超过 20m 长时应采用机械通风排烟。

【条文解析】

本条规定是为保证疏散通道的畅通，使观众在紧急状态下，迅速疏散出去，避免在紧急状况下，因建筑处理不当，使疏散观众发生错误判断，受到伤害。

在紧急状态下，为使观众迅速顺利通过疏散通道，应保证疏散通道有正常的坡度和防滑表面，有良好的通风、照明，以及不致引起错觉的装修陈设。墙体有足够的耐火极限，可确保观众离去。其装修材料尤应谨慎采用，避免在燃烧时产生毒害，使观众窒息或中毒。

8.2.5 后台应有不少于两个直接通向室外的出口。

8.2.6 乐池和台仓出口不应少于两个。

【条文解析】

此两条规定均为保证在一个出口堵塞后，另有一个可供疏散。后台及乐池人员在一般状况下不会超过 250 人。但是机械化台仓，现在往往有大量群众演员经台仓升降台到主台表演，因此本条作了相应的规定。

8.2.7 舞台天桥、栅顶的垂直交通，舞台至面光桥、耳光室的垂直交通应采用金属梯或钢筋混凝土梯，坡度不应大于 60°，宽度不应小于 0.60m，并有坚固、连续的扶手。

【条文解析】

据调查，从舞台面至天桥、栅顶及面光桥、耳光室的垂直交通用垂直铁爬梯者甚多，有些甚至是木制的，至天桥、栅顶及面光桥、耳光室者多为带工具之工人，有时要携带灯具或工具，这种情况下易发生事故，在紧急状况下更不利于工人疏散，因此本条作了相应的规定。

5.1.13 图书馆

《图书馆建筑设计规范》JGJ 38—1999

6.4.1 图书馆的安全出口不应少于两个，并应分散设置。

【条文解析】

本条强调两个安全出口的距离不宜太近，应在建筑物的不同方向上分散设置。

6.4.2 书库、非书资料库、藏阅合一的藏书空间，每个防火分区的安全出口不应少于两个。但符合下列条件之一的，可设一个安全出口：

1 建筑面积不超过 $100.00m^2$ 的特藏库、胶片库和珍善本书库；

2 建筑面积不超过 $100.00m^2$ 的地下室或半地下室书库；

3 除建筑面积超过 $100.00m^2$ 的地下室外的相邻两个防火分区，当防火墙上有防火门连通，且两个防火分区的建筑面积之和不超过本规范第 6.2.2 条规定的一个防火分区面积的 1.40 倍时；

4 占地面积不超过 $300.00m^2$ 的多层书库。

【条文解析】

在开架管理越来越普及的情况下，藏阅合一空间的比例将越来越大，此类空间的安全出口设置，应同各类书库一样同等对待。

6.4.3 书库、非书资料库的疏散楼梯，应设计为封闭楼梯间或防烟楼梯间，宜在库门外邻近设置。

【条文解析】

由于要求楼梯应设计成封闭楼梯，为便于建筑处理，故做此规定。疏散楼梯于库门外临近设置，既便于各层出纳台工作人员共同使用，也可避免库内工作人员相互串通。

5.1.14 人防工程

《人民防空工程设计防火规范》GB 50098—2009

5.1.1 每个防火分区安全出口设置的数量，应符合下列规定之一：

1. 每个防火分区的安全出口数量不应少于 2 个；

2. 当有 2 个或 2 个以上防火分区相邻，且将相邻防火分区之间防火墙上设置的防火门作为安全出口时，防火分区安全出口应符合下列规定：

1）防火分区建筑面积大于 $1000m^2$ 的商业营业厅、展览厅等场所，设置通向室外、直通室外的疏散楼梯间或避难走道的安全出口个数不得少于 2 个；

2）防火分区建筑面积不大于 $1000m^2$ 的商业营业厅、展览厅等场所，设置通向室外、直通室外的疏散楼梯间或避难走道的安全出口个数不得少于 1 个；

3）在一个防火分区内，设置通向室外、直通室外的疏散楼梯间或避难走道的安全出口宽度之和，不宜小于本规范第 5.1.6 条规定的安全出口总宽度的 70%；

3. 建筑面积不大于 $500m^2$，且室内地面与室外出入口地坪高差不大于 10m，容纳人数不大于 30 人的防火分区。当设置有仅用于采光或进风用的竖井，且竖井内有金属梯直通地面、防火分区通向竖井处设置有不低于乙级的常闭防火门时，可只设置一个通向室外、直通室外的疏散楼梯间或避难走道的安全出口；也可设置一个与相邻防火分区相通的防火门；

4. 建筑面积不大于 $200m^2$、且经常停留人数不超过 3 人的防火分区，可只设置一个通向相邻防火分区的防火门。

【条文解析】

人防工程安全疏散是一个非常重要的问题。

1）人防工程处在地下，发生火灾时，会产生高温浓烟，且人员疏散方向与烟气的扩散方向有可能相同，人员疏散较为困难。另外排烟和进风完全依靠机械排烟和进风，因此规定每个防火分区安全出口数量不应少于 2 个。这样当其中一个出口被烟火堵住时，人员还可由另一个出口疏散出去。

2）当人防工程的规模有 2 个或 2 个以上的防火分区时，由于人防工程受环境及其他条件限制，有可能满足不了一个防火分区有两个出口都通向室外的疏散出口、直通室外的疏散楼梯间（包括封闭楼梯间和防烟楼梯间）或避难走道，故规定每个防火分区要确保有一个，相邻防火分区上设置的连通口可作为第二安全出口。考虑到大于 $1000m^2$ 的商业营业厅和展览厅人员较多，故规定不得少于 2 个。避难走道和直通室外的疏散楼梯间从安全性来讲与直通室外的疏散口是等同的。

3）竖井爬梯疏散比较困难，故对建筑面积和容纳人数都有严格限制，增加了防火分区通向竖井处设置有不低于乙级的常闭防火门，用来阻挡烟气进入竖井。

4）通风和空调机室、排风排烟室、变配电室、库房等建筑面积不超过 $200m^2$ 的房间，如设置为独立的防火分区，考虑到房间内的操作人员很少，一般不会超过 3 人，而且他们都很熟悉内部疏散环境，设置一个通向相邻防火分区的防火门，对人员的疏散是不会有问题的，同时也符合当前工程的实际情况。

5.1.2 房间建筑面积不大于 50m²，且经常停留人数不超过 15 人时，可设置一个疏散出口。

【条文解析】

对于建筑面积不大于 50m² 的房间，一般人员数量较少，疏散比较容易，所以可设置一个疏散出口。

5.1.3 歌舞娱乐放映游艺场所的疏散应符合下列规定：

1 不宜布置在袋形走道的两侧或尽端，当必须布置在袋形走道的两侧或尽端时，最远房间的疏散门到最近安全出口的距离不应大于 9m；一个厅、室的建筑面积不应大于 200m²；

2 建筑面积大于 50m² 的厅、室，疏散出口不应少于 2 个。

【条文解析】

歌舞娱乐放映游艺场所内的房间如果设置在袋形走道的两侧或尽端，不利于人员疏散。

歌舞娱乐放映游艺场所，一个厅、室的出口不应少于 2 个的规定，是考虑到当其中一个疏散出口被烟火封堵时，人员可以通过另一个疏散出口逃生。对于建筑面积不小于 50m² 的厅、室，面积不大，人员数量较少，疏散比较容易，所以可设置一个疏散出口。

5.1.4 每个防火分区的安全出口，宜按不同方向分散设置；当受条件限制需要同方向设置时，两个安全出口最近边缘之间的水平距离不应小于 5m。

【条文解析】

本条规定安全出口宜按不同方向分散设置，目的是避免因为安全出口之间距离太近形成人员疏散集中在一个方向，造成人员拥挤；还可能由于出口同时被烟火堵住，使人员不能脱离危险地区造成重大伤亡事故。故本条规定同方向设置时，两个安全出口之间的距离不应小于 5m。

5.1.15 地下、半地下建筑（室）

《高层民用建筑设计防火规范 2005 年版》 GB 50045—1995

6.1.12 高层建筑地下室、半地下室的安全疏散应符合下列规定：

6.1.12.1 每个防火分区的安全出口不应少于两个。当有两个或两个以上防火分区，且相邻防火分区之间的防火墙上设有防火门时，每个防火分区可分别设一个直通室外的安全出口。

6.1.12.2 房间面积不超过 50m²，且经常停留人数不超过 15 人的房间，可设一个门。

6.1.12.3 人员密集的厅、室疏散出口总宽度，应按其通过人数每 100 人不小于 1.00m 计算。

【条文解析】

高层民用建筑一般都有地下室或半地下室。在使用上往往安排各种机房、库房和工作间等。除半地下室可以解决一部分通风、采光外，地下室一般都属于无窗房间，发生火灾时烟雾弥漫，给安全疏散和消防扑救都造成极大困难。为此，对地下室、半地下室的防火设计，应该比地面以上部分的要求严格。

1）每个防火分区的安全出口数不应少于两个。考虑到相邻两个防火分区同时发生火灾的可能性较小，因此相邻分区之间防火墙上的防火门可用作第二个安全出口。但要求每个防火分区至少应有一个直通室外的安全出口，以保证安全疏散的可靠性。通过防火门进入相邻防火分区时，如果不是直通外部出口，而是经过其他房间时，也必须保证能由该房间安全疏散出去。

2）由于地下室部分的不安全因素较多，对房间的面积和使用人数的规定严于地上部分，目的是保证人员安全，缩短疏散时间。

3）较大空间的厅室及设在地下层的餐厅、商场等，是人员比较密集的场所，为保证疏散安全，出口应有足够的宽度，所以要求其疏散出口总宽度按通过人数每 100 人不小于 1.00m 计算。

5.2 疏散距离规定

5.2.1 民用建筑

《建筑设计防火规范》GB 50016—2012

5.5.15 公共建筑的安全疏散距离应符合下列规定：

1 直通疏散走道的房间疏散门至最近安全出口的距离应符合表 5.5.15 的规定。

表 5.5.15 直通疏散走道的房间疏散门至最近安全出口的最大距离（m）

名称	位于两个安全出口之间的疏散门			位于袋形走道两侧或尽端的疏散门		
	耐火等级			耐火等级		
	一、二级	三级	四级	一、二级	三级	四级
托儿所、幼儿园	25	20	15	20	15	12

名称		位于两个安全出口之间的疏散门			位于袋形走道两侧或尽端的疏散门		
		耐火等级			耐火等级		
		一、二级	三级	四级	一、二级	三级	四级
歌舞娱乐游艺场所		25	20	15	20	15	12
单层或多层医疗建筑		35	30	25	20	15	12
高层医疗建筑	病房部分	24	—	—	12	—	—
	其他部分	30	—	—	15	—	—
单层或多层教学建筑		35	30	—	22	20	—
高层旅馆、展览建筑、教学建筑		30	—	—	15	—	—
其他建筑	单层或多层	40	35	25	22	20	15
	高层	40	—	—	20	—	—

注：1. 设置敞开式外廊的建筑，开向该外廊的房间疏散门至安全出口的最大距离可按本表增加5m。

2. 建筑物内全部设置自动喷水灭火系统时，其安全疏散距离可按本表及表注1的规定增加25%。

【条文解析】

疏散走道是从建筑内部通向安全出口及疏散楼梯的必由之路，绝对不能过于复杂或者绕来绕去，应尽量避免出现袋形走道，因为袋形走道周边房间的使用者只能单向疏散，其疏散安全度相对降低。

通道距离的选择既要平时使用方便，又要为火灾发生时提供便捷的疏散通道。

5.2.2 高层民用建筑

《高层民用建筑设计防火规范 2005 年版》GB 50045—1995

6.1.5 高层建筑的安全出口应分散布置，两个安全出口之间的距离不应小于5.00m。安全疏散距离应符合表 6.1.5 的规定。

表 6.1.5 安全疏散距离

高层建筑		房间门或住宅户门至最近的外部出口或楼梯间的最大距离（m）	
		位于两个安全出口之间的房间	位于袋形走道两侧或尽端的房间
医院	病房部分	24	12
	其他部分	30	15
旅馆、展览楼、教学楼		30	15
其他		40	20

【条文解析】

要求高层建筑安全疏散出口分散布置，目的在于在同一建筑中楼梯出口距离不能太小，因为两个楼梯出口之间距离太近，安全出口集中，会使人流疏散不均匀而造成拥挤；还会因出口同时被烟堵住，使人员不能脱离危险地区而造成人员重大伤亡事故。故本规范规定两个安全出口之间的距离不应小于 5.00m。本规范表 6.1.5 规定的距离，是根据人员在允许疏散时间内，通过走道迅速疏散，并以能透过烟雾看到安全出口或疏散标志的距离确定。考虑到各类建筑的使用性质、容纳人数、室内可燃物数量不等，规定的安全疏散距离也有一定幅度的变化。

6.1.6 跃廊式住宅的安全疏散距离，应从户门算起，小楼梯的一段距离按其 1.50 倍水平投影计算。

【条文解析】

本条是针对高层跃廊式住宅提出的。这类建筑除在各自走道层（公共层）设有主要疏散楼梯外，又在各跃层走廊内设若干通向上、下层住户的开敞式小楼梯或在各户内部设小楼梯。这些小楼梯因是开敞的，容易灌烟，发生火灾时，影响疏散时间和速度，所以楼段长度应计入安全疏散距离内。并要求楼段的距离按楼梯水平投影的 1.5 倍折算。

6.1.7 高层建筑内的观众厅、展览厅、多功能厅、餐厅、营业厅和阅览室等，其室内任何一点至最近的疏散出口的直线距离，不宜超过 30m；其他房间内最远一点至房门的直线距离不宜超过 15m。

【条文解析】

设在高层民用建筑里的观众厅、展览厅、多功能厅、餐厅、商场营业厅等，这类房间的面积比较大，人员集中，疏散距离必须有所限制。因此规定这类房间，由室内任何一点至最近的安全出口或楼梯间的安全疏散距离不宜大于 30m。由于近几年来火灾自动报警系统和自动喷水灭火系统的日趋完善，建筑材料中不燃烧体和难燃烧体的普遍使用，建筑自身的安全性有不同程度的提高，因此这类建筑的安全疏散距离相应地放宽。

本条中的"其他房间"，是指面积较小的一般房间，由房内最远一点到房间门或户门的距离，目的在于限制房间内最远点的疏散距离。相应地对房间面积也有一定的限制。以利于火灾时的疏散安全。

5.2.3 住宅建筑

《住宅建筑规范》GB 50368—2005

9.5.2 每层有 2 个及 2 个以上安全出口的住宅单元，套房户门至最近安全出口的距离应根据建筑的耐火等级、楼梯间的形式和疏散方式确定。

【条文解析】

本条规定了确定户门至最近安全出口的距离时应考虑的因素，其原则是在保证人员疏散安全的条件下，尽可能满足建筑布局和节约投资的需要。

9.5.3 住宅建筑的楼梯间形式应根据建筑形式、建筑层数、建筑面积以及套房户门的耐火等级等因素确定。在楼梯间的首层应设置直接对外的出口，或将对外出口设置在距离楼梯间不超过 15m 处。

【条文解析】

本条规定了确定楼梯间形式时应考虑的因素及首层对外出口的设置要求。建筑发生火灾时，楼梯间作为人员垂直疏散的唯一通道，应确保安全可靠。楼梯间可分为防烟楼梯间、封闭楼梯间和室外楼梯等，具体形式应根据建筑形式、建筑层数、建筑面积以及套房户门的耐火等级等因素确定。

5.2.4 办公建筑

《办公建筑设计规范》JGJ 67—2006

5.0.2 办公建筑的开放式、半开放式办公室，其室内任何一点至最近的安全出口的直线距离不应超过 30m。

【条文解析】

安全出口是指房间开向疏散走道的出口。大空间办公室内套小房间时，小房间的门不能算安全出口。因此，距离应从小房间的最远点进行计算。

5.2.5 汽车库、修车库

《汽车库、修车库、停车场设计防火规范》GB 50067—1997

6.0.5 汽车库室内最远工作地点至楼梯间的距离不应超过 45m，当设有自动灭火系统时，其距离不应超过 60m。单层或设在建筑物首层的汽车库，室内最远工作地点至室外出口的距离不应超过 60m。

【条文解析】

汽车库的火灾危险性按照《建筑设计防火规范》GB 50016 划分为丁类。但考虑汽车库中有许多可燃物，在确定安全疏散距离时，定为 45m。装有自动喷淋灭火设备的汽车库安全性有所提高，该距离可适当放大，定为 60m。底层汽车库和单层汽车库因都能直接疏散到室外，要比楼层停车库疏散方便，所以在楼层汽车库的基础上又作了相应的调整规定。这是因为汽车库的特点是空间大、人员少，按照自由疏散的速度 1m/s 计算，一般在 1min 左右都能到达安全出口。

6.0.12 汽车库的车道应满足一次出车的要求，汽车与汽车之间以及汽车与墙、柱之间的间距，不应小于表 6.0.12 的规定。

注：一次出车系指汽车在启动后不需要调头、倒车而直接驶出汽车库。

表 6.0.12　汽车与汽车之间以及汽车与墙、柱之间的间距

间距/m 项目	车长≤6或车宽≤1.8	6<车长≤8或1.8<车宽≤2.2	8<车长≤12或2.2<车宽≤2.5	车长>12或车宽>2.5
汽车与汽车	0.5	0.7	0.8	0.9
汽车与墙	0.5	0.5	0.5	0.5
汽车与柱	0.3	0.3	0.4	0.4

注：当墙、柱外有暖气片等突出物时，汽车与墙、柱的间距应从其凸出部分外缘算起。

【条文解析】

留出必要的疏散通道，是为了在火灾情况下车辆能顺利疏散，减少损失。

5.2.6　厂房

《建筑设计防火规范》GB 50016—2012

3.7.4 厂房内任一点到最近安全出口的距离不应大于表 3.7.4 的规定。

表 3.7.4　厂房内任一点到最近安全出口的距离（m）

生产级别	耐火等级	单层厂房	多层厂房	高层厂房	地下、半地下厂房或地下室、半地下室
甲	一、二级	30.0	25.0	—	—
乙	一、二级	75.0	50.0	30.0	—
丙	一、二级	80.0	60.0	40.0	30.0
	三级	60.0	40.0	—	—
丁	一、二级	不限	不限	50.0	45.0
	三级	60.0	50.0	—	—
	四级	50.0	—	—	—
戊	一、二级	不限	不限	75.0	60.0
	三级	100.0	75.0	—	—
	四级	60.0	—	—	—

【条文解析】

本条针对不同火灾危险性的厂房，规定了其内部的最大疏散距离。

5.2.7　人防工程

《人民防空工程设计防火规范》GB 50098—2009

5.1.4 安全疏散距离应满足下列规定：

1 房间内最远点至该房间门的距离不应大于 15m；

2 房间门至最近安全出口或至相邻防火分区之间防火墙上防火门的最大距离：医院应为 24m；旅馆应为 30m；其他工程应为 40m。位于袋形走道两侧或尽端的房间，其最大距离应为上述相应距离的一半；

3 观众厅、展览厅、多功能厅、餐厅、营业厅和阅览室等。其室内任意一点到最近安全出口的直线距离不宜大于 30m；当该防火分区设置有自动喷水灭火系统时，疏散距离可增加 25%。

【条文解析】

疏散距离是根据允许疏散时间和人员疏散速度确定的。由于工程中人员密度不同、疏散人员类型不同、工程类型不同及照明条件不同等，所以规定的安全疏散距离也有一定幅度的变化。

5.2.4 避难走道的设置应符合下列规定：

1 避难走道直通地面的出口不应少于 2 个，并应设置在不同方向；当避难走道只与一个防火分区相通时，避难走道直通地面的出口可设置一个，但该防火分区至少应有一个不通向该避难走道的安全出口；

2 通向避难走道的各防火分区人数不等时，避难走道的净宽不应小于设计容纳人数最多一个防火分区通向避难走道各安全出口最小净宽之和；

3 避难走道的装修材料燃烧性能等级应为 A 级；

4 防火分区至避难走道入口处应设置前室，前室面积不应小于 $6m^2$，前室的门应为甲级防火门；其防烟应符合本规范第 6.2 节的规定；

5 避难走道的消火栓设置应符合本规范第 7.3.1 条的规定；

6 避难走道的火灾应急照明应符合本规范第 8.2 节的规定；

7 避难走道应设置应急广播和消防专线电话。

【条文解析】

避难走道的设置是为了解决坑、地道工程和大型集团式工程防火设计的需要，这类工程或疏散距离过长，或直通室外的出口很难根据一般的规定设置，因此本条作了相应的规定。

避难走道和防烟楼梯间的作用是相同的，防烟楼梯间是竖向布置的，而避难走道是水平布置的，人员疏散进入避难走道，就可视为进入安全区域，故避难走道不得用于除人员疏散外的其他用途。

避难走道在人防工程内可能较长，为确保人员安全疏散，规定了不应少于 2 个直通地面的出口；但对避难走道只与一个防火分区相通时，本条作出了特殊的规定。

通向避难走道的防火分区有若干个，人数也不相等，由于只考虑一个防火分区着火，所以避难走道的净宽不应小于设计容纳人数最多的一个防火分区通向避难走道安全出口净宽的总和。另外考虑到各安全出口为了平时使用上的需要，往往净宽超过最小疏散宽度的要求，这样会造成避难走道宽度过宽，所以加了限制性用语，即"各安全出口最小净宽之和"。

为了确保避难走道的安全，所以规定装修材料燃烧性能等级应为 A 级，即不燃材料。

为了便于联系，故要求设置应急广播和消防专线电话。

5.3 疏散宽度规定

5.3.1 高层民用建筑

《高层民用建筑设计防火规范 2005 年版》GB 50045—1995

6.1.8 公共建筑中位于两个安全出口之间的房间，当其建筑面积不超过 60m² 时，可设置一个门，门的净宽不应小于 0.90m；公共建筑中位于走道尽端的房间，当其建筑面积不超过 75m² 时，可设置一个门，门的净宽不应小于 1.40m。

【条文解析】

明确此规定仅是对公共建筑中房间疏散门数量的要求。

为保障高层建筑内发生火灾时人员的疏散安全，本条对房间面积和开门的数量作了规定。只规定疏散走道和楼梯的宽度，而不考虑房间开门的数量，即使门的总宽度能满足安全疏散的使用要求，也会延长疏散时间。假如面积较大而人员数量又比较多的房间，只有一个出口，发生火灾时，较多的人势必拥向一个出口，这会延长疏散时间，甚至还会造成人员伤亡等意外事故。因此本条规定房间面积不超过 60m² 时，允许设一个门，门的净宽不应小于 0.90m。

位于走道尽端，面积在 75m² 以内的房间，属于较大的房间。受平面布置的限制，有些情况下，不能开两个门。针对这样的具体情况，本条作了放宽，规定当门的宽度不小于 1.40m 时，允许设一个门。这可以使 2～3 股人流顺利疏散出来。

6.1.9 高层建筑内走道的净宽，应按通过人数每 100 人不小于 1.00m 计算；高层建筑首层疏散外门的总宽度，应按人数最多的一层每 100 个不小于 1.00m 计算。首层疏散外门和走道的净宽不应小于表 6.1.9 的规定。

表 6.1.9 首层疏散外门和走道的净宽（m）

高层建筑	每个外门的净宽	走道净宽	
		单面布房	双面布房
医院	1.30	1.40	1.50
居住建筑	1.10	1.20	1.30
其他	1.20	1.30	1.40

【条文解析】

本条规定高层建筑各层走道的总宽度按每 100 人不小于 1.00m 计算。规定首层疏散外门总宽度，应按该建筑人数最多的楼层计算。可同第 6.2.9 条规定的楼梯总宽度计算相对应。避免外门总宽度小于楼梯总宽度，使人员疏散在首层出现堵塞。

6.1.10 疏散楼梯间及其前室的门的净宽应接通过人数每 100 人不小于 1.00m 计算，但最小净宽不应小于 0.90m。单面布置房间的住宅，其走道出垛处的最小净宽不应小于 0.90m。

【条文解析】

根据实际使用的情况，对出楼梯间及其前室（包括合用前室）的门的最小宽度作出规定是必要的。通廊式住宅中，由于结构需要，长外廊外墙每个开间要向走道出垛，但这里的宽度应至少保证两个人通过（其中一个人侧身），由此作出需要 0.90m 的规定。

6.1.11 高层建筑内设有固定座位的观众厅、会议厅等人员密集场所，其疏散走道、出口等应符合下列规定：

6.1.11.1 厅内的疏散走道的净宽应按通过人数每 100 人不小于 0.80m 计算，且不宜小于 1.00m；边走道的最小净宽不宜小于 0.80m。

6.1.11.2 厅的疏散出口和厅外疏散走道的总宽度，平坡地面应分别按通过人数每 100 人不小于 0.65m 计算，阶梯地面应分别按通过人数每 100 人不小于 0.80m 计算。疏散出口和疏散走道的最小净宽均不应小于 1.40m。

6.1.11.3 疏散出口的门内、门外 1.40m 范围内不应设踏步，且门必须向外开，并不应设置门槛。

6.1.11.4 厅内座位的布置，横走道之间的排数不宜超过 20 排，纵走道之间每排座位不宜超过 22 个；当前后排座位的排距不小于 0.90m 时，每排座位可为 44 个；只一侧有纵走道时，其座位数应减半。

6.1.11.5 厅内每个疏散出口的平均疏散人数不应超过 250 人。

6.1.11.6 厅的疏散门，应采用推闩式外开门。

【条文解析】

在高层建筑内没有固定座位的观众厅、会议厅等人员密集场所，为有利于疏散，对座位布置纵、横走道净宽度提出必要的规定。

强调疏散外门开启方向并均匀布置，缩短疏散时间，疏散外门还须采用推闩式外开门（只能从室内开启，借助人的推力，触动门闩将门打开），并与火灾自动报警系统联动，自动开启。推闩式外开门具有便于开启和及时疏散的特点，有利于人员密集场所的安全疏散。

执行中用固定座位确定人数，用人数计算宽度，在最小 1.4m 的基础上，在构造上保证人流畅通。

5.3.2 住宅建筑

《住宅建筑规范》GB 50368—2005

5.2.1 走廊和公共部位通道的净宽不应小于 1.20m，局部净高不应低于 2.00m。

【条文解析】

走廊和公共部位通道的净宽不足或局部净高过低将严重影响人员通行及疏散安全。本条根据人体工程学原理提出了通道净宽和局部净高的最低要求。

5.2.3 楼梯梯段净宽不应小于 1.10m。六层及六层以下住宅，一边设有栏杆的梯段净宽不应小于 1.00m。楼梯踏步宽度不应小于 0.26m，踏步高度不应大于 0.175m。扶手高度不应小于 0.90m。楼梯水平段栏杆长度大于 0.50m 时，其扶手高度不应小于 1.05m。楼梯栏杆垂直杆件间净距不应大于 0.11m。楼梯井净宽大于 0.11m 时，必须采取防止儿童攀滑的措施。

【条文解析】

楼梯梯段净宽系指墙面至扶手中心之间的水平距离。从安全防护的角度出发，本条提出了减缓楼梯坡度、加强栏杆安全性等要求。住宅楼梯梯段净宽不应小于 1.10m 的规定与国家标准《民用建筑设计通则》GB 50352—2005 对楼梯梯段宽度按人流股数确定的一般规定基本一致。同时，考虑到实际情况，对六层及六层以下住宅中一边设有栏杆的梯段净宽要求放宽为不小于 1.00m。

《住宅设计规范》GB 50096—2011

5.8.7 各部位门洞的最小尺寸应符合表 5.8.7 的规定。

表 5.8.7 门洞最小尺寸

类别	洞口宽度（m）	洞口高度（m）
共用外门	1.20	2.00
户（套）门	1.00	2.00
起居室（厅）门	0.90	2.00
卧室门	0.90	2.00
厨房门	0.80	2.00
卫生间门	0.70	2.00
阳台门（单扇）	0.70	2.00

注：1. 表中门洞口高度不包括门上亮子高度，宽度以平开门为准。

2. 洞口两侧地面有高低差时，以高地面为起算高度。

【条文解析】

住宅各部位门洞的最小尺寸是根据使用要求的最低标准结合普通材料构造提出的，未考虑门的材料构造过厚或有特殊要求。

5.3.3 中小学校

《中小学校设计规范》GB 50099—2011

8.2.1 中小学校内，每股人流的宽度应按 0.60m 计算。

【条文解析】

依据教育部、卫生部等五部委发布的《2005 年中国学生体质与健康调研报告》中有关中小学生体宽较 1985 年明显增宽 0.05m 的测定成果，本规范将中小学生每股人流的宽度规定为 0.60m。

8.2.2 中小学校建筑的疏散通道宽度最少应为 2 股人流，并应按 0.60m 的整数倍增加疏散通道宽度。

【条文解析】

计算疏散宽度时，疏散路径的每处都宜以 1 股人流 0.60m 的整数倍计算。不足 1 股人流 0.60m 的宽度对发生意外灾害时没有逃生作用。在设计中疏散宽度满足需要的同时还有接近 0.60m 的余量时，拥挤时会多挤入一股人流，导致部分人侧身行走，更易发生踩踏事故。

8.2.4 房间疏散门开启后，每樘门净通行宽度不应小于 0.90m。

【条文解析】

本条依据现行国家标准《建筑设计防火规范》的有关规定制定。

8.5.3 教学用建筑物出入口净通行宽度不得小于 1.40m，门内与门外各 1.50m 范围内不宜设置台阶。

【条文解析】

为保障集中时段疏散的安全，《建筑设计防火规范》GB 50016 规定，在建筑外门的内外 1.40m 范围内不得设台阶。为创造条件使轮椅进出方便，本规范则为 1.50m 范围内不宜设置台阶。

8.7.2 中小学校教学用房的楼梯梯段宽度应为人流股数的整数倍。梯段宽度不应小于 1.20m，并应按 0.60m 的整数倍增加梯段宽度。每个梯段可增加不超过 0.15m 的摆幅宽度。

【条文解析】

多个学校发生的踩踏事故说明，当梯段宽度不是人流宽度的整数倍时很不安全。为保障疏散安全，本条规定，中小学校楼梯梯段宽度应为人流股数的整数倍。

应依据现行国家标准《民用建筑设计通则》GB 50352 的方法，并按本规范每股人流宽度的规定为 0.60m 计算楼梯梯段宽度。行进中人体摆幅仍为 0～0.15m，计算每一梯段总宽度时可增加一次摆幅，但不得将每一股人流都增计摆幅。

5.3.4 汽车库、修车库

《汽车库、修车库、停车场设计防火规范》GB 50067—1997

6.0.3 汽车库、修车库的室内疏散楼梯应设置封闭楼梯间。建筑高度超过 32m 的高层汽车库的室内疏散楼梯应设置防烟楼梯间，楼梯间和前室的门应向疏散方向开启。地下汽车库和高层汽车库以及设在高层建筑裙房内的汽车库，其楼梯间、前室的门应采用乙级防火门。

疏散楼梯的宽度不应小于 1.1m。

【条文解析】

多层、高层地下的汽车库、修车库内的人员疏散主要依靠楼梯进行。因此要求室内的楼梯必须安全可靠。开敞楼梯间犹如垂直的风井，是火灾蔓延的重要途径。为了确保楼梯间在火灾情况下不被烟气侵入，避免因"烟囱效应"而使火灾蔓延，所以在楼梯间入口处应设置封闭门使之形成封闭楼梯间。对地下汽车库和高层汽车库以及设在高层建筑裙房内的汽车库，由于楼层高以及地下疏散困难，为了提高封闭楼梯间的安全性，其楼梯间的封闭门应采用耐火极限为 0.90h 的乙级防火门。

6.0.9 汽车疏散坡道的宽度不应小于 4m，双车道不宜小于 7m。

【条文解析】

由于楼层和地下汽车库车道转弯太多、宽度太小不利于车辆疏散，更容易出交通事故，本条规定车道宽度是依据交通管理部门的规定制定的。

5.3.5 厂房、仓库、设备用房

《建筑设计防火规范》GB 50016—2012

3.7.5 厂房内的疏散楼梯、走道、门的各自总净宽度应根据疏散人数，按表 3.7.5 的规定经计算确定。但疏散楼梯的最小净宽度不宜小于 1.10m，疏散走道的最小净宽度不宜小于 1.40m，门的最小净宽度不宜小于 0.90m。当每层人数不相等时，疏散楼梯的总净宽度应分层计算，下层楼梯总净宽度应按该层或该层以上人数最多的一层计算。

表 3.7.5 厂房疏散楼梯、走道和门的净宽度指标（m/百人）

厂房层数	一、二层	三层	≥四层
宽度指标	0.60	0.80	1.00

首层外门的总净宽度应按该层或该层以上人数最多的一层计算，且该门的最小净宽度不应小于 1.20m。

【条文解析】

本条规定了厂房的百人疏散宽度计算指标和疏散总宽度及最小净宽度的设计要求。

考虑门洞尺寸应符合门窗的模数，将门洞最小宽度定为 1m，则门的净宽在 0.9m 左右，故规定门最小净宽度不小于 0.9m。走道最小净宽度与公共场所的门的最小净宽度相同，取不小于 1.4m。

5.3.6 电影院、剧场建筑

《建筑设计防火规范》GB 50016—2012

5.5.18 剧院、电影院、礼堂、体育馆等人员密集场所的疏散走道、疏散楼梯、疏散门、安全出口的各自总宽度，应根据其通过人数和疏散净宽度指标计算确定，并应符合下列规定：

1 观众厅内疏散走道的净宽度应按每 100 人不小于 0.60m 的净宽度计算，且不应小于 1.00m；边走道的净宽度不宜小于 0.80m。

在布置疏散走道时，横走道之间的座位排数不宜超过 20 排；纵走道之间的座位数：剧院、电影院、礼堂等，每排不宜超过 22 个；体育馆，每排不宜超过 26 个；前后排座椅的排距不小于 0.90m 时，可增加 1.0 倍，但不得超过 50 个；仅一侧有纵走道时，座位数应减少一半；

2 剧院、电影院、礼堂等场所供观众疏散的所有内门、外门、楼梯和走道的各自总宽度，应按表 5.8.18-1 的规定计算确定；

表 5.5.18-1　剧场、电影院、礼堂等场所每 100 人所需最小疏散净宽度（m）

观众厅座位数/座			≤2500	≤1200
耐火等级			一、二级	三级
疏散部位	门和走道	平坡地面	0.65	0.85
		阶梯地面	0.75	1.00
	楼梯		0.75	1.00

3 体育馆供观众疏散的所有内门、外门、楼梯和走道的各自总宽度，应按表 5.5.18-2 的规定计算确定；

表 5.5.18-2　体育馆每 100 人所需最小疏散净宽度（m）

观众厅座位数范围/座		3000～5000	5001～10000	10001～20000
疏散部位	门和走道	平坡地面	0.43	0.37	0.32
		阶梯地面	0.50	0.43	0.37
	楼梯		0.50	0.43	0.37

注：表5.5.18-2中较大座位数范围按规定计算的疏散总宽度，不应小于相邻较小座位数范围按其最多座位数计算的疏散总宽度。

4 有等场需要的入场门不应作为观众厅的疏散门。

【条文解析】

本条规定了剧院、电影院、礼堂、体育馆等的疏散设计要求。

（1）剧院、电影院、礼堂、体育馆等观众厅内疏散走道及座位的布置

1) 观众厅内疏散走道宽度按疏散 1 股人流考虑，如人体上身肩部宽按 0.55m 计算，同时并排行走 2 股人流需 1.1m，但考虑观众厅座椅高度在行人的肩部以下，上部空间可利用，座椅不妨碍人体最宽处的通过，故 1.0m 宽度基本能保证 2 股人流通行需要。

2) 观众厅内设有边走道不但对疏散有利，并且还能起到协调安全出口（或疏散门）和

疏散走道通行能力的作用，从而充分发挥安全出口（或疏散门）的疏散功能。

3）对于剧院、电影院、礼堂等观众厅中的 2 条纵走道之间的最大连续排数和连续座位数，在具体工程设计中应与疏散走道和安全出口（或疏散门）的设计宽度联系起来综合考虑、合理设计。

4）本条规定的连续 20 排和每排连续 26 个座位，是基于出观众厅的控制疏散时间按不超过 3.5min 和每个安全出口或疏散门的宽度按 2.20m 考虑的。对于体育馆观众厅平面中呈梯形或扇形布置的席位区，其纵走道之间的座位数，按最多一排和最少一排的平均座位数计算。

在本条中"前后排座椅的排距不小于 0.9m 时，可增加 1.0 倍，但不得超过 50 个"的规定，在具体设计时，也应按上述道理认真考虑、妥善处理。

5）为限制超量布置座位和防止延误疏散时间，本条还规定了观众席位布置仅一侧有纵走道时的座位数。

（2）剧院、电影院、礼堂等公共建筑的安全疏散宽度

1）本条第 2 款规定的疏散宽度指标是根据人员疏散出观众厅的疏散时间按一、二级耐火等级建筑控制为 2min，三级耐火等级建筑控制为 1.5min 这一原则确定的。

其计算所得安全出口（或疏散门）总宽度为实际需要设计的最小宽度，在最后确定安全出口（或疏散门）的设计宽度时，还应按每个安全（疏散）出口的疏散时间进行校核和调整。

2）本条第 2 款适用规模为：对一、二级耐火等级的建筑，容纳人数不超过 2500人；对三级耐火等级的建筑，容纳人数不超过 1200人，其理由参见第 5.3.9 条的条文说明。

（3）体育馆的安全疏散宽度

1）考虑到剧院、电影院的观众厅与体育馆的观众厅之间在容量规模和室内空间方面的差异，在规范中将其疏散宽度指标分别规定，并在规定容量规模的适用范围时拉开距离，防止出现交叉或不一致现象，便于设计者使用。故将体育馆观众厅容量规模的最低限数定为 3000 人。

2）考虑到体育馆建设的实际需要，将观众厅容量规模的最高限数规定为 20 000人，便于平面布局、人员疏散和火灾扑救。表 5.5.18-2 中规定的疏散宽度指标，按照观众厅容量规模的大小分为三档：3000～5000 人、5001～10000 人和 10001～20000人。每个档次中所规定的百人最小疏散净宽度指标（m），是根据出观众厅的疏散时间分别控制在 3min、3.5min、4min 来确定的。

根据规定的疏散宽度指标计算出来的安全出口（或疏散门）总宽度，为实际需要设计的概算宽度，最后确定安全出口（或疏散门）的设计宽度时，还需对每个安全出口

（或疏散门）的宽度进行核算和调整。

3）本条表 5.5.18-2 的"注"，明确了采用指标进行计算和选定疏散宽度时的一条原则，即容量规模大的观众厅，其计算出的需要宽度不应小于根据容量规模小的观众厅计算出的需要宽度。否则，应采用较大宽度。按座位数和百人指标计算的是最小宽度值。并在此基础上作必要的校核与调整。

《电影院建筑设计规范》JGJ 58—2008

6.2.3 观众厅疏散门的数量应经计算确定，且不应少于 2 个，门的净宽度应符合现行国家标准《建筑设计防火规范》GB 50016 及《高层民用建筑设计防火规范》GB 50045 的规定，且不应小于 0.90m。应采用甲级防火门，并应向疏散方向开启。

【条文解析】

电影院观众厅之间的防火问题，首先是将观众厅与观众厅分隔开来，避免相互影响。使观众厅之间形成独立的防火间隔，另外，要求出入场门均为甲级防火门。甲级防火门主要是指设置在观众厅隔墙上的门。

6.2.5 疏散楼梯应符合下列规定：

2 疏散楼梯踏步宽度不应小于 0.28m，踏步高度不应大于 0.16m，楼梯最小宽度不得小于 1.20m，转折楼梯平台深度不应小于楼梯宽度；直跑楼梯的中间平台深度不应小于 1.20m；

3 疏散楼梯不得采用螺旋楼梯和扇形踏步；当踏步上下两级形成的平面角度不超过 10°，且每级离扶手 0.25m 处踏步宽度超过 0.22m 时，可不受此限；

4 室外疏散梯净宽不应小于 1.10m；下行人流不应妨碍地面人流。

【条文解析】

1）这是对楼梯设计的基本要求，楼梯平台宽度与楼梯宽度相同，并且规定最小宽度为 1.20m，应满足两股人流同时通过。

2）扇形踏步的楼梯设计中有时选用，须按规范规定的要求设计，以便人员在紧急情况下不易摔倒。

3）在电影院设计室外疏散楼梯时，应满足楼梯净宽度不小于 1.10m，同时不应影响地面通行人流。

6.2.7 观众厅内疏散走道宽度除应符合计算外，还应符合下列规定：

1 中间纵向走道净宽不应小于 1.0m；

2 边走道净宽不应小于 0.8m；

3 横向走道除排距尺寸以外的通行净宽不应小于 1.0m。

【条文解析】

本条的"走道宽度符合计算"是指观众厅走道按每百人平坡为 0.65m，台阶为 0.75m，分别计算走道宽度。

《剧场建筑设计规范》JGJ 57—2000

8.2.4 主要疏散楼梯应符合下列规定：

1 踏步宽度不应小于 0.28m，踏步高度不应大于 0.16m，连续踏步不超过 18 级，超过 18 级时，应加设中间休息平台，楼梯平台宽度不应小于梯段宽度，并不得小于 1.10m；

2 不得采用螺旋楼梯，采用扇形梯段时，离踏步窄端扶手水平距离 0.25m 处踏步宽度不应小于 0.22m，宽端扶手处不应大于 0.50m，休息平台窄端不小于 1.20m；

3 楼梯应设置坚固、连续的扶手，高度不应低于 0.85m。

【条文解析】

本条规定为保证观众和其他人员顺利通过疏散楼梯疏散出去，对楼梯形式、构件尺度作了规定，其他各国规范规程均有类似规定。

5.3.7 火车站

《铁路旅客车站建筑设计规范 2011 年版》GB 50226—2007

7.1.5 疏散安全出口、走道和楼梯的净宽度除应符合现行国家标准《建筑设计防火规范》GB 50016 的有关规定外，尚应符合下列要求：

1 站房楼梯净宽度不得小于 1.6m；

2 安全出口和走道净宽度不得小于 3m。

【条文解析】

本条明确铁路旅客车站的疏散安全出口、走道和楼梯的净宽度应符合《建筑设计防火规范》GB 50016 的有关规定，同时又针对铁路旅客车站的实际情况，提出 2 条净宽度的最低限制，设计时必须满足。

5.3.8 人防工程

《人民防空工程设计防火规范》GB 50098—2009

5.1.6 疏散宽度的计算和最小净宽应符合下列规定：

1 每个防火分区安全出口的总宽度，应按该防火分区设计容纳总人数乘以疏散宽度指标计算确定，疏散宽度指标应按下列规定确定：

1）室内地面与室外出入口地坪高差不大于 10m 的防火分区，疏散宽度指标应为每

100 人不小于 0.75m；

2）室内地面与室外出入口地坪高差大于 10m 的防火分区，疏散宽度指标应为每 100 人不小于 1.00m；

3）人员密集的厅、室以及歌舞娱乐放映游艺场所，疏散宽度指标应为每 100 人不小于 1.00m。

2 安全出口、疏散楼梯和疏散走道的最小净宽应符合表 5.1.6 的规定。

表 5.1.6 安全出口、疏散楼梯和疏散走道的最小净宽（m）

工程名称	安全出口和疏散楼梯净宽	疏散走道净宽	
		单面布置房间	双面布置房间
商场、公共娱乐场所、健身体育场所	1.40	1.50	1.60
医院	1.30	1.40	1.50
旅馆、餐厅	1.10	1.20	1.30
车间	1.10	1.20	1.50
其他民用建筑	1.00	1.20	1.40

【条文解析】

人员从着火的防火分区全部疏散出该防火分区的时间要求在 3min 内完成，根据实测数据，阶梯地面每股人流每分钟通过能力为 37 人，单股人流的疏散宽度为 550mm，则每股人流 3min 可疏散 111 人，人防工程均按最不利条件考虑，即均按阶梯地面来计算，其疏散宽度指标为 0.55m/111 人 = 0.5m/百人，为了确保人员的疏散安全，增加 50% 的安全系数，则一般情况下的疏散宽度指标为 0.75m/百人；对使用层地面与室外出入口地坪高差超过 10m 的防火分区，再加大安全系数，安全系数取 100%，则疏散宽度指标为 1.00m/百人。

人员密集的厅、室以及歌舞娱乐放映游艺场所，疏散宽度指标的规定与相关规范相一致。

5.1.7 设置有固定座位的电影院、礼堂等的观众厅，其疏散走道、疏散出口等应符合下列规定：

1 厅内的疏散走道净宽应按通过人数每 100 人不小于 0.80m 计算，且不宜小于 1.00m；边走道的净宽不应小于 0.80m；

2 厅的疏散出口和厅外疏散走道的总宽度，平坡地面应分别按通过人数每 100 人不小于 0.65m 计算，阶梯地面应分别按通过人数每 100 人不小于 0.80m 计算；疏散出口和疏散走道的净宽均不应小于 1.40m；

3 观众厅座位的布置，横走道之间的排数不宜大于 20 排，纵走道之间每排座位不宜大于 22 个；当前后排座位的排距不小于 0.90m 时，每排座位可为 44 个；只一侧有纵走道时，其座位数应减半；

　　4 观众厅每个疏散出口的疏散人数平均不应大于 250 人；

　　5 观众厅的疏散门，宜采用推闩式外开门。

【条文解析】

　　在电影院、礼堂内设置固定座位是为了控制使用人数，遇有火灾时，由于人员较多，疏散较为困难，为有利于疏散，对座位之间的纵横走道净宽作了必要的规定。

5.1.8 公共疏散出口处内、外 1.40m 范围内不应设置踏步，门必须向疏散方向开启，且不应设置门槛。

【条文解析】

　　为了保证疏散时的畅通，防止人员跌倒造成堵塞疏散出口，因此本条作了相应的规定。

6 消防系统

6.1 火灾自动报警系统

《火灾自动报警系统设计规范》GB 50116—2013

3.1.1 火灾自动报警系统可用于人员居住和经常有人滞留的场所、存放重要物资或燃烧后产生严重污染需要及时报警的场所。

【条文解析】

本条规定了火灾自动报警系统的设置场所,体现了火灾自动报警系统保护生命安全和财产安全的设计目标。

3.1.2 火灾自动报警系统应设有自动和手动两种触发装置。

【条文解析】

火灾自动报警系统中设置的火灾探测器,属于自动触发报警装置,而手动火灾报警按钮则属于人工手动触发报警装置。在设计中,两种触发装置均应设置。

3.1.3 火灾自动报警系统设备应选择符合国家有关标准和有关市场准入制度的产品。

【条文解析】

本条规定了火灾自动报警系统设计过程中涉及的消防产品的准入要求。

3.1.6 系统总线上应设置总线短路隔离器,每只总线短路隔离器保护的火灾探测器、手动火灾报警按钮和模块等消防设备的总数不应超过 32 点；总线穿越防火分区时,应在穿越处设置总线短路隔离器。

【条文解析】

本条规定了总线上设置短路隔离器的要求,规定每个短路隔离器保护的现场部件的数量不应超过 32 点,是考虑一旦某个现场部件出现故障,短路隔离器在对故障部件进行隔离时,可以最大限度地保障系统的整体功能不受故障部件的影响。

本条是保证火灾自动报警系统整体运行稳定性的基本技术要求,短路隔离器是最大限度地保证系统整体功能不受故障部件影响的关键。

3.1.7 高度超过 100m 的建筑中,除消防控制室内设置的控制器外,每台控制器直接控制的火灾探测器、手动报警按钮和模块等设备不应跨越避难层。

【条文解析】

对于高度超过 100m 的建筑,为便于火灾条件下消防联动控制的操作,防止受控设备的误动作,在现场设置的火灾报警控制器应分区控制,所连接的火灾探测器、手动报警按钮和模块等设备不应跨越火灾控制器所在区域的避难层。

本条根据高度超过 100m 的建筑火灾扑救和人员疏散难度较大的现实情况,对设置的消防设施运行的可靠性提出了更高的要求。报警和联动总线线路没有使用耐火线的要求,如果控制器直接控制的火灾探测器、手动报警按钮和模块等设备跨越避难层,一旦发生火灾,将因线路烧断而无法报警和联动。

3.1.8 水泵控制柜、风机控制柜等消防电气控制装置不应采用变频启动方式。

【条文解析】

为保证消防水泵、防排烟风机等消防设备的运行可靠性,水泵控制柜、风机控制柜等消防电气控制装置不应采用变频启动方式。

3.1.9 地铁列车上设置的火灾自动报警系统,应能通过无线网络等方式将列车上发生火灾的部位信息传输给消防控制室。

【条文解析】

近几年,国内地铁建设十分迅速,由于地铁中人员密集、疏散难度与救援难度都非常大,因此有必要在地铁列车上设置火灾自动报警系统,及早发现火灾,并采取相应的疏散与救援预案,而地铁列车发生火灾的部位直接影响到疏散救援预案的制定,因此要求将发生火灾的部位信息传输给消防控制室。由于列车是移动的,信号只能通过无线网络传输,在这种情况下,通过地铁本身已有的无线网络系统传输无疑是最好的选择。

3.2.1 火灾自动报警系统形式的选择,应符合下列规定:

1 仅需要报警,不需要联动自动消防设备的保护对象宜采用区域报警系统。

2 不仅需要报警,同时需要联动自动消防设备,且只设置一台具有集中控制功能的火灾报警控制器和消防联动控制器的保护对象,应采用集中报警系统,并应设置一个消防控制室。

3 设置两个及以上消防控制室的保护对象,或已设置两个及以上集中报警系统的保护对象,应采用控制中心报警系统。

【条文解析】

火灾自动报警系统的形式和设计要求与保护对象及消防安全目标的设立直接相关。正确理解火灾发生、发展的过程和阶段，对合理设计火灾自动报警系统有着十分重要的指导意义。

设定的安全目标直接关系到火灾自动报警系统形式的选择。区域报警系统适用于仅需要报警，不需要联动自动消防设备的保护对象；集中报警系统适用于具有联动要求的保护对象；控制中心报警系统一般适用于建筑群或体量很大的保护对象，这些保护对象中可能设置几个消防控制室，也可能由于分期建设而采用了不同企业的产品或同一企业不同系列的产品，或由于系统容量限制而设置了多个起集中作用的火灾报警控制器等情况，这些情况下均应选择控制中心报警系统。

3.2.2 区域报警系统的设计，应符合下列规定：

1 系统应由火灾探测器、手动火灾报警按钮、火灾声光警报器及火灾报警控制器等组成，系统中可包括消防控制室图形显示装置和指示楼层的区域显示器。

2 火灾报警控制器应设置在有人值班的场所。

3 系统设置消防控制室图形显示装置时，该装置应具有传输本规范附录 A 和附录 B 规定的有关信息的功能；系统未设置消防控制室图形显示装置时，应设置火警传输设备。

【条文解析】

本条规定了区域报警系统的最小组成，系统可以根据需要增加消防控制室图形显示装置或指示楼层的区域显示器。区域报警系统不具备消防联动功能。在区域报警系统里，可以根据需要不设消防控制室，若有消防控制室，火灾报警控制器和消防控制室图形显示装置应设置在消防控制室；若没有消防控制室，则应设置在平时有专人值班的房间或场所。区域报警系统应具有将相关运行状态信息传输到城市消防远程监控中心的功能。

3.2.3 集中报警系统的设计，应符合下列规定：

1 系统应由火灾探测器、手动火灾报警按钮、火灾声光警报器、消防应急广播、消防专用电话、消防控制室图形显示装置、火灾报警控制器、消防联动控制器等组成。

2 系统中的火灾报警控制器、消防联动控制器和消防控制室图形显示装置、消防应急广播的控制装置、消防专用电话总机等起集中控制作用的消防设备，应设置在消防控制室内。

3 系统设置的消防控制室图形显示装置应具有传输本规范附录 A 和附录 B 规定的

有关信息的功能。

【条文解析】

本条对集中报警的设计作出了规定。在集中报警系统里，消防控制室图形显示装置是必备设备，因此由该设备实现相关信息的传输功能。

3.2.4 控制中心报警系统的设计，应符合下列规定：

1 有两个及以上消防控制室时，应确定一个主消防控制室。

2 主消防控制室应能显示所有火灾报警信号和联动控制状态信号，并应能控制重要的消防设备；各分消防控制室内消防设备之间可互相传输、显示状态信息，但不应互相控制。

3 系统设置的消防控制室图形显示装置应具有传输本规范附录 A 和附录 B 规定的有关信息的功能。

4 其他设计应符合本规范第 3.2.3 条的规定。

【条文解析】

有两个及以上集中报警系统或设置两个及以上消防控制室的保护对象应采用控制中心报警系统。对于设有多个消防控制室的保护对象，应确定一个主消防控制室，对其他消防控制室进行管理。根据建筑的实际使用情况界定消防控制室的级别。

主消防控制室内应能集中显示保护对象内所有的火灾报警部位信号和联动控制状态信号，并能显示设置在各分消防控制室内的消防设备的状态信息。为了便于消防控制室之间的信息沟通和信息共享，各分消防控制室内的消防设备之间可以互相传输、显示状态信息；同时为了防止各个消防控制室的消防设备之间的指令冲突，规定分消防控制室的消防设备之间不应互相控制。在一般情况下，整个系统中共同使用的水泵等重要的消防设备可根据消防安全的管理需求及实际情况，由最高级别的消防控制室统一控制。

在控制中心报警系统里，消防控制室图形显示装置是必备设备，因此由该设备实现相关信息的传输功能。

3.3.1 报警区域的划分应符合下列规定：

1 报警区域应根据防火分区或楼层划分；可将一个防火分区或一个楼层划分为一个报警区域，也可将发生火灾时需要同时联动消防设备的相邻几个防火分区或楼层划分为一个报警区域。

2 电缆隧道的一个报警区域宜由一个封闭长度区间组成，一个报警区域不应超过相连的 3 个封闭长度区间；道路隧道的报警区域应根据排烟系统或灭火系统的联动需要确定，且不宜超过 150m。

3 甲、乙、丙类液体储罐区的报警区域应由一个储罐区组成，每个 50000m³ 及以上的外浮顶储罐应单独划分为一个报警区域。

4 列车的报警区域应按车厢划分，每节车厢应划分为一个报警区域。

【条文解析】

本条主要给出报警区域的划分依据。报警区域的划分主要是为了迅速确定报警及火灾发生部位，并解决消防系统的联动设计问题。发生火灾时，涉及发生火灾的防火分区及相邻防火分区的消防设备的联动启动，这些设备需要协调工作，因此需要划分报警区域。

3.3.2 探测区域的划分应符合下列规定：

1 探测区域应按独立房（套）间划分。一个探测区域的面积不宜超过 500m²；从主要入口能看清其内部，且面积不超过 1000m² 的房间，也可划为一个探测区域。

2 红外光束感烟火灾探测器和缆式线型感温火灾探测器的探测区域的长度，不宜超过 100m；空气管差温火灾探测器的探测区域长度宜为 20～100m。

【条文解析】

本条给出了探测区域的划分依据。为了迅速而准确地探测出被保护区内发生火灾的部位，需将被保护区按顺序划分成若干探测区域。

3.3.3 下列场所应单独划分探测区域：

1 敞开或封闭楼梯间、防烟楼梯间。

2 防烟楼梯间前室、消防电梯前室、消防电梯与防烟楼梯间合用的前室、走道、坡道。

3 电气管道井、通信管道井、电缆隧道。

4 建筑物闷顶、夹层。

【条文解析】

敞开或封闭楼梯间、防烟楼梯间、防烟楼梯间前室、消防电梯前室、消防电梯与防烟楼梯间合用的前室、走道、坡道等部位与疏散直接相关；电气管道井、通信管道井、电缆隧道、建筑物闷顶、夹层均属隐蔽部位，因此将这些部位单独划分探测区域。

3.4.1 具有消防联动功能的火灾自动报警系统的保护对象中应设置消防控制室。

【条文解析】

本条是在现行国家标准《建筑设计防火规范》GB 50016—2012 规定的基础上，对消防控制室的设置条件进行了明确的、细化的规定。建筑消防系统的显示、控制等日常管理及火灾状态下应急指挥,以及建筑与城市远程控制中心的对接等均需要在此完成,是重要的设备用房。

3.4.4 消防控制室应有相应的竣工图纸、各分系统控制逻辑关系说明、设备使用说明书、系统操作规程、应急预案、值班制度、维护保养制度及值班记录等文件资料。

【条文解析】

本条规定了消防控制室应有的资料,这是消防管理人员对自动报警系统日常管理所依据的基础资料,特别是应急处置的重要依据。

3.4.5 消防控制室送、回风管的穿墙处应设防火阀。

【条文解析】

为了保证消防控制室的安全,在控制室的通风管道上设置防火阀是十分必要的。在火灾发生后,烟、火通过空调系统的送、回风管扩大蔓延的实例很多。为了确保消防控制室在火灾时免受烟、火影响,在通风管道上应设置防火阀门。

3.4.6 消防控制室内严禁穿过与消防设施无关的电气线路及管路。

【条文解析】

根据消防控制室的功能要求,火灾自动报警系统、自动灭火系统防排烟等系统的信号传输线、控制线路等均必须进入消防控制室。控制室内(包括吊顶上、地板下)的线路管道已经很多,大型工程更多,为保证消防控制设备安全运行,便于检查维修,其他与消防设施无关的电气线路和管网不得穿过消防控制室,以免互相干扰,造成混乱或事故。本条是保障消防设施运行稳定性和可靠性的基本要求。

3.4.7 消防控制室不应设置在电磁场干扰较强及其他影响消防控制室设备工作的设备用房附近。

【条文解析】

电磁场干扰对火灾自动报警系统设备的正常工作影响较大。为保证系统设备正常运行,要求控制室周围不布置干扰场强超过消防控制室设备承受能力的其他设备用房。

4.1.1 消防联动控制器应能按设定的控制逻辑向各相关的受控设备发出联动控制信号,并接受相关设备的联动反馈信号。

【条文解析】

本条是对消防联动控制器的基本技术要求。通常在火灾报警后经逻辑确认(或人工确认),联动控制器应在 3s 内按设定的控制逻辑准确发出联动控制信号给相应的消防设备,当消防设备动作后将动作信号反馈给消防控制室并显示。

消防联动控制器是消防联动控制系统的核心设备,消防联动控制器按设定的控制逻辑向各相关受控设备发出准确的联动控制信号，控制现场受控设备按预定的要求动作，是完成消防联动控制的基本功能要求；同时为了保证消防管理人员及时了解现场受控设备的动作情况，受控设备的动作反馈信号应反馈给消防联动控制器。

4.1.2 消防联动控制器的电压控制输出应采用直流 24V，其电源容量应满足受控消防设备同时启动且维持工作的控制容量要求。

【条文解析】

消防联动控制器的电压控制输出采用直流 24V 主要考虑的是设备和人员安全问题，24V 也是火灾自动报警系统中应用最普遍的电压。其容量除满足受控消防设备同时启动所需外，还要满足传输线径要求，当线路压降超过 5%时，其直流 24V 电源应由现场提供。

4.1.3 各受控设备接口的特性参数应与消防联动控制器发出的联动控制信号相匹配。

【条文解析】

消防联动控制器与各个受控设备之间的接口参数应能够兼容和匹配,保证系统兼容性和可靠性。

在一般情况下，消防联动控制系统设备和现场受控设备的生产厂家不同，各自设备对外接口的特性参数不同，在工程的设计、设备选型等环节细化要求消防联动控制系统设备和现场受控设备接口的特性参数互相匹配，是保证在应急情况下，建筑消防设施的协同、有效动作的基本技术要求。

4.1.4 消防水泵、防烟和排烟风机的控制设备，除应采用联动控制方式外，还应在消防控制室设置手动直接控制装置。

【条文解析】

消防水泵、防烟和排烟风机等消防设备的手动直接控制应通过火灾报警控制器（联动型）或消防联动控制器的手动控制盘实现，盘上的启/停按钮应与消防水泵、防烟和排烟风机的控制箱（柜）直接用控制线或控制电缆连接。

消防水泵、防烟和排烟风机是在应急情况下实施初起火灾扑救、保障人员疏散的重要消防设备。考虑到消防联动控制器在联动控制时序失效等极端情况下，可能出现不能按预定要求有效启动上述消防设备的情况，本条要求冗余采用直接手动控制方式对此类设备进行直接控制，该要求是重要消防设备有效动作的重要保障。

4.1.5 启动电流较大的设备宜分时启动。

【条文解析】

消防设备启动的过电流将导致消防供电线路和消防电源的过负荷,也就不能保证消防设备的正常工作。因此,应根据消防设备的启动电流参数,结合设计的消防供电线路负荷或消防电源的额定容量,分时启动电流较大的消防设备。

4.1.6 需要火灾自动报警系统联动控制的消防设备,其联动触发信号应采用两个独立的报警触发装置报警信号的"与"逻辑组合。

【条文解析】

为了保证自动消防设备的可靠启动,其联动触发信号应采用两个独立的报警触发装置报警信号的"与"逻辑组合。任何一种探测器对火灾的探测都有局限性,对于可靠性要求较高的气体、泡沫等自动灭火设备、设施,仅采用单一探测形式探测器的报警信号作为该类设备、设施启动的联动触发信号,不能保证这类设备、设施的可靠启动,从而带来不必要的损失,因此,要求该类设备的联动触发信号必须是两个及以上不同探测形式的报警触发装置报警信号的"与"逻辑组合。

本条是保证自动消防设备(设施)的可靠启动的基本技术要求。设置在建筑中的火灾探测器和手动火灾报警按钮等报警触发装置,可能受产品质量、使用环境及人为损坏等原因而产生误动作,单一的探测器或手动报警按钮的报警信号作为自动消防设备(设施)动作的联动触发信号,有可能会由于个别现场设备的误报警而导致自动消防设备(设施)误动作。在工程实践过程中,上述情况时有发生,因此,为防止气体、泡沫灭火系统出现误喷,本条强制性要求采用两个独立的报警触发装置报警信号的"与"逻辑组合作为自动消防设备、设施的联动触发信号。

4.8.1 火灾自动报警系统应设置火灾声光警报器,并应在确认火灾后启动建筑内的所有火灾声光警报器。

【条文解析】

火灾自动报警系统均应设置火灾声光警报器,并在发生火灾时发出警报,其主要目的是在发生火灾时对人员发出警报,警示人员及时疏散。

发生火灾时,火灾自动报警系统能够及时准确地发出警报,对保障人员的安全具有至关重要的作用。

4.8.4 火灾声警报器设置带有语音提示功能时,应同时设置语音同步器。

【条文解析】

为避免临近区域出现火灾语音提示声音不一致的现象,带有语音提示的火灾声警报器应同时设置语音同步器。

在火灾发生时,及时、清楚地对建筑内的人员传递火灾信息是火灾自动报警系统的重要功能。当火灾声警报器设置语音提示功能时，设置语音同步器是保证火灾警报信息准确传递的基本技术要求。

4.8.5 同一建筑内设置多个火灾声警报器时，火灾自动报警系统应能同时启动和停止所有火灾声警报器工作。

【条文解析】

为保证建筑内人员对火灾报警响应的一致性，有利于人员疏散，建筑内设置的所有火灾声警报器应能同时启动和停止。

建筑内设置多个火灾声警报器时，同时启动同时停止，可以保证火灾警报信息传递的一致性以及人员相应的一致性，同时也保证消防应急广播等指导人员疏散信息向人员传递的有效性。要求建筑内设置的多个火灾声警报器同时启动和停止，是保证火灾警报信息有效传递的基本技术要求。

5.1.1 火灾探测器的选择应符合下列规定：

1 对火灾初期有阴燃阶段，产生大量的烟和少量的热，很少或没有火焰辐射的场所，应选择感烟火灾探测器。

2 对火灾发展迅速，可产生大量热、烟和火焰辐射的场所，可选择感温火灾探测器、感烟火灾探测器、火焰探测器或其组合。

3 对火灾发展迅速，有强烈的火焰辐射和少量烟、热的场所，应选择火焰探测器。

4 对火灾初期有阴燃阶段，且需要早期探测的场所，宜增设一氧化碳火灾探测器。

5 对使用、生产可燃气体或可燃蒸气的场所，应选择可燃气体探测器。

6 应根据保护场所可能发生火灾的部位和燃烧材料的分析，以及火灾探测器的类型、灵敏度和响应时间等选择相应的火灾探测器，对火灾形成特征不可预料的场所，可根据模拟试验的结果选择火灾探测器。

7 同一探测区域内设置多个火灾探测器时，可选择具有复合判断火灾功能的火灾探测器和火灾报警控制器。

【条文解析】

本条提出了选择火灾探测器种类的基本原则。在选择火灾探测器种类时，要根据探测区域内可能发生的初期火灾的形成和发展特征、房间高度、环境条件以及可能引起误报的原因等因素来决定。本条依据有关国家的火灾自动报警系统设计安装规范，并根据我国设计安装火灾自动报警系统的实际情况和经验教训，以及从初期火灾形成和发展过程产生的物理化学现象，提出对火灾探测器选择的原则性要求。

5.2.2 下列场所宜选择点型感烟火灾探测器：

1 饭店、旅馆、教学楼、办公楼的厅堂、卧室、办公室、商场、列车载客车厢等。

2 计算机房、通信机房、电影或电视放映室等。

3 楼梯、走道、电梯机房、车库等。

4 书库、档案库等。

5.2.3 符合下列条件之一的场所，不宜选择点型离子感烟火灾探测器：

1 相对湿度经常大于 95%。

2 气流速度大于 5m/s。

3 有大量粉尘、水雾滞留。

4 可能产生腐蚀性气体。

5 在正常情况下有烟滞留。

6 产生醇类、醚类、酮类等有机物质。

5.2.4 符合下列条件之一的场所，不宜选择点型光电感烟火灾探测器：

1 有大量粉尘、水雾滞留。

2 可能产生蒸气和油雾。

3 高海拔地区。

4 在正常情况下有烟滞留。

【条文解析】

这几条列出了宜选择点型离子感烟火灾探测器的场所和不宜选择点型离子感烟火灾探测器或点型光电感烟火灾探测器的场所。

5.2.5 符合下列条件之一的场所，宜选择点型感温火灾探测器；且应根据使用场所的典型应用温度和最高应用温度选择适当类别的感温火灾探测器：

1 相对湿度经常大于 95%。

2 可能发生无烟火灾。

3 有大量粉尘。

4 吸烟室等在正常情况下有烟或蒸气滞留的场所。

5 厨房、锅炉房、发电机房、烘干车间等不宜安装感烟火灾探测器的场所。

6 需要联动熄灭"安全出口"标志灯的安全出口内侧。

7 其他无人滞留且不适合安装感烟火灾探测器，但发生火灾时需要及时报警的场所。

5.2.6 可能产生阴燃火或发生火灾不及时报警将造成重大损失的场所，不宜选择点型感温火灾探测器；温度在0℃以下的场所，不宜选择定温探测器；温度变化较大的场所，不宜选择具有差温特性的探测器。

【条文解析】

这两条列出了宜选择和不宜选择点型感温火灾探测器的场所。

5.2.7 符合下列条件之一的场所，宜选择点型火焰探测器或图像型火焰探测器：

1 火灾时有强烈的火焰辐射。

2 可能发生液体燃烧等无阴燃阶段的火灾。

3 需要对火焰做出快速反应。

5.2.8 符合下列条件之一的场所，不宜选择点型火焰探测器和图像型火焰探测器：

1 在火焰出现前有浓烟扩散。

2 探测器的镜头易被污染。

3 探测器的"视线"易被油雾、烟雾、水雾和冰雪遮挡。

4 探测区域内的可燃物是金属和无机物。

5 探测器易受阳光、白炽灯等光源直接或间接照射。

【条文解析】

这两条列出了宜选择和不宜选择点型火焰探测器或图像型火焰挥测器的场所。

5.2.9 探测区域内正常情况下有高温物体的场所，不宜选择单波段红外火焰探测器。

【条文解析】

保护区内能够产生足够热量的电力设备或其他高温物质所产生的热辐射，在达到一定强度后可能导致单波段红外火焰探测器的误动作。双波段红外火焰探测器增加一个额外波段的红外传感器，通过信号处理技术对两个波段信号进行比较，可以有效消除热体辐射的影响。

5.2.11 下列场所宜选择可燃气体探测器：

1 使用可燃气体的场所。

2 燃气站和燃气表房以及存储液化石油气罐的场所。

3 其他散发可燃气体和可燃蒸气的场所。

【条文解析】

本条列出了宜选择可燃气体探测器的场所。

5.2.12 在火灾初期产生一氧化碳的下列场所可选择点型一氧化碳火灾探测器：

1 烟不容易对流或顶棚下方有热屏障的场所。

2 在棚顶上无法安装其他点型火灾探测器的场所。

3 需要多信号复合报警的场所。

【条文解析】

本条列出了可选择一氧化碳火灾探测器的场所，这是由一氧化碳的扩散特性和一氧化碳火灾探测器的产品性能决定的。

5.2.13 污物较多且必须安装感烟火灾探测器的场所，应选择间断吸气的点型采样吸气式感烟火灾探测器或具有过滤网和管路自清洗功能的管路采样吸气式感烟火灾探测器。

【条文解析】

在污物较多的场所，普通点型感烟火灾探测器很容易失效，选择间断吸气的点型采样吸气式感烟火灾探测器可以保证在较长的时间内不用清洗；具有过滤网和管路自清洗功能的管路采样吸气式感烟火灾探测器是指在管路上端设置清洗阀门，可以通过该阀门吹洗管路，这样可以保证探测器在恶劣条件下的正常工作。

5.3.1 无遮挡的大空间或有特殊要求的房间，宜选择线型光束感烟火灾探测器。

【条文解析】

本条列出了宜选择线型光束感烟火灾探测器的场所。大型库房、博物馆、档案馆、飞机库等大多为无遮挡的大空间场所，发电厂、变配电站、古建筑、文物保护建筑的厅堂馆所，有时也适合安装这种类型的探测器。

5.3.2 符合下列条件之一的场所，不宜选择线型光束感烟火灾探测器：

1 有大量粉尘、水雾滞留。

2 可能产生蒸气和油雾。

3 在正常情况下有烟滞留。

4 固定探测器的建筑结构由于振动等原因会产生较大位移的场所。

【条文解析】

本条列出的场所会对线型光束感烟火灾探测器的探测性能产生影响，容易使其产生误报现象，因此这些场所不宜选择线型光束感烟火灾探测器。

5.3.3 下列场所或部位，宜选择缆式线型感温火灾探测器：

1 电缆隧道、电缆竖井、电缆夹层、电缆桥架。

2 不易安装点型探测器的夹层、闷顶。

3 各种皮带输送装置。

4 其他环境恶劣不适合点型探测器安装的场所。

5.3.4 下列场所或部位，宜选择线型光纤感温火灾探测器：

1 除液化石油气外的石油储罐。

2 需要设置线型感温火灾探测器的易燃易爆场所。

3 需要监测环境温度的地下空间等场所宜设置具有实时温度监测功能的线型光纤感温火灾探测器。

4 公路隧道、敷设动力电缆的铁路隧道和城市地铁隧道等。

5.3.5 线型定温火灾探测器的选择，应保证其不动作温度符合设置场所的最高环境温度的要求。

【条文解析】

这三条列出了线型感温火灾探测器的适用场所。线型感温火灾探测器包括缆式线型感温火灾探测器和线型光纤感温火灾探测器。缆式线型感温火灾探测器特别适合于保护厂矿的电缆设施。在这些场所使用时，线型探测器应尽可能贴近可能发热或过热部位，或者安装在危险部位上，使其与可能过热部位接触。线型光纤感温火灾探测器具有高可靠性、高安全性、抗电磁干扰能力强、绝缘性能高等优点，可以在高压、大电流、潮湿及易爆炸环境中工作，探测器维护简单，可免清洗，一根光纤可探测数千米范围，但其最小报警长度比缆式线型感温火灾探测器长得多，因此只能适用于比较长的区域同时发热或起火初期燃烧面比较大的场所，不适合使用在局部发热或局部起火就需要快速响应的场所。

5.4.1 下列场所宜选择吸气式感烟火灾探测器：

1 具有高速气流的场所。

2 点型感烟、感温火灾探测器不适宜的大空间、舞台上方、建筑高度超过 12m 或有特殊要求的场所。

3 低温场所。

4 需要进行隐蔽探测的场所。

5 需要进行火灾早期探测的重要场所。

6 人员不宜进入的场所。

【条文解析】

本条列出了宜选择吸气式感烟火灾探测器的场所。

5.4.2 灰尘比较大的场所，不应选择没有过滤网和管路自清洗功能的管路采样式吸气感烟火灾探测器。

【条文解析】

虽然管路采样式吸气感烟火灾探测器可以通过采用具备某些形式的灰尘辨别来实

现对灰尘的有效探测，但灰尘比较大的场所将很快导致管路采样式吸气感烟火灾探测器和管路受到污染，如果没有过滤网和管路自清洗功能，探测器很难在这样恶劣的条件下正常工作。

《火灾自动报警系统施工及验收规范》GB 50166—2007

2.1.4 火灾自动报警系统施工前应具备下列条件：

1 设计单位应向施工、建设、监理单位明确相应技术要求。

2 系统设备、材料及配件齐全并能保证正常施工。

3 施工现场及施工中使用的水、电、气应满足正常施工要求。

【条文解析】

本条规定了系统施工前应具备的技术、物质条件。这些规定是施工前应具备的基本条件。

2.1.5 火灾自动报警系统的施工，应按照批准的工程设计文件和施工技术标准进行。不得随意变更。确需变更设计时，应由原设计单位负责更改。

【条文解析】

为保证工程质量，强调施工单位无权随意修改设计图纸，应按批准的工程设计文件和施工技术标准施工。有必要进行修改时，需由原设计单位负责修改。

2.1.8 火灾自动报警系统施工前，应对设备、材料及配件进行现场检查，检查不合格者不得使用。

【条文解析】

本条强调在施工前应对设备、材料及配件进行检查，检查不合格的产品不得安装使用。

2.2.1 设备、材料及配件进入施工现场应有清单、使用说明书、质量合格证明文件、国家法定质检机构的检验报告等文件。火灾自动报警系统中的强制认证（认可）产品还应有认证（认可）证书和认证（认可）标识。

检查数量：全数检查。

检验方法：查验相关材料。

【条文解析】

本条规定了设备、材料及配件进入施工现场前文件检查的内容。其中检验报告及认证（认可）证书是国家法定机构颁发的，在火灾自动报警系统中，有许多产品是国家强制认证（认可）和型式检验的，进场前必须具备与产品对应的检验报告和证书；另外国家相关法规规定认证（认可）产品应贴有相应国家机构颁发的认证（认可）标识。因此检验报告、证书和标识是证明产品满足国家相关标准和法规要求的法定证据。

2.2.2 火灾自动报警系统的主要设备应是通过国家认证（认可）的产品。产品名称、型号、规格应与检验报告一致。

检查数量：全数检查。

检验方法：核对认证（认可）证书、检验报告与产品。

【条文解析】

本条强调应重点检查产品名称、型号、规格是否与认证（认可）证书的内容一致。从近年来火灾自动报警系统的使用情况来看，个别企业存在送检产品与实际工程应用产品质量不一致或因考虑经济原因更改已通过检验的产品等现象，造成产品质量存在先天缺陷，使系统容易产生无法开通、误报率高、误动作等问题，严重影响系统的稳定性和可靠性。因此，在设备、材料及配件进场前，施工单位与建设单位应组织人员认真检查、核对。

2.2.3 火灾自动报警系统中非国家强制认证（认可）的产品名称、型号、规格应与检验报告一致。

检查数量：全数检查。

检验方法：核对检验报告与产品。

【条文解析】

本条强调应重点检查产品名称、型号、规格是否与检验报告的内容一致。对于非国家强制认证的产品，应通过核对检验报告来确保该产品是通过国家相关检验机构检验的产品。

2.2.4 火灾自动报警系统设备及配件表面应无明显划痕、毛刺等机械损失，紧固部位应无松动。

检查数量：全数检查。

检验方法：观察检查。

【条文解析】

通过目测检验主要设备、材料和配件的外观及结构完好性。

2.2.5 火灾自动报警系统设备及配件的规格、型号应符合设计要求。

检查数量：全数检查。

检验方法：核对相关资料。

【条文解析】

本条强调设备、材料及配件的规格、型号应与设计方案一致，符合设计要求，且应检查其产品合格证及安装使用说明书。

3.1.1 火灾自动报警系统施工前，应具备系统图、设备布置平面图、接线图、安装图以及消防设备联动逻辑说明等必要的技术文件。

【条文解析】

本条是最低要求，考虑到在设计单位尚未最后选定设备、完成设计图纸的情况下，不影响施工单位与土建配合。

3.1.2 火灾自动报警系统施工过程中，施工单位应做好施工（包括隐蔽工程验收）、检验（包括绝缘电阻、接地电阻）、调试、设计变更等相关记录。

【条文解析】

本条规定主要目的是强调在施工过程中作好相关记录，为竣工验收及资料归档作准备。

3.1.3 火灾自动报警系统施工过程结束后，施工方应对系统的安装质量进行全数检查。

【条文解析】

本条规定目的是强调施工方应全数检查系统的安装质量。

3.1.4 火灾自动报警系统竣工时，施工单位应完成竣工图及竣工报告。

【条文解析】

本条规定将保证调试能够顺利进行。施工完毕后，可能有的图纸已经修改，有的产品已经变更。如果进行系统调试时缺乏必需的资料和文件，调试困难将很大。

3.2.4 火灾自动报警系统应单独布线，系统内不同电压等级、不同电流类别的线路，不应布在同一管内或线槽的同一槽孔内。

检查数量：全数检查。

检验方法：观察检查。

【条文解析】

本条规定是为了确保系统的正常运行。

3.2.5 导线在管内或线槽内，不应有接头或扭结。导线的接头，应在接线盒内焊接或用端子连接。

检查数量：全数检查。

检验方法：观察检查。

【条文解析】

实践证明，管内或线槽内有接头将影响线路的机械强度，另外接头处也是故障的隐患点，不容易进行检查，所以必须在接线盒内进行连接，以便于检查。

3.2.6 从接线盒、线槽等处引到探测器底座、控制设备、扬声器的线路，当采用金属软管保护时，其长度不应大于 2m。

检查数量：全数检查。

检验方法：尺量、观察检查。

【条文解析】

本条规定主要是为了提高系统正常运行的可靠性。

3.2.7 敷设在多尘或潮湿场所管路的管口和管子连接处，均应做密封处理。

检查数量：全数检查。

检验方法：观察检查。

【条文解析】

在多尘和潮湿的场所，为防止灰尘和水汽进入管内引起导电，影响工程质量，所以规定管子的连接处、出线口均应做密封处理。

3.2.8 管路超过下列长度时，应在便于接线处装设接线盒：

1 管子长度每超过 30m，无弯曲时；

2 管子长度每超过 20m，有 1 个弯曲时；

3 管子长度每超过 10m，有 2 个弯曲时；

4 管子长度每超过 8m，有 3 个弯曲时。

检查数量：全数检查。

检验方法：尺量、观察检查。

【条文解析】

因管子太长和弯头太多，会使穿线时发生困难，因此本条作了相应的规定。

3.2.9 金属管子入盒，盒外侧应套锁母，内侧应装护口；在吊顶内敷设时，盒的内、外侧均应套锁母。塑料管入盒应采取相应固定措施。

检查数量：全数检查。

检验方法：观察检查。

【条文解析】

为了保证管子与盒子不脱落，导线不至于穿在管子与盒子外面，确保工程质量，本条作了相应的规定。

3.2.10 明敷设各类管路和线槽时，应采用单独的卡具吊装或支撑物固定。吊装线槽或管路的吊杆直径不应小于6mm。

检查数量：全数检查。

检验方法：尺量、观察检查。

【条文解析】

本条规定是为了确保穿线顺利。若不作固定，在施工过程中将发生跑管现象。最好用单独的卡具，防止受其他设备检修的影响。

3.2.11 线槽敷设时，应在下列部位设置吊点或支点：

1 线槽始端、终端及接头处；

2 距接线盒0.2m处；

3 线槽转角或分支处；

4 直线段不大于3m处。

检查数量：全数检查。

检验方法：尺量、观察检查。

【条文解析】

为了增加机械强度，防止弧垂很大，确保工程质量，应设置吊点和支点。设置吊点和支点时，线槽重量大的间距为1.0m，重量轻的间距为1.5m。

3.2.12 线槽接口应平直、严密，槽盖应齐全、平整、无翘角。并列安装时，槽盖应便于开启。

检查数量：全数检查。

检验方法：观察检查。

【条文解析】

本条规定目的是确保系统的可靠运行及便于维护。

3.2.13 管线经过建筑物的变形缝（包括沉降缝、伸缩缝、抗震缝等）处，应采取补偿措施，导线跨越变形缝的两侧应固定，并留有适当余量。

检查数量：全数检查。

检验方法：观察检查。

【条文解析】

本条规定目的是确保线路不致断裂，从而提高系统运行的可靠性。

3.2.15 同一工程中的导线，应根据不同用途选择不同颜色加以区分，相同用途的导线颜色应一致。电源线正极应为红色，负极应为蓝色或黑色。

检查数量：全数检查。

检验方法：观察检查。

【条文解析】

有些工程施工使用的导线颜色五花八门，有时接错，有时找不到线，影响调试与运行，为了避免上述问题，最低要求是把正极与负极区分开来，其他线路不作统一规定，但同一工程中相同用途的绝缘导线颜色应一致。

3.3.2 控制器应安装牢固，不应倾斜；安装在轻质墙上时，应采取加固措施。

检查数量：全数检查。

检验方法：观察检查。

【条文解析】

控制器要求安装牢固，不得倾斜，其目的是为了美观，并避免运行时因墙不坚固而脱落，影响使用。

3.3.3 引入控制器的电缆或导线，应符合下列要求：

1 配线应整齐，不宜交叉，并应固定牢靠。

2 电缆芯线和所配导线的端部，均应标明编号，并与图纸一致，字迹应清晰且不易褪色。

3 端子板的每个接线端，接线不得超过 2 根。

4 电缆芯和导线，应留有不小于 200mm 的余量。

5 导线应绑扎成束。

6 导线穿管、线槽后，应将管口、槽口封堵。

检查数量：全数检查。

检验方法：尺量、观察检查。

【条文解析】

从一些竣工工程的情况看，有不少工程控制器外接线很乱，无章法，随意接线。端子上的线并接太多，又无端子号，很不规范。因此本条作了相应的规定，以便于检查维修。

3.3.4 控制器的主电源应有明显的永久性标志，并应直接与消防电源连接，严禁使用电源插头。控制器与其外接备用电源之间应直接连接。

检查数量：全数检查。

检验方法：观察检查。

【条文解析】

按消防设备通常要求，控制器的主电源应与消防电源连接，严禁用插头连接，这既有利于消防设备安全运行，也为了防止用户经常拔掉插头做其他用。

3.3.5 控制器的接地应牢固，并有明显的永久性标志。

检查数量：全数检查。

检验方法：观察检查。

【条文解析】

控制器的接地是系统正常与安全可靠运行的保证，接地不牢固往往造成系统误报或其他不正常现象发生，所以控制器的接地必须牢固。

3.4.2 线型红外光束感烟火灾探测器的安装，应符合下列要求：

1 当探测区域的高度不大于20m时，光束轴线至顶棚的垂直距离宜为0.3～1.0m；当探测区域的高度大于20m时，光束轴线距探测区域的地（楼）面高度不宜超过20m。

2 发射器和接收器之间的探测区域长度不宜超过100m。

3 相邻两组探测器光束轴线的水平距离不应大于14m。探测器光束轴线至侧墙水平距离不应大于7m，且不应小于0.5m。

4 发射器和接收器之间的光路上应无遮挡物或干扰源。

5 发射器和接收器应安装牢固，并不应产生位移。

检查数量：全数检查。

检验方法：尺量、观察检查。

【条文解析】

本条目的是规范线型红外光束感烟火灾探测器的安装，确保系统的可靠运行。

3.4.3 缆式线型感温火灾探测器在电缆桥架、变压器等设备上安装时，宜采用接触式布置；在各种皮带输送装置上敷设时，宜敷设在装置的过热点附近。

检查数量：全数检查。

检验方法：观察检查。

【条文解析】

本条目的是规范缆式线型感温火灾探测器在某些场所的安装，确保其可靠探测初期火灾。

3.4.4 敷设在顶棚下方的线型差温火灾探测器，至顶棚距离宜为0.1m，相邻探测器之间水平距离不宜大于5m；探测器至墙壁距离宜为1～1.5m。

检查数量：全数检查。

检验方法：尺量、观察检查。

【条文解析】

本条目的是规范线型差温火灾探测器的安装，确保其可靠运行。

3.4.5 可燃气体探测器的安装应符合下列要求：

1 安装位置应根据探测气体密度确定。若其密度小于空气密度，探测器应位于可能出现泄漏点的上方或探测气体的最高可能聚集点上方；若其密度大于或等于空气密度，探测器应位于可能出现泄漏点的下方。

2 在探测器周围应适当留出更换和标定的空间。

3 在有防爆要求的场所，应按防爆要求施工。

4 线型可燃气体探测器在安装时，应使发射器和接收器的窗口避免日光直射，且在发射器与接收器之间不应有遮挡物，两组探测器之间的距离不应大于 14m。

检查数量：全数检查。

检验方法：尺量、观察检查。

【条文解析】

本条规定为确保可燃气体探测器能有效探测，其安装位置很重要。

3.4.6 通过管路采样的吸气式感烟火灾探测器的安装应符合下列要求：

1 采样管应固定牢固。

2 采样管（含支管）的长度和采样孔应符合产品说明书的要求。

3 非高灵敏度的吸气式感烟火灾探测器不宜安装在天棚高度大于 16m 的场所。

4 高灵敏度吸气式感烟火灾探测器在设为高灵敏度时可安装在天棚高度大于 16m 的场所，并保证至少有 2 个采样孔低于 16m。

5 安装在大空间时，每个采样孔的保护面积应符合点型感烟火灾探测器的保护面积要求。

检查数量：全数检查。

检验方法：尺量、观察检查。

【条文解析】

本条目的是规范通过管路采样的吸气式感烟火灾探测器的安装，确保其性能可靠。

3.4.7 点型火焰探测器和图像型火灾探测器的安装应符合下列要求：

1 安装位置应保证其视场角覆盖探测区域。

2 与保护目标之间不应有遮挡物。

3 安装在室外时应有防尘、防雨措施。

检查数量：全数检查。

检验方法：尺量、观察检查。

【条文解析】

本条目的是规范点型火焰探测器和图像型火灾探测器的安装，确保其性能可靠。

3.4.8 探测器的底座应安装牢固，与导线连接必须可靠压接或焊接。当采用焊接时，不应使用带腐蚀性的助焊剂。

检查数量：全数检查。

检验方法：观察检查。

【条文解析】

探测器底座安装应牢靠固定，以免工程完工后出现脱落现象，影响使用。焊接必须用无腐蚀的助焊剂，否则接头处腐蚀脱开或增加线路电阻，影响正常报警。

3.4.9 探测器底座的连接导线应留有不小于 150mm 的余量，且在其端部应有明显标志。

检查数量：全数检查。

检验方法：尺量、观察检查。

【条文解析】

本条规定是为了便于维修。

3.4.10 探测器底座的穿线孔宜封堵，安装完毕的探测器底座应采取保护措施。

检查数量：全数检查。

检验方法：观察检查。

【条文解析】

封堵的目的是防止潮气、灰尘进管，影响绝缘性。底座安装完毕后采取保护措施的目的是避免因施工时各工种交叉进行而损坏底座。为满足这条要求，有些制造厂的产品中自备保护部件，在无自备保护部件时，尤其要强调满足此条要求。

3.4.11 探测器报警确认灯应朝向便于人员观察的主要入口方向。

检查数量：全数检查。

检验方法：观察检查。

【条文解析】

探测器报警确认灯朝向便于人员观察的主要入口方向，是为了让值班人员能迅速找到哪只探测器报警，便于及时处理事故。

3.4.12 探测器在即将调试时方可安装，在调试前应妥善保管并应采取防尘、防潮、防腐蚀措施。

检查数量：全数检查。

检验方法：观察检查。

【条文解析】

探测器在调试时方可安装的理由是：一方面，如果提前安装上，易在别的工种施工时被破坏；另一方面，施工现场未完工，灰尘及潮气易使探测器误报或损坏，故一定要调试时再安装。探测器在安装前应妥善保管。从一些工程中发现，由于保管不善造成探测器的不合格现象时有发生，因此本条作了相应的规定。

3.5.2 手动火灾报警按钮应安装牢固，不应倾斜。

检查数量：全数检查。

检验方法：观察检查。

【条文解析】

从一些施工完毕的工程中发现手动火灾报警按钮安装不牢固，有脱落现象，有的工程手动火灾报警按钮倾斜很多，既不美观，也不便操作，因此本条作了相应的规定。

3.5.3 手动火灾报警按钮的连接导线应留有不小于150mm的余量，且在其端部应有明显标志。

检查数量：全数检查。

检验方法：尺量、观察检查。

【条文解析】

本条规定是为了便于调试、维修，确保正常工作。

3.6.1 消防电气控制装置在安装前，应进行功能检查，检查结果不合格的装置严禁安装。

检查数量：全数检查。

检验方法：观察检查。

【条文解析】

本条为一般原则要求，功能不合格的产品不能安装使用。

3.6.2 消防电气控制装置外接导线的端部应有明显的永久性标志。

检查数量：全数检查。

检验方法：观察检查。

【条文解析】

加端子号的目的是便于检查及校核接线是否正确。

3.6.3 消防电气控制装置箱体内不同电压等级、不同电流类别的端子应分开布置,并应有明显的永久性标志。

检查数量:全数检查。

检验方法:观察检查。

【条文解析】

消防控制设备盘(柜)内不同电压等级、不同电流类别的端子应严格分开并有标识,否则工程中由于安装疏忽,很容易造成设备烧毁,这样的现象在以往的调试中发现很多。为确保设备的正常运行与满足维修要求,本条规定必须严格执行。

3.7.1 同一报警区域内的模块宜集中安装在金属箱内。

检查数量:全数检查。

检验方法:观察检查。

【条文解析】

模块安装在金属模块箱内主要是考虑其运行的可靠性和检修的方便。

3.7.2 模块(或金属箱)应独立支撑或固定,安装牢固,并应采取防潮、防腐蚀等措施。

检查数量:全数检查。

检验方法:观察检查。

【条文解析】

本条规定是用于保障模块安装的牢固并防潮、防腐蚀。

3.7.3 模块的连接导线应留有不小于 150mm 的余量,其端部应有明显标志。

检查数量:全数检查。

检验方法:观察检查。

3.7.4 隐蔽安装时,在安装处应有明显的部位显示和检修孔。

检查数量:全数检查。

检验方法:观察检查。

【条文解析】

这两条规定主要是为了便于调试和维修。

3.8.1 火灾应急广播扬声器和火灾警报装置安装应牢固可靠,表面不应有破损。

检查数量:全数检查。

检验方法：观察检查。

【条文解析】

本条规定为一般原则要求。

3.8.2 火灾光警报装置应安装在安全出口附近明显处，距地面 1.8m 以上。光警报器与消防应急疏散指示标志不宜在同一面墙上，安装在同一面墙上时，距离应大于 1m。

检查数量：全数检查。

检验方法：尺量、观察检查。

【条文解析】

本条规定主要是考虑发生火灾时，便于人员疏散。

3.8.3 扬声器和火灾声警报装置宜在报警区域内均匀安装。

【条文解析】

本条规定主要是保障扬声器和火灾声警报装置能更好地发挥作用。

3.9.1 消防电话、电话插孔、带电话插孔的手动报警按钮宜安装在明显、便于操作的位置；当在墙面上安装时，其底边距地（楼）面高度宜为 1.3～1.5m。

检查数量：全数检查。

检验方法：尺量、观察检查。

【条文解析】

本条主要是考虑使用方便。

3.9.2 消防电话和电话插孔应有明显的永久性标志。

检查数量：全数检查。

检验方法：观察检查。

【条文解析】

消防电话和电话插孔安装处应有明显标志，主要是为了在火灾时能及时找到。

3.10.1 消防设备应急电源的电池应安装在通风良好地方，当安装在密封环境中时应有通风措施。

检查数量：全数检查。

检验方法：观察检查。

【条文解析】

本条规定主要考虑电池工作的安全性。

3.10.2 酸性电池不得安装在带有碱性介质的场所，碱性电池不得安装在带酸性介质的场所。

检查数量：全数检查。

检验方法：观察检查。

【条文解析】

本条规定主要考虑电池的特性。

3.10.3 消防设备应急电源不应安装在靠近带有可燃气体的管道、仓库、操作间等场所。

检查数量：全数检查。

检验方法：观察检查。

【条文解析】

本条规定为安全性要求。

3.10.4 单相供电额定功率大于 30kW、三相供电额定功率大于 120kW 的消防设备应安装独立的消防应急电源。

检查数量：全数检查。

检验方法：观察检查。

【条文解析】

本条规定主要考虑到应急电源运行的可靠性和供电系统安全的冗余性，因为应急电源的容量加大，应急启动和运行的可靠性会下降；且容量过大时，一旦应急电源发生故障，会导致所有负载均无法应急工作，因此有必要提高应急供电系统安全的冗余性。

3.11.1 交流供电和 36V 以上直流供电的消防用电设备的金属外壳应有接地保护，其接地线应与电气保护接地干线（PE）相连接。

检查数量：全数检查。

检验方法：观察检查。

【条文解析】

本条规定主要是为了保证使用人员及设备的安全。

3.11.2 接地装置施工完毕后，应按规定测量接地电阻，并做记录。

检查数量：全数检查。

检验方法：仪表测量。

【条文解析】

按隐蔽工程要求，应及时测量，并做好记录，目的是确保隐蔽工程的质量，保证系统的正常运行。

4.1.1 火灾自动报警系统的调试应在系统施工结束后进行。

【条文解析】

本条规定的依据是世界各先进国家的安装规范都有类似的规定。同时我国多年来火灾报警系统的调试工作也表明，只有当系统全部安装结束后再进行系统调试工作，才能做到系统调试程序化、合理化。那种边安装、边进行调试的做法会给日后的系统运行造成很多隐患。

4.1.3 调试单位在调试前应编制调试程序，并应按照调试程序工作。

【条文解析】

调试单位在火灾自动报警系统调试前，应针对不同的工程项目制定调试程序，尤其是重大工程调试前一定要编写调试方案（建议实行工程项目责任工程师制），如根据消防设备联动逻辑，在调试前作出"联动逻辑关系表"等。这样不仅可以保证调试工作顺利进行，还可以使调试工作最大限度地满足规范的各项要求，因此本条规定调试前应编制调试程序。

4.1.4 调试负责人必须由专业技术人员担任。

【条文解析】

火灾自动报警系统调试是一项专业技术非常强的工作，国内外不同生产厂家的火灾自动报警产品不仅型号不同、外观各异，而且从报警概念、传输技术和系统组成上都有区别，特别是近年来国内外产品广泛采用了计算机、多路传输和智能化等多种高新技术，因此，对火灾自动报警系统的调试需要熟悉此专业技术的专门人员才能完成。所以本条明确规定了调试负责人必须由有资格的专业技术人员担任。一般应由生产厂的工程师（或相当于工程师水平的人员）或生产厂委托的经过训练的人员担任。

4.2.1 设备的规格、型号、数量、备品备件等应按设计要求查验。

【条文解析】

本条规定了调试前应对火灾自动报警设备的规格、型号、数量和备品备件等进行查验。

从实际应用情况看，有的企业管理差，发货差错时有发生，特别是备品备件和技术资料不齐全，给调试和正常运行都带来了困难，甚至影响到火灾自动报警系统的可靠性。所以，本条规定备品备件和技术资料应齐备。

4.4.1 采用专用的检测仪器或模拟火灾的方法，逐个检查每只火灾探测器的报警功能，探测器应能发出火灾报警信号。

检查数量：全数检查。

检验方法：观察检查。

4.4.2 对于不可恢复的火灾探测器应采取模拟报警方法逐个检查其报警功能，探测器应能发出火灾报警信号。当有备品时，可抽样检查其报警功能。

检查数量：全数检查。

检验方法：观察检查。

【条文解析】

这两条规定在系统正常后，应使用专用的检测仪器或模拟火灾的方法对每只探测器进行试验。特别要注意的是：当采用模拟火灾的方法对探测器进行试验时，不应使探测器受污染或使塑料外壳变色而影响使用效果。对不可恢复的火灾探测器应采用联动模拟报警方法检查其报警功能。

4.5.1 在不可恢复的探测器上模拟火警和故障，探测器应能分别发出火灾报警和故障信号。

检查数量：全数检查。

检验方法：观察检查。

4.5.2 可恢复的探测器可采用专用检测仪器或模拟火灾的办法使其发出火灾报警信号，并在终端盒上模拟故障，探测器应能分别发出火灾报警和故障信号。

检查数量：全数检查。

检验方法：观察检查。

【条文解析】

这两条规定在系统正常后，对不可恢复的线型感温火灾探测器及可恢复的线型感温火灾探测器应分别采用模拟火警或模拟火灾的办法使其发出报警信号，并均应在其各自的终端盒上模拟故障。

4.6.1 调整探测器的光路调节装置，使探测器处于正常监视状态。

检查数量：全数检查。

检验方法：观察检查。

4.6.2 用减光率为0.9dB的减光片遮挡光路，探测器不应发出火灾报警信号。

检查数量：全数检查。

检验方法：观察检查。

4.6.3 用产品生产企业设定减光率（1.0～10.0dB）的减光片遮挡光路，探测器应发出火灾报警信号。

检查数量：全数检查。

检验方法：观察检查。

4.6.4 用减光率为 11.5dB 的减光片遮挡光路，探测器应发出故障信号或火灾报警信号。

检查数量：全数检查。

检验方法：观察检查。

【条文解析】

这几条规定在系统正常后,应首先对红外光束感烟火灾探测器的光路调节装置进行调整，使探测器处于正常监视状态，然后再用产品生产企业配备的各种减光率的减光片遮挡光路，对探测器进行各项功能试验。

4.8.1 采用专用检测仪器或模拟火灾的方法在探测器监视区域内最不利处检查探测器的报警功能，探测器应能正确响应。

检查数量：全数检查。

检验方法：观察检查。

【条文解析】

本条强调在探测器监视区域最不利处采用专用检测仪器或模拟火灾的方法检查探测器的报警功能。

4.9.1 对可恢复的手动火灾报警按钮，施加适当的推力使报警按钮动作，报警按钮应发出火灾报警信号。

检查数量：全数检查。

检验方法：观察检查。

4.9.2 对不可恢复的手动火灾报警按钮应采用模拟动作的方法使报警按钮发出火灾报警信号（当有备用启动零件时，可抽样进行动作试验），报警按钮应发出火灾报警信号。

检查数量：全数检查。

检验方法：观察检查。

【条文解析】

这两条规定在系统正常后,对每只可恢复或不可恢复的手动火灾报警按钮均应进行火灾报警试验。

4.15.1 以手动方式在消防控制室对所有广播分区进行选区广播，对所有共用扬声器进行强行切换；应急广播应以最大功率输出。

检查数量：全数检查。

检验方法：观察检查。

4.15.2 对扩音机和备用扩音机进行全负荷试验，应急广播的语音应清晰。

检查数量：全数检查。

检验方法：观察检查。

4.15.3 对接入联动系统的消防应急广播设备系统，使其处于自动工作状态，然后按设计的逻辑关系，检查应急广播的工作情况，系统应按设计的逻辑广播。

检查数量：全数检查。

检验方法：观察检查。

4.15.4 使任意一个扬声器断路，其他扬声器的工作状态不应受影响。

检查数量：每一回路抽查一个。

检验方法：观察检查。

【条文解析】

这几条规定了火灾应急广播的调试内容及要求，火灾应急广播属于火灾警报装置类，对人员疏散起着至关重要的作用，因此建筑中火灾应急广播是非常重要的，所以规定的调试内容应逐一检查并全部满足要求。

《建筑设计防火规范》GB 50016—2012

8.4.1 下列建筑或场所应设置火灾自动报警系统：

1 任一层建筑面积大于 1500m² 或总建筑面积大于 3000m² 的制鞋、制衣、玩具、电子等厂房；

2 每座占地面积大于 1000m² 的棉、毛、丝、麻、化纤及其织物的库房，占地面积大于 500m² 或总建筑面积大于 1000m² 的卷烟库房；

3 任一层建筑面积大于 1500m² 或总建筑面积大于 3000m² 的商店、展览建筑、财贸金融建筑、客运和货运建筑等；建筑面积大于 500m² 的地下、半地下商店；

4 图书、文物珍藏库，每座藏书超过 50 万册的图书馆，重要的档案馆；

5 地市级及以上广播电视建筑、邮政建筑、电信建筑，城市或区域性电力、交通和防灾救灾等指挥调度建筑；

6 特等、甲等剧场或座位数超过 1500 个的其他等级的剧场、电影院，座位数超过 2000 个的会堂或礼堂，座位数超过 3000 个的体育馆；

7 大、中型幼儿园，老年人建筑，任一楼层建筑面积 1500m² 或总建筑面积大于 3000m² 的疗养院的病房楼、旅馆建筑、其他儿童活动场所，不少于 200 床位的医院门诊楼、病房楼和手术部等；

8 一类高层公共建筑；二类高层公共建筑中建筑面积大于 50m² 的可燃物品库房、建筑面积大于 500m² 的营业厅；

9 歌舞娱乐放映游艺场所；

10 净高大于 2.6m 且可燃物较多的技术夹层，净高大于 0.8m 且有可燃物的闷顶或吊顶内；

11 大中型电子计算机房及其控制室、记录介质库，特殊贵重或火灾危险性大的机器、仪表、仪器设备室、贵重物品库房，设置气体灭火系统的房间；

12 设置机械排烟系统、预作用自动喷水灭火系统或固定消防水炮灭火系统等需与火灾自动报警系统联锁动作的场所。

【条文解析】

本条规定了建筑中应设置火灾自动报警系统的部位。

本条规定的设置范围，总结了国内安装火灾自动报警系统的实践经验，适当考虑了今后的发展和实际使用情况。

8.4.2 建筑高度大于 100m 的住宅建筑，其他高层住宅建筑的公共部位应设置火灾自动报警系统。

8.4.3 建筑内可能散发可燃气体、可燃蒸气的场所应设置可燃气体报警装置。

【条文解析】

本条规定了应设置可燃气体探测报警装置的场所。

这些场所既包括工业生产厂房、储存仓库，也包括民用建筑中可能散发可燃气体或可燃蒸气，并存在火灾爆炸危险的场所与部位。使用和可能散发可燃气体或可燃蒸气的场所除甲、乙类厂房外，有些仓库、丙类甚至丁类生产厂房中也有，如不采取措施仍可能发生较大事故。民用建筑中，如锅炉房等场所也存在此问题。故这些场所均需要考虑，要求设置防止发生火灾爆炸事故的措施。

14.4.1 隧道入口外 100～150m 处，应设置火灾事故发生后提示车辆禁入隧道的报警信号装置。

【条文解析】

当隧道内发生火灾时，隧道外行驶的车辆往往还按正常速度行驶，对隧道内的事故情况多处于不知情的状态，因此本条作了相应的规定。

14.4.2 一、二类隧道应设置火灾自动报警系统，通行机动车的三类隧道宜设置火灾自动报警系统。火灾自动报警系统的设置应符合下列规定：

1 应设置自动火灾探测装置；

2 隧道出入口以及隧道内每隔 100~150m 处，应设置报警电话和报警按钮；

3 隧道封闭段长度超过 1000m 时，应设置消防控制中心；

4 应设置火灾应急广播。未设置火灾应急广播的隧道，每隔 100~150m 处，应设置发光警报装置。

14.4.3 隧道用电缆通道和主要设备用房内应设置火灾自动报警装置。

【条文解析】

为尽快发现火灾，及早通知隧道内外的人员与车辆采取疏散和救援行动，尽可能在火灾初期将其扑灭，要求设置合适的报警系统。其报警装置的设置应根据隧道类别分别考虑，并至少应具备手动或自动火灾报警功能。对于长隧道，则还应具备报警联络电话、声光显示报警功能。由于隧道内环境差异较大，且一般较工业与民用建筑物内条件恶劣，因此，报警装置的选择应充分考虑这些不利因素。

对于隧道内的重要设备与电缆通道，因平时几乎无人值守，发生火灾后人员很难及时发现，因此也应考虑设置必要的火灾探测与报警装置。

14.4.4 对于可能产生屏蔽的隧道，应设置无线通信等保证灭火时通信联络畅通的设施。

【条文解析】

隧道内一般均具有一定的电磁屏蔽效应，可能导致通信中断或无法进行无线联络。因此，为保障灭火救援通信联络畅通，应在可能产生屏蔽的隧道内采取措施，使无线通信信号，特别是城市公安消防机构的无线网络信号能进入隧道内。

《高层民用建筑设计防火规范 2005 年版》GB 50045—1995

9.4.1 建筑高度超过 100m 的高层建筑，除游泳池、溜冰场、卫生间外，均应设火灾自动报警系统。

9.4.2 除住宅、商住楼的住宅部分、游泳池、溜冰场外，建筑高度不超过 100m 的一类高层建筑的下列部位应设置火灾自动报警系统：

9.4.2.1 医院病房楼的病房、贵重医疗设备室、病历档案室、药品库。

9.4.2.2 高级旅馆的客房和公共活动用房。

9.4.2.3 商业楼、商住楼的营业厅，展览楼的展览厅。

9.4.2.4 电信楼、邮政楼的重要机房和重要房间。

9.4.2.5 财贸金融楼的办公室、营业厅、票证库。

9.4.2.6 广播电视楼的演播室、播音室、录音室、节目播出技术用房、道具布景。

9.4.2.7 电力调度楼、防灾指挥调度楼等的微波机房、计算机房、控制机房、动力机房。

9.4.2.8 图书馆的阅览室、办公室、书库。

9.4.2.9 档案楼的档案库、阅览室、办公室。

9.4.2.10 办公楼的办公室、会议室、档案室。

9.4.2.11 走道、门厅、可燃物品库房、空调机房、配电室、自备发电机房。

9.4.2.12 净高超过 2.60m 且可燃物较多的技术夹层。

9.4.2.13 贵重设备间和火灾危险性较大的房间。

9.4.2.14 经常有人停留或可燃物较多的地下室。

9.4.2.15 电子计算机房的主机房、控制室、纸库、磁带库。

9.4.3 二类高层建筑的下列部位应设火灾自动报警系统：

9.4.3.1 财贸金融楼的办公室、营业厅、票证库。

9.4.3.2 电子计算机房的主机房、控制室、纸库、磁带库。

9.4.3.3 面积大于 50m² 的可燃物品库房。

9.4.3.4 面积大于 500m² 的营业厅。

9.4.3.5 经常有人停留或可燃物较多的地下室。

9.4.3.6 性质重要或有贵重物品的房间。

注：旅馆、办公楼、综合楼的门厅、观众厅，设有自动喷水灭火系统时，可不设火灾自动报警系统。

【条文解析】

火灾自动报警系统由触发器件、火灾报警装置，火灾警报装置以及具有其他辅助功能的装置组成。它是人们为了及早发现和通报火灾，并及时采取有效措施控制和扑灭火灾，而设置在建筑物中或其他场所的一种自动消防设施，是人们同火灾作斗争的有力工具。

火灾自动报警系统的设计应按现行的国家标准《火灾自动报警系统设计规范》GB50116 的规定执行。

应按本条确定系统安装的部位，按《火灾自动报警系统设计规范》选择系统设备并出设计图。

《锅炉房设计规范》GB 50041—2008

17.0.5 非独立锅炉房和单台蒸汽锅炉额定蒸发量大于等于 10t/h 或总额定蒸发量大

于等于 40t/h 及单台热水锅炉额定热功率大于等于 7MW 或总额定热功率大于等于 28MW 的独立锅炉房，应设置火灾探测器和自动报警装置。火灾探测器的选择及其设置的位置，火灾自动报警系统的设计和消防控制设备及其功能，应符合现行国家标准《火灾自动报警系统设计规范》GB 50116 的有关规定。

【条文解析】

非独立锅炉房，单台蒸汽锅炉额定蒸发量大于等于 10t/h 或总额定蒸发量大于等于 40t/h 及单台热水锅炉额定热功率大于等于 7MW 或总额定热功率大于等于 28MW 时，应在火灾易发生部位设置火灾探测和自动报警装置。火灾探测器的选择及设置位置应符合现行国家标准《火灾自动报警系统设计规范》GB 50116 的有关规定。

《汽车库、修车库、停车场设计防火规范》GB 50067—1997

9.0.7 除敞开式汽车库以外的 I 类汽车库、II 类地下汽车库和高层汽车库以及机械式立体汽车库、复式汽车库、采用升降梯作汽车疏散出口的汽车库，应设置火灾自动报警系统。

【条文解析】

由于汽车库内通风不良，又受车辆尾气的影响，不少安装了烟感报警的设备经常发生故障。因此，在汽车库安装何种自动报警设备应根据汽车库的通风条件而定。在通风条件好的车库内可采用烟感报警设施，一般的汽车库内可采用温感报警设施。

《人民防空工程设计防火规范》GB 50098—2009

8.4.1 下列人防工程或部位应设置火灾自动报警系统：

1 建筑面积大于 500m² 的地下商店、展览厅和健身体育场所；

2 建筑面积大于 1000m² 的丙、丁类生产车间和丙、丁类物品库房；

3 重要的通信机房和电子计算机机房，柴油发电机房和变配电室，重要的实验室和图书、资料、档案库房等；

4 歌舞娱乐放映游艺场所。

【条文解析】

为了对火灾能做到早期发现、早期报警、及时扑救，减少国家和人民生命财产的损失，保障人防工程的安全，参照国内外资料，原则性地规定了人防工程设置火灾自动报警装置的范围。

《体育建筑设计规范》JGJ 31—2003

10.3.20 超过 3000 座的体育馆必须设置火灾自动报警系统。其他体育建筑的火灾自动报警系统的设计，应按现行国家标准执行。

【条文解析】

超过3000座位的体育馆设置火灾自动报警系统是国家消防规范的强制性规定。由于其他类型、标准的体育建筑目前在国家消防规范中没有制定强制性规定，因此方案设计阶段时，必须征求当地消防主管部门的意见。

《图书馆建筑设计规范》JGJ 38—1999

6.3.1 藏书量超过100万册的图书馆、建筑高度超过24.00m的书库和非书资料库，以及图书馆内的珍善本书库，应设置火灾自动报警系统。

【条文解析】

本条参照《建筑设计防火规范》GB 50016和《高层民用建筑设计防火规范》GB 50045关于设置火灾自动报警系统的规定拟定。

《剧场建筑设计规范》JGJ 57—2000

8.4.1 甲等及乙等的大型、特大型剧场下列部位应设有火灾自动报警装置：观众厅、观众厅闷顶内、舞台、服装室、布景库、灯控室、声控室、发电机房、空调机房、前厅、休息厅、化妆室、栅顶、台仓、吸烟室、疏散通道及剧场中设置雨淋灭火系统的部位。甲等和乙等的中型剧场上述部位宜设火灾自动报警装置。当上述部位中设有自动喷水灭火系统（雨淋灭火系统除外）时，可不设火灾自动报警系统。

【条文解析】

条文中要求设置探测器的地点，均属剧场容易起火部位。

《住宅建筑电气设计规范》JGJ 242—2011

14.2.1 住宅建筑火灾自动报警系统的设计、保护对象的分级及火灾探测器设置部位等，应符合现行国家标准《火灾自动报警系统设计规范》GB 50116的规定。

14.2.2 当10层～18层住宅建筑的消防电梯兼作客梯且两类电梯共用前室时，可由一组消防双电源供电。末端双电源自动切换配电箱应设置在消防电梯机房内，由双电源自动切换配电箱至相应设备时，应采用放射式供电，火灾时应切断客梯电源。

14.2.3 建筑高度为100m或35层及以上的住宅建筑，应设消防控制室、应急广播系统及声光警报装置。其他需设火灾自动报警系统的住宅建筑设置应急广播困难时，应在每层消防电梯的前室、疏散通道设置声光警报装置。

【条文解析】

建筑高度为 100m 或 35 层及以上的住宅建筑要求每栋楼都要设消防控制室,其他住宅建筑及住宅建筑群应按规范要求设消防控制室。住宅小区宜集中设置消防控制室,消防控制室要求 24 小时专业人员值班,设置多个消防控制室,需增加专业人员值班,增加系统维修维护量,增加运营成本。

6.2 消火栓灭火系统

《消防给水及消火栓系统技术规范》GB 50974—2014

7.1.1 市政消火栓和建筑室外消火栓应采用湿式消火栓系统。

【条文解析】

湿式消火栓系统管道是充满有压水的系统,高压或临时高压湿式消火栓系统可用来对火场直接灭火,低压系统能够对消防车供水,通过消防车装备对火场进行扑救。湿式消火栓系统同干式系统相比没有充水时间,能够迅速出水,有利于扑灭火灾。在寒冷或严寒地区采用湿式消火栓系统应采取防冻措施,如干式地上式室外消火栓或消防水鹤等。

7.1.2 室内环境温度不低于 4℃,且不高于 70℃的场所,应采用湿式室内消火栓系统。

7.1.3 室内环境温度低于 4℃,或高于 70℃的场所,宜采用干式消火栓系统。

【条文解析】

室内环境温度经常低于 4℃的场所会使管内充水出现冰冻的危险,高于 70℃的场所管内充水汽化加剧有破坏管道及附件的危险,另外结冰和汽化都会降低管道的供水能力,导致灭火能力的降低或消失,故以此温度作为选择湿式消火栓系统或干式消火栓系统的环境温度条件。

7.1.5 严寒、寒冷等冬季结冰地区城市隧道及其他构筑物的消火栓系统,应采取防冻措施,并宜采用干式消火栓系统和干式室外消火栓。

【条文解析】

严寒、寒冷等冬季结冰地区城市隧道、桥梁以及其他室外构筑物要求设置消火栓时,在室外极端温度低于 4℃时,因系统管道可能结冰,故宜采用干式消火栓系统,当直接接市政给水管道时可采用室外干式消火栓。

7.2.1 市政消火栓宜采用地上式室外消火栓;在严寒、寒冷等冬季结冰地区宜采用干式地上式室外消火栓,严寒地区宜设置消防水鹤。当采用地下式室外消火栓,且地下式室外消火栓的取水口在冰冻线以上时，应采取保温措施。

【条文解析】

消火栓的设置应方便消防队员使用，地下式消火栓因室外消火栓井口小，特别是冬季消防队员着装较厚，下井操作困难，而且地下消火栓锈蚀严重，要打开很少费力，因此推荐采用地上式室外消火栓，在严寒和寒冷地区采用干式地上式室外消火栓。

消防水鹤是一种快速加水的消防产品，适用于大、中型城市消防使用，能为迅速扑救特大火灾及时提供水源。消防水鹤能在各种天气条件下，尤其在北方寒冷或严寒地区有效地为消防车补水，其设置数量和保护范围可根据需要确定。

7.2.6 市政消火栓应布置在消防车易于接近的人行道和绿地等地点，且不应妨碍交通，并应符合下列规定：

1 市政消火栓距路边不宜小于 0.5m，并不应大于 2m；

2 市政消火栓距建筑外墙或外墙边缘不宜小于 5m；

3 市政消火栓应避免设置在机械易撞击的地点，当确有困难时应采取防撞措施。

【条文解析】

本条规定了市政消火栓的布置原则和技术参数，目的是保护市政消火栓的自身安全及使用时的人员安全，且平时不妨碍公共交通等。

为便于消防车从消火栓取水和保证市政消火栓自身和使用时的人身安全，规定距路边在 0.5～2m 范围内设置，距建筑物外墙不宜小于 5m。

地上式市政消火栓被机动车撞坏的事故时有发生，简便易行的防撞措施是在消火栓的两边设置金属防撞桩。

7.2.8 设有市政消火栓的给水管网平时运行工作压力不应小于 0.14MPa，消防时水力最不利消火栓的出流量不应小于 15L/s，且供水压力从地面算起不应小于 0.10MPa。

【条文解析】

本条规定了接市政消火栓的给水管网平时运行的压力和消防时的压力，因消防时用水量大增，管网水头损失会增加，为保证消防时管网的有效水压，故规定平时管网的运行压力和消防时的压力。

7.2.11 地下式市政消火栓应有明显的永久性标志。

【条文解析】

本条规定当采用地下式市政消火栓时应有明显的永久性标志，以便于消防队员查找使用。

7.3.3 室外消火栓宜沿建筑周围均匀布置，且不宜集中布置在建筑一侧；建筑消防

扑救面一侧的室外消火栓数量不宜少于 2 个。

【条文解析】

为便于消防车使用室外消火栓供水灭火,同时考虑消防队火灾扑救作业面展开的要求,规定沿建筑周围均匀布置室外消火栓。因高层建筑裙房的原因,高层部分均设有便于消防车操作的扑救面,为利于消防队火灾扑救,规定扑救面一侧室外消火栓不宜少于 2 个。

7.3.4 人防工程、地下工程等建筑应在出入口附近设置室外消火栓,且距出入口的距离不宜小于 5m,并不宜大于 40m。

【条文解析】

人防工程、地下工程等建筑为便于消防队火灾扑救,规定应在出入口附近设置室外消火栓,且距出入口的距离不宜小于 5m,也不宜大于 40m。这个室外消火栓相当于建筑物消防电梯前室的消火栓,消防队员来时作为首先进攻、火灾侦查和自我保护用的。

7.3.5 停车场的室外消火栓宜沿停车场周边设置,且与最近一排汽车的距离不宜小于 7m,距加油站或油库不宜小于 15m。

【条文解析】

我国汽车普及迅速,室外停车场的规模越来越大,考虑到停车场火灾扑救的要求,消防车到达的方便性和接近性,以及室外消火栓不妨碍停车场的交通等因素,规定室外消火栓宜沿停车场周边设置,且与最近一排汽车的距离不宜小于 7m,距加油站或油库不宜小于 15m。

7.3.6 甲、乙、丙类液体储罐区和液化烃罐罐区等构筑物的室外消火栓,应设在防火堤或防护墙外,数量应根据每个罐的设计流量经计算确定,但距罐壁 15m 范围内的消火栓,不应计算在该罐可使用的数量内。

【条文解析】

甲、乙、丙类液体和液化天然气等罐区发生火灾,火场温度高,人员很难接近,同时还有可能发生泄漏和爆炸。因此,要求室外消火栓设置在防火堤或防护墙外的安全地点。火灾发生时,距罐壁 15m 范围内的室外消火栓因辐射热而难以使用,故不应计算在该罐可使用的数量内。

7.3.9 当工艺装置区、储罐区、堆场等构筑物采用高压或临时高压消防给水系统时,消火栓的设置应符合下列规定:

1 室外消火栓处宜配置消防水带和消防水枪;

2 工艺装置休息平台等处需要设置消火栓的场所应采用室内消火栓,并应符合本规范第 7.4 节的有关规定。

【条文解析】

本条规定了工艺装置区和储罐区的室外消火栓相当于建筑物的室内消火栓,当采用高压或临时高压消防给水系统时,工艺装置区和储罐区的室外消火栓为室外箱式消火栓,布置间距根据水带长度和充实水柱有效长度确定。

7.3.10 室外消防给水引入管当设有减压型倒流防止器时,应在减压型倒流防止器前设置一个室外消火栓。

【条文解析】

倒流防止器的水头损失较大,当采用减压型倒流防止器时,因该阀在正常设计流量时的水头损失在 0.04~0.10MPa 之间,消防时因流量大增,水头损失会剧增,致使室外消火栓的供水压力有可能满足 0.10MPa 的要求,为保证消防给水的可靠性,规定从市政给水管网接引的入户管在减压型倒流防止器前应设置一个室外消火栓。

7.4.1 室内消火栓的选型应根据使用者、火灾危险性、火灾类型和不同灭火功能等因素综合确定。

【条文解析】

本条对室内消火栓选型提出性能化的要求。不同火灾危险性、火灾荷载和火灾类型等对消火栓的选择是有影响的。如 B 类火灾不宜采用直流水枪,火灾荷载大,火灾规模可能大,其辐射热大,消火栓充实水柱应长,如室外储罐、堆场等。当消火栓充实水柱不能满足时,应采用消防炮等。

7.4.3 设置室内消火栓的建筑,包括设备层在内的各层均应设置消火栓。

【条文解析】

设置室内消火栓的建筑物应每层均设置。因工程的不确定性,设备层是否有可燃物难以判断,另外设备层设置消火栓对扑救建筑物整体火灾有利,而增加投资也很有限,故本条规定设备层应设置消火栓。

7.4.4 屋顶设有直升机停机坪的建筑,应在停机坪出入口处或非电器设备机房处设置消火栓,且距停机坪机位边缘的距离不应小于 5m。

【条文解析】

公共建筑屋顶设置直升机停机坪的目的是消防救援,在直升飞机停机坪出入口设置消火栓便于火灾扑救时的自我保护,规定消防栓距停机坪边缘的距离不小于 5m 是基于安全性的考虑。

7.4.5 消防电梯前室应设置室内消火栓,并应计入消火栓使用数量。

【条文解析】

消防电梯前室是消防队员进入室内扑救火灾的进攻桥头堡，为方便消防队员向火场发起进攻或开辟通路，消防电梯前室应设置室内消火栓。消防电梯前室消火栓与室内其他消火栓一样，没有特殊要求，且应作为 1 股充实水柱与其他室内消火栓一样同等地计入消火栓使用数量。

7.4.8 建筑室内消火栓栓口的安装高度应便于消防水龙带的连接和使用，其距地面高度宜为 1.1m；其出水方向应便于消防水带的敷设，并宜与设置消火栓的墙面成 90°角或向下。

【条文解析】

本条规定室内消火栓栓口距地面高度宜为 1.1m，是为了连接水龙带时取用以及操作方便。发达国家规范规定的安装高度为 0.9~1.5m。

为了更好地敷设水带，减少局部水头损失，要求消火栓出水方向宜与设置消火栓的墙面成 90° 角或向下。

7.4.10 室内消火栓宜按行走距离计算其布置间距，并应符合下列规定：

1 消火栓按 2 支消防水枪的 2 股充实水柱布置的高层建筑、高架仓库、甲乙类工业厂房等场所，消火栓的布置间距不应大于 30m；

2 消火栓按 1 支消防水枪的一股充实水柱布置的建筑物，消火栓的布置间距不应大于 50m。

【条文解析】

室内消火栓不仅给消防队员使用，也给建筑物内的人员使用，因建筑物内的人员没有自备消防水带，所以消防水带宜按行走距离计算，其原因是消防水带在设计水压下转弯半径可观，如 65mm 的水带转弯半径为 1m，转弯角度为 100°，因此转弯的数量越多，水带的实际到达距离就短，所以本条规定要按行走距离计算。

7.4.11 消防软管卷盘应在下列场所设置，但其水量可不计入消防用水总量：

1 高层民用建筑；

2 多层建筑中的高级旅馆、重要的办公楼、设有空气调节系统的旅馆和办公楼；

3 人员密集的公共建筑、公共娱乐场所、幼儿园、老年公寓等场所；

4 大于 200m² 的商业网点；

5 超过 1500 个座位的剧院、会堂其闷顶内安装有面灯部位的马道等场所。

【条文解析】

本条规定设置 SN25（消防卷盘）的建筑或场所，普通人员能够利用消防卷盘扑灭初起小火，避免蔓延发展成为大火。因考虑到 SN25 和 SN65 消火栓同时使用达到消火栓设计流量的可能性不大，为此规定 SN25（消防卷盘）用水量可以不计入消防用水总量，只要求室内地面任何部位有一股水流能够到达就可以了。

7.4.13 当住宅采用干式消防竖管时应符合下列规定：

1 住宅干式消防竖管宜设置在楼梯间休息平台，且仅应配置消火栓栓口；

2 干式消防竖管应设置消防车供水的接口；

3 消防车接口应设置在首层便于消防车接近和安全的地点；

4 竖管顶端应设置自动排气阀。

【条文解析】

7 至 10 层的各类住宅可以根据地区气候、水源等情况设置干式消防竖管或湿式室内消火栓给水系统。干式消防竖管平时无水，火灾发生后由消防车通过首层外墙接口向室内干式消防竖管供水，消防队员用自携水龙带接驳竖管上的消火栓口投入火灾扑救。为尽快供水灭火，干式消防竖管顶端应设自动排气阀。

7.4.14 住宅户内宜在生活给水管道上预留一个接 DN20 消防软管的接口或阀门。

【条文解析】

住宅建筑如果在生活给水管道上预留一个接驳 DN20 消防软管的接口，对于住户扑救初起状态火灾、减少财产损失是有好处的。

7.4.15 跃层住宅和商业网点的室内消火栓应至少满足一股充实水柱到达室内任何部位，并宜设置在户门附近。

【条文解析】

住宅户内跃层或商业网点的一个防火隔间内是两层的建筑均可视为是一层平面。

《火灾自动报警系统设计规范》GB 50116—2013

4.3.1 联动控制方式，应由消火栓系统出水干管上设置的低压压力开关、高位消防水箱出水管上设置的流量开关或报警阀压力开关等信号作为触发信号，直接控制启动消火栓泵，联动控制不应受消防联动控制器处于自动或手动状态的影响。当设置消火栓按钮时，消火栓按钮的动作信号应作为报警信号及启动消火栓泵的联动触发信号，由消防联动控制器联动控制消火栓泵的启动。

【条文解析】

当消火栓使用时，系统内出水干管上的低压压力开关、高位消防水箱出水管上设置的流量开关或报警阀压力开关等均有相应的反应，这些信号可以作为触发信号，直接控制启动消火栓泵，可以不受消防联动控制器处于自动或手动状态的影响。当建筑物内设有火灾自动报警系统时,消火栓按钮的动作信号作为火灾报警系统和消火栓系统的联动触发信号,由消防联动控制器联动控制消防泵启动,消防泵的动作信号作为系统的联动反馈信号应反馈至消防控制室,并在消防联动控制器上显示。消火栓按钮经联动控制器启动消防泵的优点是减少布线量和线缆使用量,提高整个消火栓系统的可靠性。消火栓按钮与手动火灾报警按钮的使用目的不同,不能互相替代。在稳高压系统中,虽然不需要消火栓按钮启动消防泵,但消火栓按钮给出的使用消火栓位置的报警信息是十分必要的,因此在稳高压系统中,消火栓按钮也是不能省略的。

当建筑物内无火灾自动报警系统时,消火栓按钮用导线直接引至消防泵控制箱(柜),启动消防泵。

4.3.2 手动控制方式,应将消火栓泵控制箱(柜)的启动、停止按钮用专用线路直接连接至设置在消防控制室内的消防联动控制器的手动控制盘,并应直接手动控制消火栓泵的启动、停止。

【条文解析】

消火栓的手动控制方式,应将消火栓泵控制箱(柜)的启动、停止按钮用专用线路直接连接至设置在消防控制室内的消防联动控制器的手动控制盘,通过手动控制盘直接控制消火栓泵的启动、停止。

4.3.3 消火栓泵的动作信号应反馈至消防联动控制器。

【条文解析】

消火栓泵应将其动作的反馈信号发送至消防联动控制器进行显示。

《建筑设计防火规范》GB 50016—2012

9.2.8 室外消火栓的布置应符合下列规定:

1 室外消火栓应沿道路设置。当道路宽度大于 60m 时,宜在道路两边设置消火栓,并宜靠近十字路口;

2 甲、乙、丙类液体储罐区和液化石油气储罐区的消火栓应设置在防火堤或防护墙外。距罐壁15m 范围内的消火栓,不应计算在该罐可使用的数量内;

3 室外消火栓的间距不应大于120m;

4 室外消火栓的保护半径不应大于150m;在市政消火栓保护半径150m 以内,当室外消防用水量不大于15L/s 时,可不设置室外消火栓;

5 室外消火栓的数量应按其保护半径和室外消防用水量等综合计算确定,每个室外消火栓的用水量应按10~15L/s 计算;与保护对象的距离在5~40m 范围内的市政消火栓,可计入室外消火栓的数量内;

6 室外消火栓宜采用地上式消火栓。地上式消火栓应有 1 个 $DN150$ 或 $DN100$ 和 2 个 $DN65$ 的栓口。采用室外地下式消火栓时，应有 $DN100$ 和 $DN65$ 的栓口各 1 个。严寒和寒冷地区设置的室外消火栓应有防冻措施；

7 消火栓应沿建筑物均匀布置，距路边不应大于 2m，距房屋外墙不宜小于 5m，并不宜大于 40m；

8 工艺装置区内的消火栓应设置在工艺装置的周围，其间距不宜大于 60m。当工艺装置区宽度大于 120m 时，宜在该装置区内的道路边设置消火栓。

【条文解析】

本条规定了室外消火栓的布置要求。

9.3.3 室内消火栓的布置应符合下列规定：

1 除无可燃物的设备层外，设置室内消火栓的建筑物，其各层均应设置消火栓。

单元式、塔式住宅建筑中的消火栓宜设置在楼梯间的首层和各层楼层休息平台上。干式消火栓竖管应在首层靠出口部位设置便于消防车供水的快速接口和止回阀；

2 消防电梯间前室内应设置消火栓；

3 室内消火栓应设置在位置明显且易于操作的部位。栓口离地面或操作基面高度宜为 1.1m，其出水方向宜向下或与设置消火栓的墙面成 90°角；栓口与消火栓箱内边缘的距离不应影响消防水带的连接；

4 冷库内的消火栓应设置在常温穿堂或楼梯间内；

5 室内消火栓的间距应由计算确定。对于高层民用建筑、高层厂房（仓库）、高架仓库和甲、乙类厂房，室内消火栓的间距不应大于 30m；对于其他单层和多层建筑及建筑高度不大于 24m 的裙房，室内消火栓的间距不应大于 50m；

6 同一建筑物内应采用统一规格的消火栓、水枪和水带。每条水带的长度不应大于 25m；

7 室内消火栓的布置应保证每一个防火分区同层有两支水枪的充实水柱同时到达任何部位。建筑高度不大于 24m 且体积不大于 5000m³ 的多层仓库，可采用 1 支水枪充实水柱到达室内任何部位。

水枪的充实水柱应经计算确定，甲、乙类厂房、层数超过 6 层的公共建筑和层数超过 4 层的厂房（仓库），不应小于 10m；高层建筑、高架仓库和体积大于 25000m³ 的商店、体育馆、影剧院、会堂、展览建筑，车站、码头、机场建筑等，不应小于 13m；其他建筑，不宜小于 7m；

8 高层建筑和高位消防水箱静压不能满足最不利点消火栓水压要求的其他建筑，应在每个室内消火栓处设置直接启动消防水泵的按钮，并应有保护设施；

9 室内消火栓栓口处的出水压力大于 0.5MPa 时，应设置减压设施；静水压力大于 1.0MPa 时，应采用分区给水系统；

10 设置室内消火栓的建筑，如为平屋顶时，宜在平屋顶上设置试验和检查用的消火栓，采暖地区可设在顶层出口处或水箱间内。

【条文解析】

本条规定了室内消火栓的布置要求。

《高层民用建筑设计防火规范 2005 年版》GB 50045—1995

7.4.5 室内消火栓给水系统和自动喷水灭火系统应设水泵接合器，并应符合下列规定：

7.4.5.1 水泵接合器的数量应按室内消防用水量经计算确定。每个水泵接合器的流量应按 10～15L/s 计算。

7.4.5.2 消防给水为竖向分区供水时，在消防车供水压力范围内的分区，应分别设置水泵接合器。

7.4.5.3 水泵接合器应设在室外便于消防车使用的地点，距室外消火栓或消防水池的距离宜为 15～40m。

7.4.5.4 水泵接合器宜采用地上式；当采用地下式水泵接合器时，应有明显标志。

【条文解析】

本条对水泵接合器的设置、数量、布置、型式等作出了规定。水泵接合器的附件有止回阀、安全阀、闸阀的泄水阀等。止回阀用于防止室内消防给水管网压力过高，以保障系统的安全。水泵接合器在工作时与室内消防给水管网沟通，因此，其工作压力应能满足室内消防给水管网的分区压力要求。

7.4.6 除无可燃物的设备层外，高层建筑和裙房的各层均应设室内消火栓，并应符合下列规定：

7.4.6.1 消火栓应设在走道、楼梯附近等明显易于取用的地点，消火栓的间距应保证同层任何部位有两个消火栓的水枪充实水柱同时到达。

7.4.6.2 消火栓的水枪充实水柱应通过水力计算确定，且建筑高度不超过 100m 的高层建筑不应小于 10m；建筑高度超过 100m 的高层建筑不应小于 13m。

7.4.6.3 消火栓的间距应由计算确定，且高层建筑不应大于 30m,裙房不应大于 50m。

7.4.6.4 消火栓栓口离地面高度宜为 1.10m，栓口出水方向宜向下或与设置消火栓的墙面相垂直。

7.4.6.5 消火栓栓口的静水压力不应大于 1.00MPa，当大于 1.00MPa 时，应采取分区给水系统。消火栓栓口的出水压力大于 0.50MPa 时，应采取减压措施。

7.4.6.6 消火栓应采用同一型号规格。消火栓的栓口直径应为 65mm，水带长度不应超过 25m，水枪喷嘴口径不应小于 19mm。

7.4.6.7 临时高压给水系统的每个消火栓处应设直接启动消防水泵的按钮，并应设有保护按钮的设施。

7.4.6.8 消防电梯间前室应设消火栓。

7.4.6.9 高层建筑的屋顶应设一个装有压力显示装置的检查用的消火栓，采暖地区可设在顶层出口处或水箱间内。

【条文解析】

室内消火栓的合理设置直接关系到扑救火灾的效果。因此，高层建筑的各层包括和主体建筑相连的附属建筑各层，均应合理设置室内消火栓。以保证建筑物任何部位着火时，都能及时控制和扑救。据了解，有些高层住宅，仅在六层以上的消防竖管上设消火栓，这样做很不妥当。因为若六层以下的任一层着火，如不设消火栓，就不便迅速扑灭火灾；设了消火栓，就方便居民或消防队灭火时使用，可以起到快出水、早灭火的作用，而增加的投资是很少的，故规定在各层均应设消火栓。

《人民防空工程设计防火规范》GB 50098—2009

7.2.1 下列人防工程和部位应设置室内消火栓：

1 建筑面积大于 $300m^2$ 的人防工程；

2 电影院、礼堂、消防电梯间前室和避难走道。

【条文解析】

室内消火栓是我国目前室内的主要灭火设备，消火栓设置合理与否，将直接影响灭火效果。在确定消火栓设置范围时，一方面考虑了我国人防工程发展现状和经济技术水平，同时参照国外有关地下建筑防火设计标准和规定，吸取了他们的经验。

《体育建筑设计规范》JGJ 31—2003

8.1.10 消火栓应按《建筑设计防火规范》GBJ 16 的规定设置。消火栓宜设在门厅、休息厅、观众厅的主要入口及靠近楼梯的明显位置。

【条文解析】

本条规定列入建筑专业条文，是落实消火栓设置的有力措施。

《剧场建筑设计规范》JGJ 57—2000

8.3.1 超过 800 个座位的剧场，应设室内消火栓给水系统。

800 个座位以上，特等、甲等剧场应设室内消火栓给水系统。

机械化舞台台仓部位，应设置消火栓。

剧场超过 1500 个座位时，闷顶面光桥处，宜增设有消防卷盘的消火栓。

【条文解析】

本条只强调了 800 座以上的特等、甲等建筑质量的剧场应设室内消火栓给水系统。目前有的城市甚至在 800 座以下，乙等建筑质量标准的剧场也设置室内消火栓给水系统。另外，本条提出增设消火栓的具体位置有两处，是因为该处容易被忽视，而实际上又很重要。

6.3 自动喷水灭火系统

《自动喷水灭火系统设计规范 2005 年版》GB 50084—2004

4.1.1 自动喷水灭火系统应在人员密集、不易疏散、外部增援灭火与救生较困难的性质重要或火灾危险性较大的场所中设置。

【条文解析】

自动喷水灭火系统具有自动探测火灾并报警和自动喷水灭火的优良性能，在当今国际上应用范围最广、用量最多，且造价低廉，在我国消防界及建筑防火设计领域中的可信赖程度不断提高。尽管如此，该系统在我国的应用范围仍与发达国家存在明显差距。

是否需要设置自动喷水灭火系统，决定性的判定因素是火灾危险性和自动扑救初期火灾的必要性，而不是建筑规模。因此，大力提倡和推广应用自动喷水灭火系统是很有必要的。

4.1.2 自动喷水灭火系统不适用于存在较多下列物品的场所：

1 遇水发生爆炸或加速燃烧的物品；

2 遇水发生剧烈化学反应或产生有毒有害物质的物品；

3 洒水将导致喷溅或沸溢的液体。

【条文解析】

本条规定了自动喷水灭火系统不适用的范围。凡发生火灾时可以用水灭火的场所，均可采用自动喷水灭火系统。而不能用水灭火的场所，包括遇水产生可燃气体或氧气，并导致燃烧加剧或引起爆炸后果的对象，以及遇水产生有毒有害物质的对象，例如，存在较多金属钾、钠、锂、钙、锶，或其化合物氯化锂、氧化钠、氧化钙、碳化钙、磷化钙等的场所，则不适用。再如存放一定量原油、渣油、重油等的敞口容器(罐、槽、池)，洒水将导致喷溅或沸溢事故。

4.1.3 自动喷水灭火系统的系统选型，应根据设置场所的火灾特点或环境条件确定，露天场所不宜采用闭式系统。

【条文解析】

设置场所的火灾特点和环境条件是合理选择系统类型和确定火灾危险等级的依据。例如，环境温度是确定选择湿式或干式系统的依据；综合考虑火灾蔓延速度、人员密集程度及疏散条件是确定是否采用快速系统的因素等。室外环境难以使闭式喷头及时感温动作，势必难以保证控火和灭火效果，所以露天场所不适合采用闭式系统。

4.1.4 自动喷水灭火系统的设计原则应符合下列规定：

1 闭式喷头或启动系统的火灾探测器，应能有效探测初期火灾；

2 湿式系统、干式系统应在开放一只喷头后自动启动，预作用系统、雨淋系统应在火灾自动报警系统报警后自动启动；

3 作用面积内开放的喷头，应在规定时间内按设计选定的强度持续喷水；

4 喷头洒水时，应均匀分布，且不应受阻挡。

【条文解析】

本条提出了对设计系统的原则性要求。设置自动喷水灭火系统的目的无疑是有效扑救初期火灾。大量的应用和试验证明，为了保证和提高自动喷水灭火系统的可靠性，离不开四个方面的因素，首先，闭式系统中的喷头，或与预作用和雨淋系统配套使用的火灾自动报警系统，要能有效地探测初期火灾；二是要求湿式、干式系统在开放一只喷头后，预作用和雨淋系统在火灾报警后立即启动系统；三是，在整个灭火进程中，要保证喷水范围不超出作用面积，以及按设计确定的喷水强度持续喷水；四是要求开放喷头的出水均匀喷洒、覆盖起火范围，并不受严重阻挡。以上四个方面的因素缺一不可，系统的设计只有满足了这四个方面的技术要求，才能确保系统的可靠性。

5.0.7A 仓库内设有自动喷水灭火系统时，宜设消防排水设施。

【条文解析】

仓库内灭火系统的喷水强度大，持续喷水时间长，为避免不必要的水渍损失和增加建筑荷载，系统喷水强度大的仓库，有必要设置消防排水设施。

6.1.4 干式系统、预作用系统应采用直立型喷头或干式下垂型喷头。

【条文解析】

为便于系统在灭火或维修后、恢复戒备状态之前排尽管道中的积水，同时有利于在系统启动时排气，要求干式、预作用系统应采用直立型喷头或干式下垂型喷头。

6.1.5 水幕系统的喷头选型应符合下列规定：

1 防火分隔水幕应采用开式洒水喷头或水幕喷头；

2 防护冷却水幕应采用水幕喷头。

【条文解析】

本条提出了水幕系统的喷头选型要求。防火分隔水幕的作用是阻断烟和火的蔓延。当使水幕形成密集喷洒的水墙时，要求采用洒水喷头；当使水幕形成密集喷洒的水帘时，要求采用开口向下的水幕喷头。防火分隔水幕也可以同时采用上述两种喷头并分排布置。防护冷却水幕则要求采用将水喷向保护对象的水幕喷头。

6.2.6 报警阀组宜设在安全及易于操作的地点，报警阀距地面的高度宜为 1.2m。安装报警阀的部位应设有排水设施。

【条文解析】

规定报警阀的安装高度是为了方便施工、测试与维修。当系统启动和功能试验时，报警阀组将排放出一定量的水，故要求在设计时相应设置足够能力的排水设施。

6.2.7 连接报警阀进出口的控制阀应采用信号阀。当不采用信号阀时，控制阀应设锁定阀位的锁具。

【条文解析】

为防止误操作，本条规定对报警阀进出口设置的控制阀应采用信号阀或配置能够锁定阀板位置的锁具。

6.2.8 水力警铃的工作压力不应小于 0.05MPa，并应符合下列规定：

1 应设在有人值班的地点附近；

2 与报警阀连接的管道，其管径应为 20mm，总长不宜大于 20m。

【条文解析】

本条规定水力警铃工作压力、安装位置和与报警阀组连接管的直径及长度，目的是保证水力警铃发出警报的位置和声强。

6.3.1 除报警阀组控制的喷头只保护不超过防火分区面积的同层场所外，每个防火分区、每个楼层均应设水流指示器。

【条文解析】

水流指示器的功能是及时报告发生火灾的部位，本条对系统中要求设置水流指示器的部位提出了规定，即每个防火分区和每个楼层均要求设置水流指示器。同时规定当一个湿式报警阀组仅控制一个防火分区或一个层面的喷头时，由于报警阀组的水力警铃和压力开关已能发挥报告火灾部位的作用，故此种情况允许不设水流指示器。

6.3.2 仓库内顶板下喷头与货架内喷头应分别设置水流指示器。

【条文解析】

设置货架内喷头的仓库，顶板下喷头与货架内喷头分别设置水流指示器，有利于判断喷头的状况，因此本条作了相应的规定。

6.3.3 当水流指示器入口前设置控制阀时，应采用信号阀。

【条文解析】

当为使系统维修时关停的范围不致过大而在水流指示器入口前设置阀门时，要求该阀门采用信号阀，以便显示阀门的状态，其目的是防止因误操作而造成配水管道断水。

6.4.1 雨淋系统和防火分隔水幕，其水流报警装置宜采用压力开关。

【条文解析】

雨淋系统和水幕系统采用开式喷头，平时报警阀出口后的管道内没有水，在系统启动后的管道充水阶段，管内水的流速较快，容易损伤水流指示器，因此采用压力开关较好。

6.4.2 应采用压力开关控制稳压泵，并应能调节启停压力。

【条文解析】

稳压泵的启停要求能被可靠地自动控制，因此规定采用消防压力开关，并要求其能够根据最不利点处喷头的工作压力，调节稳压泵的启停压力。

6.5.1 每个报警阀组控制的最不利点喷头处，应设末端试水装置，其他防火分区、楼层均应设直径为 25mm 的试水阀。末端试水装置和试水阀应便于操作，且应有足够排水能力的排水设施。

【条文解析】

本条提出了设置末端试水装置的规定。为检验系统的可靠性，测试系统能否在开放一只喷头的最不利条件下可靠报警并正常启动，要求在每个报警阀的供水最不利点处设置末端试水装置。末端试水装置测试的内容包括水流指示器、报警阀、压力开关、水力警铃的动作是否正常，配水管道是否畅通，以及最不利点处的喷头工作压力等。其他的防火分区与楼层则要求在供水最不利点处装设直径 25mm 的试水阀，以便在必要时连接末端试水装置。

7.1.8 净空高度大于 800mm 的闷顶和技术夹层内有可燃物时，应设置喷头。

【条文解析】

当吊顶上方闷顶或技术夹层的净空高度超过 800mm，且其内部有可燃物时，要求设置喷头。如闷顶、技术夹层内部无可燃物，且顶板与吊顶均为不燃体时，可不设置喷头。

7.1.9 当局部场所设置自动喷水灭火系统时，与相邻不设自动喷水灭火系统场所连通的走道或连通门窗的外侧，应设喷头。

【条文解析】

本条强调了当在建筑物的局部场所设置喷头时，其门、窗、孔洞等开口的外侧及与相邻不设喷头场所连通的走道应设置防止火灾从开口处蔓延的喷头。

7.1.10 装设通透性吊顶的场所，喷头应布置在顶板下。

【条文解析】

本条规定装设通透性不挡烟吊顶的场所，其设置的闭式喷头要求布置在顶板下，以便易于接触火灾热气流。

《自动喷水灭火系统施工及验收规范》GB 50261—2005

3.1.2 自动喷水灭火系统的施工必须由具有相应等级资质的施工队伍承担。

【条文解析】

本条对施工企业的资质要求作出了规定。施工队伍的素质是确保工程施工质量的关键，这是不言而喻的。专业培训、考核合格是资质审查的基本条件，要求从事自动喷水灭火系统工程施工的技术人员、上岗技术工人必须经过培训，掌握系统的结构、作用原理、关键组件的性能和结构特点、施工程序及施工中应注意的问题等专业知识，确保系统的安装、调试质量，保证系统正常可靠地运行。

3.1.4 自动喷水灭火系统施工前应具备下列条件：

1 平面图、系统图（展开系统原理图）、施工详图等图纸及说明书、设备表、材料表等技术文件应齐全；

2 设计单位应向施工、建设、监理单位进行技术交底；

3 系统组件、管件及其他设备、材料，应能保证正常施工；

4 施工现场及施工中使用的水、电、气应满足施工要求，并应保证连续施工。

【条文解析】

本条规定了系统施工前应具备的技术、物质条件。

3.1.5 自动喷水灭火系统工程的施工，应按照批准的工程设计文件和施工技术标准进行施工。

【条文解析】

为保证工程质量，强调施工单位无权任意修改设计图纸，应按批准的工程设计文件和施工技术标准施工。

3.1.8 自动喷水灭火系统施工前，应对系统组件、管件及其他设备、材料进行现场检查，检查不合格者不得使用。

【条文解析】

对系统组件、管件及其他设备、材料进行现场检查，对提高工程质量是非常必要的，检查不合格者不得使用是确保工程质量的重要环节，因此本条作了相应的要求。

3.2.1 自动喷水灭火系统施工前应对采用的系统组件、管件及其他设备、材料进行现场检查，并应符合下列要求：

1 系统组件、管件及其他设备、材料，应符合设计要求和国家现行有关标准的规定，并应具有出厂合格证或质量认证书。

检查数量：全数检查。

检查方法：检查相关资料。

2 喷头、报警阀组、压力开关、水流指示器、消防水泵、水泵接合器等系统主要组件，应经国家消防产品质量监督检验中心检测合格；稳压泵、自动排气阀、信号阀、多功能水泵控制阀、止回阀、泄压阀、减压阀、蝶阀、闸阀、压力表等，应经相应国家产品质量监督检验中心检测合格。

检查数量：全数检查。

检查方法：检查相关资料。

【条文解析】

本条规定了施工前应对自动喷水灭火系统采用的喷头、阀门、管材、供水设施及监测报警设备等进行现场检查。

3.2.2 管材、管件应进行现场外观检查，并应符合下列要求：

1 镀锌钢管应为内外壁热镀锌钢管，钢管内外表面的镀锌层不得有脱落、锈蚀等现象；钢管的内外径应符合现行国家标准《低压流体输送用焊接钢管》GB/T 3091 或现行国家标准《输送液体用无缝钢管》GB/T 8163 的规定；

2 表面应无裂纹、缩孔、夹渣、折叠和重皮；

3 螺纹密封面应完整、无损伤、无毛刺；

4 非金属密封垫片应质地柔韧、无老化变质或分层现象，表面应无折损、皱纹等缺陷；

5 法兰密封面应完整光洁，不得有毛刺及径向沟槽；螺纹法兰的螺纹应完整、无损伤。

检查数量：全数检查。

检查方法：观察和尺量检查。

【条文解析】

本条对自动喷水灭火系统采用的管材、管件安装前应进行现场外观检查进行了规定。本条规定镀锌钢管要使用热镀锌钢管是为了与设计规范一致；同时也提醒有关单位的技术人员，系统中采用冷镀锌管是不允许的。目前市场上销售的一些管材，尺寸不能满足要求，因此本条对钢管的内外径提出了要求。

3.2.3 喷头的现场检验应符合下列要求：

1 喷头的商标、型号、公称动作温度、响应时间指数（RTI）、制造厂及生产日期等标志应齐全；

2 喷头的型号、规格等应符合设计要求；

3 喷头外观应无加工缺陷和机械损伤；

4 喷头螺纹密封面应无伤痕、毛刺、缺丝或断丝现象；

5 闭式喷头应进行密封性能试验，以无渗漏、无损伤为合格。试验数量宜从每批中抽查 1%，但不得少于 5 只，试验压力应为 3.0MPa；保压时间不得少于 3min。当两只及两只以上不合格时，不得使用该批喷头。当仅有一只不合格时，应再抽查 2%，但不得少于 10 只，并重新进行密封性能试验；当仍有不合格时，亦不得使用该批喷头。

检查数量：抽查符合本条第 5 款的规定。

检查方法：观察检查及在专用试验装置上测试，主要测试设备有试压泵、压力表、秒表。

【条文解析】

本条对喷头在施工现场的检查提出了要求。总的原则是既能保证系统采用喷头的质量，又便于施工单位实施的基本检查项目。

3.2.5 压力开关、水流指示器、自动排气阀、减压阀、泄压阀、多功能水泵控制阀、止回阀、信号阀、水泵接合器及水位、气压、阀门限位等自动监测装置应有清晰的铭牌、安全操作指示标志和产品说明书；水流指示器、水泵接合器、减压阀、止回阀、过滤器、泄压阀、多功能水泵控制阀尚应有水流方向的永久性标志；安装前应进行主要功能检查。

检查数量：全数检查。

检查方法：观察检查及在专用试验装置上测试，主要测试设备有试压泵、压力表、秒表。

【条文解析】

本条是根据近年来在系统工程中进一步完善了系统的结构,采用了不少有利于确保系统功能的新产品、新技术,认真分析了收集到的技术资料和各地公安消防部门、工程设计和工程建设应用单位的意见,对系统使用的自动监测装置和电动报警装置提出了现场的检查要求。这些装置包括自动监测水池、水箱的水位,干式喷水灭火系统的最高、最低气压,预作用喷水灭火系统的最低气压,水源控制阀门的开闭状况以及系统动作后压力开关、水流指示器、自动排气阀、减压阀、多功能水泵控制阀、止回阀、信号阀、水泵接合器的动作信号等,所有监测及报警信号均汇集到建筑物的消防控制室内,为了安装后不致发生故障或者发生故障时便于查找,施工前应检查水流指示器、水泵接合器、多功能水泵控制阀、减压阀、止回阀这些装置的各种标志,并进行主要功能检查,不合格者不得安装使用。

4.1.1 消防水泵、消防水箱、消防水池、消防气压给水设备、消防水泵接合器等供水设施及其附属管道的安装,应清除其内部污垢和杂物。安装中断时,其敞口处应封闭。

【条文解析】

本条主要对消防水泵、水箱、水池、气压给水设备、水泵接合器等几类供水设施的安装作出了具体的要求和规定,目前自动喷水灭火系统主要采用这几类供水方式。

4.1.2 消防供水设施应采取安全可靠的防护措施,其安装位置应便于日常操作和维护管理。

【条文解析】

本条对消防供水设施的防护措施和安装位置提出了要求。在实际工程中存在消防泵泵轴未加防护罩等不安全因素,水泵房没有排水设施或排水设施排水能力有限、通风条件不好等因素,这些因素对于供水设施的操作和维护都有影响。

4.1.3 消防供水管直接与市政供水管、生活供水管连接时,连接处应安装倒流防止器。

【条文解析】

本条规定当消防用水直接与市政或生活供水连接时,为了防止消防用水污染生活用水,应安装倒流防止器。

倒流防止器分为不带过滤器的倒流防止器和带过滤器的倒流防止器,前者由进水止回阀、出水止回阀和泄水阀三部分组成,后者由带过滤装置的进水止回阀、出水止回阀和泄水阀三部分组成。倒流防止器上有特定的弹簧锁定机构,泄水阀的"进气—排水"结构可以预防背压倒流污染和虹吸倒流污染。

4.1.4 供水设施安装时,环境温度不应低于5℃;当环境温度低于5℃时,应采取防冻措施。

【条文解析】

本条对供水设施安装时的环境温度作了规定,其目的是确保安装质量,防止损伤。供水设施安装一般要进行焊接和试水,若环境温度低于5℃,又未采取保护措施,由于温度剧变、物质体态变化而产生的应力极易造成设备损伤。

4.2.1 消防水泵的规格、型号应符合设计要求,并应有产品合格证和安装使用说明书。

检查数量:全数检查。

检查方法:对照图纸观察检查。

【条文解析】

本条对消防水泵安装前的要求作出了规定。为确保施工单位和建设单位正确选用设计中要求的产品,避免不合格产品进入自动喷水灭火系统,设备安装和验收时注意检验产品合格证和安装使用说明书及其产品质量是非常必要的。

4.3.2 钢筋混凝土消防水池或消防水箱的进水管、出水管应加设防水套管,对有振动的管道应加设柔性接头。组合式消防水池或消防水箱的进水管、出水管接头宜采用法兰连接,采用其他连接时应做防锈处理。

检查数量:全数检查。

检查方法:观察检查。

【条文解析】

消防水备而不用,尤其是消防专用水箱,水存的时间长了,水质会慢慢变坏,增加杂质。除锈、防腐做得不好,会加速水中的电化学反应,最终造成水箱锈损,因此本条作了相应的规定。

4.3.4 消防水池、消防水箱的溢流管、泄水管不得与生产或生活用水的排水系统直接相连，应采用间接排水方式。

检查数量：全数检查。

检查方法：观察检查。

【条文解析】

本条规定的目的是确保储水不被污染。消防水池、消防水箱的溢流管、泄水管排出的水应间接流入排水系统。规范组调研时曾发现有的施工单位将溢流管、泄水管汇集后，没有采取任何隔离措施，直接与排水管连接。正确施工是将溢流管、泄水管排出的水先直接排至水箱间地面，再通过地面的地漏将水排走。而使用单位为使地面不湿，用软管一端连接溢流管、泄水管，另一端直接插入地漏，这种不正确的使用现象屡见不鲜。所以本条单独列出，以引起施工单位及使用单位的重视。

4.5.1 组装式消防水泵接合器的安装，应按接口、本体、联接管、止回阀、安全阀、放空管、控制阀的顺序进行，止回阀的安装方向应使消防用水能从消防水泵接合器进入系统；整体式消防水泵接合器的安装，按其使用安装说明书进行。

检查数量：全数检查。

检查方法：观察检查。

【条文解析】

本条规定主要强调消防水泵接合器的安装顺序,尤其重要的是止回阀的安装方向一定要保证水通过接合器进入系统。

4.5.4 地下消防水泵接合器井的砌筑应有防水和排水措施。

检查数量：全数检查。

检查方法：观察检查。

【条文解析】

本条规定阀门井应有防水和排水设施是为了防止井内长期灌满水，阀体锈蚀严重，无法使用。

5.1.1 管网采用钢管时，其材质应符合现行国家标准《输送流体用无缝钢管》GB/T 8163、《低压流体输送用焊接钢管》GB/T 3091 的要求。当使用铜管、不锈钢管等其他管材时，应符合相应技术标准的要求。

检查数量：全数检查。

检查方法：查验材料质量合格证明文件、性能检测报告，尺量、观察检查。

【条文解析】

本条对系统管网选用的钢管材质作了明确的规定，是根据国内在工程施工时因管材随意选用，造成质量问题而提出的。

随着人民生活水平的提高，有的自动喷水灭火系统工程中使用了铜管、不锈钢管等其他管材，它们的性能指标、安装使用要求应符合相应技术标准的要求，在注中加以说明。

5.1.5 螺纹连接应符合下列要求：

1 管道宜采用机械切割，切割面不得有飞边、毛刺；管道螺纹密封面应符合现行国家标准《普通螺纹基本尺寸要求》GB 196、《普通螺纹公差与配合》GB 197、《管路旋入端用普通螺纹尺寸系列》GB/T 1414 的有关规定。

2 当管道变径时，宜采用异径接头；在管道弯头处不宜采用补芯，当需要采用补芯时，三通上可用 1 个，四通上不应超过 2 个；公称直径大于 50mm 的管道不宜采用活接头。

检查数量：全数检查。

检查方法：观察检查。

3 螺纹连接的密封填料应均匀附着在管道的螺纹部分；拧紧螺纹时，不得将填料挤入管道内；连接后，应将连接处外部清理干净。

检查数量：抽查 20%，且不得少于 5 处。

检查方法：观察检查。

【条文解析】

本条对系统管网连接的要求中首先强调为确保其连接强度和管网密封性能，在管道切割和螺纹加工时应符合的技术要求。首先，施工时必须按程序严格要求、检验，达到有关标准后，方可进行连接，以保证连接质量和减少返工；其次，是对采用变径管件和使用密封填料时提出的技术要求，其目的是确保管网连接后不至于增大系统管网阻力和造成堵塞。

5.1.10 管道横向安装宜设 0.002～0.005 的坡度，且应坡向排水管；当局部区域难以利用排水管将水排净时，应采取相应的排水措施。当喷头数量小于或等于 5 只时，可在管道低凹处加设堵头；当喷头数量大于 5 只时，宜装设带阀门的排水管。

检查数量：全数检查。

检查方法：观察检查，水平尺和尺量检查。

【条文解析】

本条规定考虑了干式、雨淋等系统动作后应尽量排净管中的余水，以防冰冻致使管网遭到破坏。对其他系统来说，日久需检修或更换组件时，也需排净管网中余水，以利于工作。

5.1.11 配水干管、配水管应做红色或红色环圈标志。红色环圈标志，宽度不应小于20mm，间隔不宜大于4m，在一个独立的单元内环圈不宜少于2处。

检查数量：抽查20%，且不得少于5处。

检查方法：观察检查和尺量检查。

【条文解析】

本条规定的目的是便于识别自动喷水灭火系统的供水管道,做红色与消防器材色标规定相一致。在安装自动喷水灭火系统的场所，往往是各种用途的管道排在一起，且多而复杂，为便于检查、维修，作出易于辨识的规定是必要的。规定红圈的最小间距和环圈宽度是防止个别工地仅做极少的红圈，达不到标识效果。

5.1.12 管网在安装中断时，应将管道的敞口封闭。

检查数量：全数检查。

检查方法：观察检查。

【条文解析】

本条规定主要目的是防止安装时异物进入管道、堵塞管网的情况发生。

5.2.1 喷头安装应在系统试压、冲洗合格后进行。

检查数量：全数检查。

检查方法：检查系统试压、冲洗记录表。

【条文解析】

本条对喷头安装的前提条件作了规定。其目的一是保护喷头，二是防止异物堵塞喷头，影响喷头喷水灭火效果。

5.2.2 喷头安装时,不得对喷头进行拆装、改动,并严禁给喷头附加任何装饰性涂层。

检查数量：全数检查。

检查方法：观察检查。

5.2.3 喷头安装应使用专用扳手，严禁利用喷头的框架施拧；喷头的框架、溅水盘产生变形或释放原件损伤时，应采用规格、型号相同的喷头更换。

检查数量：全数检查。

检查方法：观察检查。

【条文解析】

这两条对喷头安装时应注意的几个问题提出了要求，目的是防止在安装过程中对喷头造成损伤，影响其性能。喷头是自动喷水灭火系统的关键组件，生产厂家按照国标要求经过严格检验合格后方可出厂供用户使用，因此安装时不得随意拆装、改动。

5.2.4 安装在易受机械损伤处的喷头，应加设喷头防护罩。

检查数量：全数检查。

检查方法：观察检查。

【条文解析】

本条规定是为了防止在某些使用场所因正常的运行操作而造成喷头的机械性损伤，在这些场所安装的喷头应加设防护罩。喷头防护罩是由厂家生产的专用产品，而不是由施工单位或用户随意制作的。喷头防护罩应符合既保护喷头不遭受机械损伤，又不能影响喷头感温动作和喷水灭火效果的技术要求。

5.2.5 喷头安装时，溅水盘与吊顶、门、窗、洞口或障碍物的距离应符合设计要求。

检查数量：抽查 20%，且不得少于 5 处。

检查方法：对照图纸，尺量检查。

【条文解析】

本条规定的目的是安装喷头要确保其设计要求的保护功能。

5.2.6 安装前检查喷头的型号、规格、使用场所应符合设计要求。

检查数量：全数检查。

检查方法：对照图纸，观察检查。

【条文解析】

本条规定的目的是要保证喷头的型号、规格、安装场所满足设计要求。

5.2.7 当喷头的公称直径小于 10mm 时，应在配水干管或配水管上安装过滤器。

检查数量：全数检查。

检查方法：观察检查。

【条文解析】

本条规定的目的是防止水中的杂物堵塞喷头，影响喷头喷水灭火效果。

5.4.1 水流指示器的安装应符合下列要求：

1 水流指示器的安装应在管道试压和冲洗合格后进行，水流指示器的规格、型号应符合设计要求。

检查数量：全数检查。

检查方法：对照图纸观察检查和检查管道试压和冲洗记录。

2 水流指示器应使电器元件部位竖直安装在水平管道上侧，其动作方向应和水流方向一致；安装后的水流指示器桨片、膜片应动作灵活，不应与管壁发生碰擦。

检查数量：全数检查。

检查方法：观察检查和开启阀门放水检查。

【条文解析】

本条对水流指示器的安装程序、安装位置、安装技术要求等作了明确规定。

水流指示器是一种由管网内水流作用启动、能发出电信号的组件，常用于湿式灭火系统中，作电报警设施和区域报警用。

本条规定水流指示器安装应在管道试压、冲洗合格后进行，是为了避免试压和冲洗对水流指示器动作机构造成损伤，影响其功能。其规格应与安装管道匹配，因为水流指示器安装在系统的供水管网内的管道上，避免因水流管道通水面积突变而增大阻力和出现气囊等不利现象发生。

水流指示器的作用原理目前主要是采用浆片或膜片感知水流的作用力而带动传动轴动作，开启信号机构发出信号。为提高灵敏度，其动作机构的传动部位设计制作要求较高。所以在安装时要求电器元件部位水平向上安装在水平管段上，防止管道凝结水滴入电器部位，造成损坏。

5.4.3 压力开关应竖直安装在通往水力警铃的管道上，且不应在安装中拆装改动。管网上的压力控制装置的安装应符合设计要求。

检查数量：全数检查。

检查方法：观察检查。

【条文解析】

本条对压力开关和压力控制装置的安装位置作了规定。压力开关是自动喷水灭火系统中常采用的一种较简便的能发出电信号的组件，常与水力警铃配合使用，互为补充，在感知喷水灭火系统启动后，水力报警的水流压力启动发出报警信号。系统除利用它发出电信号报警外，也可利用它与时间继电器组成消防泵自动启动装置。安装时除严格按使用说明书要求外，应防止随意拆装，以免影响其性能。其安装形式无论现场情况如何都应竖直安装在水力报警水流通路的管道上，应尽量靠近报警阀，以利于启动。

同时，压力开关控制稳压泵、电接点压力表控制消防气压给水设备时，这些压力控制装置的安装应符合设计的要求。

5.4.5 末端试水装置和试水阀的安装位置应便于检查、试验，并应有相应排水能力的排水设施。

检查数量：全数检查。

检查方法：观察检查。

【条文解析】

末端试水装置是自动喷水灭火系统使用中可检测系统总体功能的一种简易可行的检测试验装置，在湿式、预作用系统中均要求设置。末端试水装置一般由连接管、压力表、控制阀及排水管组成，有条件的也可由远传压力、流量测试装置和电磁阀组成。总的安装要求是便于检查、试验，检测结果可靠。

关于末端试水装置处应安装排水装置的规定，由于目前国内相当一部分工程施工时，没安装排水装置，使用时无法操作，有的甚至连位置都找不到，形同虚设，因此本条作了相应的规定。

5.4.6 信号阀应安装在水流指示器前的管道上，与水流指示器之间的距离不宜小于300mm。

检查数量：全数检查。

检查方法：观察检查和尺量检查。

【条文解析】

本条规定主要是针对自动喷水灭火系统区域控制中同时使用信号阀和水流指示器而言的，这些要求是为了便于检查两种组件的工作情况和便于维修与更换。

5.4.7 排气阀的安装应在系统管网试压和冲洗合格后进行；排气阀应安装在配水干管顶部、配水管的末端，且应确保无渗漏。

检查数量：全数检查。

检查方法：观察检查和检查管道试压及冲洗记录。

【条文解析】

本条对自动排气阀的安装要求作了规定。自动排气阀是湿式系统上设置的能自动排出管网内气体的专用产品。在湿式系统调试充水过程中，管网内的气体将被自然驱压到最高点，自动排气阀能自动将这些气体排出，当充满水后，该阀会自动关闭。因其排气孔较小，阀塞等零件较精密，为防止损坏和堵塞，自动排气阀应在系统管网冲洗、试压合格后安装，其安装位置应是管网内气体最后集聚处。

5.4.8 节流管和减压孔板的安装应符合设计要求。

检查数量：全数检查。

检查方法：对照图纸观察检查和尺量检查。

【条文解析】

减压孔板和节流管是使自动喷水灭火系统某一局部水压符合规范要求而常采用的压力调节设施。目前国内外已开发了应用方便、性能可靠的自动减压阀，其作用与减压孔板和节流管相同，安装设置要求与设计规范规定是一致的。

5.4.9 压力开关、信号阀、水流指示器的引出线应用防水套管锁定。

检查数量：全数检查。

检查方法：观察检查。

【条文解析】

本条规定是为了防止压力开关、信号阀、水流指示器的引出线进水，影响其性能。

5.4.12 倒流防止器的安装应符合下列要求：

1 应在管道冲洗合格以后进行。

检查数量：全数检查。

检查方法：检查管道试压和冲洗记录。

2 不应在倒流防止器的进口前安装过滤器或者使用带过滤器的倒流防止器。

检查数量：全数检查。

检查方法：观察检查。

3 宜安装在水平位置，当竖直安装时，排水口应配备专用弯头。倒流防止器宜安装在便于调试和维护的位置。

检查数量：全数检查。

检查方法：观察检查。

4 倒流防止器两端应分别安装闸阀，而且至少有一端应安装挠性接头。

检查数量：全数检查。

检查方法：观察检查。

5 倒流防止器上的泄水阀不宜反向安装，泄水阀应采取间接排水式，其排水管不应直接与排水管（沟）连接。

检查数量：全数检查。

检查方法：观察检查。

6 安装完毕后，首次启动使用时，应关闭出水闸阀，缓慢打开进水闸阀，待阀腔充满水后，缓慢打开出水闸阀。

检查数量：全数检查。

检查方法：观察检查。

【条文解析】

本条对倒流防止器的安装作了规定。管道冲洗以后安装可以减少不必要的麻烦。用在消防管网上的倒流防止器进口前不允许使用过滤器或者使用带过滤器的倒流防止器，是因为过滤器的网眼可能被水中的杂质堵塞而引起紧急情况下的供水中断。安装在水平位置，以便于顺利泄水，必要时也允许竖直安装，但要求排水口配备专用弯头。倒流防止器上的泄水阀一般不允许反向安装，如果需要，应由有资质的技术工人完成，而且还应该保证合适的调试、维修的空间。安装完毕初步启动使用时，为了防止剧烈动作时的 O 形圈移位和内部组件的损伤，应按一定的步骤进行。

6.1.1 管网安装完毕后，应对其进行强度试验、严密性试验和冲洗。

检查数量：全数检查。

检查方法：检查强度试验、严密性试验、冲洗记录表。

【条文解析】

强度试验实际是对系统管网的整体结构、所有接口、承载管架等进行的一种超负荷考验。而严密性试验则是对系统管网渗漏程度的测试。实践表明，这两种试验都是必不可少的，也是评定其工程质量和系统功能的重要依据。管网冲洗是防止系统投入使用后发生堵塞的重要技术措施之一。

6.1.2 强度试验和严密性试验宜用水进行。干式喷水灭火系统、预作用喷水灭火系统应做水压试验和气压试验。

检查数量：全数检查。

检查方法：检查水压试验和气压试验记录表。

【条文解析】

水压试验简单易行，效果稳定可信。对于干式、干湿式和预作用系统来讲，投入运行后，既要长期承受带压气体的作用，火灾期间又要转换成临时高压水系统，由于水与空气或氮气的特性差异很大，所以只做一种介质的试验，不能代表另一种试验的结果。

在冰冻季节，对水压试验应慎重处理，这是为了防止水在管网内结冰而引起爆管事故。

6.1.4 管网冲洗应在试压合格后分段进行。冲洗顺序应先室外，后室内；先地下，后地上；室内部分的冲洗应按配水干管、配水管、配水支管的顺序进行。

检查数量：全数检查。

检查方法：观察检查。

【条文解析】

系统管网的冲洗工作如能按照此合理的程序进行，即可保证已被冲洗合格的管段，不致因对后面管段的冲洗而再次被弄脏或堵塞。室内部分的冲洗顺序实际上是使冲洗水流方向与系统灭火时水流方向一致，可确保其冲洗的可靠性。

6.1.6 系统试压过程中，当出现泄漏时，应停止试压，并应放空管网中的试验介质；消除缺陷后，重新再试。

【条文解析】

带压进行修理，既无法保证返修质量，又可能造成零部件损坏或发生人身安全事故及造成水害，这在任何管道工程的施工中都是绝对禁止的。

6.1.7 管网冲洗宜用水进行。冲洗前，应对系统的仪表采取保护措施。

检查数量：全数检查。

检查方法：观察检查。

【条文解析】

水冲洗简单易行，费用低，效果好。系统的仪表若参与冲洗，往往会使其密封性遭到破坏或杂物沉积，影响其性能。

6.1.8 冲洗前，应对管道支架、吊架进行检查，必要时应采取加固措施。

检查数量：全数检查。

检查方法：观察、手扳检查。

【条文解析】

用水冲洗时，水流速度可高达 3m/s，对管网改变方向、引出分支管部位、管道末端等处，将会产生较大的推力，若支架、吊架的牢固性欠佳，即会使管道产生较大的位移、变形，甚至断裂。

6.1.9 对不能经受冲洗的设备和冲洗后可能存留脏物、杂物的管段，应进行清理。

检查数量：全数检查。

检查方法：观察检查。

【条文解析】

若不对这些设备和管段采取有效的方法清洗，系统复位后，该部分所残存的脏物、杂物便会污染整个管网，并可能在局部造成堵塞，使系统部分或完全丧失灭火功能。

6.1.10 冲洗直径大于 100mm 的管道时，应对其死角和底部进行敲打，但不得损伤管道。

【条文解析】

冲洗大直径管道时，对死角和底部应进行敲打，目的是震松死角处和管道底部的杂质及沉淀物，使它们在高速水流的冲刷下呈漂浮状态而被带出管道。

6.1.12 水压试验和水冲洗宜采用生活用水进行，不得使用海水或含有腐蚀性化学物质的水。

检查数量：全数检查。

检查方法：观察检查。

【条文解析】

本条规定采用符合生活水标准的水进行冲洗，可以保证被冲洗管道的内壁不致遭受污染和腐蚀。

6.2.2 水压强度试验的测试点应设在系统管网的最低点。对管网注水时，应将管网内的空气排净，并应缓慢升压；达到试验压力后，稳压 30min 后，管网应无泄漏、无变形，且压力降不应大于 0.05MPa。

检查数量：全数检查。

检查方法：观察检查。

【条文解析】

测试点选在系统管网的低点，可客观地验证其承压能力；若设在系统高点，则无形中提高了试验压力值，这样往往会使系统管网局部受损，造成试压失败。检查判定方法采用目测，简单易行，也是其他国家现行规范常用的方法。

6.2.4 水压试验时环境温度不宜低于 5℃时，当低于 5℃时，水压试验应采取防冻措施。

检查数量：全数检查。

检查方法：用温度计检查。

【条文解析】

当环境温度低于 5℃时，试压效果不好，如果没有防冻措施，便有可能在试压过程中发生冰冻，试验介质就会因体积膨胀而造成爆管事故。

6.3.2 气压试验的介质宜采用空气或氮气。

检查数量：全数检查。

检查方法：观察检查。

【条文解析】

空气或氮气作试验介质，既经济、方便，又安全可靠，且不会产生不良后果。实际施工现场大多采用压缩空气作试验介质。因氮气价格便宜，对金属管道内壁可起到保护作用，故对湿度较大的地区来说，采用氮气作试验介质，也是防止管道内壁锈蚀的有效措施。

6.4.2 管网冲洗的水流方向应与灭火时管网的水流方向一致。

检查数量：全数检查。

检查方法：观察检查。

【条文解析】

明确水冲洗的水流方向，有利于确保整个系统的冲洗效果和质量，同时对安排被冲洗管段的顺序也较为方便。

6.4.4 管网冲洗宜设临时专用排水管道，其排放应畅通和安全。排水管道的截面面积不得小于被冲洗管道截面面积的 60%。

检查数量：全数检查。

检查方法：观察和尺量、试水检查。

【条文解析】

从系统中排出的冲洗用水应该及时而顺畅地进入临时专用排水管道，而不应造成任何水害。临时专用排水管道可以现场临时安装，也可采用消火栓水龙带作为临时专用排水管道。本条还对排放管道的截面面积有一定要求，这种要求与目前我国工业管道冲洗的相应要求是一致的。

6.4.6 管网冲洗结束后，应将管网内的水排除干净，必要时可采用压缩空气吹干。

检查数量：全数检查。

检查方法：观察检查。

【条文解析】

系统冲洗合格后，及时将存水排净，有利于保护冲洗效果。如系统需经长时间才能投入使用，则应用压缩空气将其管壁吹干，并加以封闭，这样可以避免管内生锈或再次遭受污染。

7.1.1 系统调试应在系统施工完成后进行。

【条文解析】

只有在系统已按照设计要求全部安装完毕、工序检验合格后，才可能全面、有效地进行各项调试工作。

7.1.2 系统调试应具备下列条件：

1 消防水池、消防水箱已储存设计要求的水量；

2 系统供电正常；

3 消防气压给水设备的水位、气压符合设计要求；

4 湿式喷水灭火系统管网内已充满水；干式、预作用喷水灭火系统管网内的气压符合设计要求；阀门均无泄漏；

5 与系统配套的火灾自动系统处于工作状态。

【条文解析】

系统调试的基本条件，要求系统的水源、电源、气源均按设计要求投入运行，这样才能使系统真正进入准工作状态，在此条件下，对系统进行调试所取得的结果，才是真正有代表性和可信的。

7.2.1 系统调试应包括下列内容：

1 水源测试；

2 消防水泵调试；

3 稳压泵调试；

4 报警阀调试；

5 排水设施调试；

6 联动试验。

【条文解析】

系统调试内容是根据系统正常工作条件、关键组件性能、系统性能等来确定的。本条规定系统调试的内容：水源的充足可靠与否，直接影响系统灭火功能；消防水泵对临时高压管网来讲，是扑灭火灾时的主要供水设施；报警阀为系统的关键组成部件，其动作的准确、灵敏与否，直接关系到灭火的成功率；排水装置是保证系统运行和进行试验时不致产生水害的设施；联动试验实为系统与火灾自动报警系统的联锁动作试验，它可反映出系统各组成部件之间是否协调和配套。

《火灾自动报警系统设计规范》GB 50116—2013

4.2.1 湿式系统和干式系统的联动控制设计，应符合下列规定：

1 联动控制方式，应由湿式报警阀压力开关的动作信号作为触发信号，直接控制启动喷淋消防泵，联动控制不应受消防联动控制器处于自动或手动状态影响。

2 手动控制方式，应将喷淋消防泵控制箱（柜）的启动、停止按钮用专用线路直接连接至设置在消防控制室内的消防联动控制器的手动控制盘，直接手动控制喷淋消防泵的启动、停止。

3 水流指示器、信号阀、压力开关、喷淋消防泵的启动和停止的动作信号应反馈至消防联动控制器。

【条文解析】

当发生火灾时，湿式系统和干式系统的喷头闭锁装置溶化脱落，水自动喷出，安装在管道上的水流指示器报警，报警阀组的压力开关动作报警，并由压力开关直接连锁启动供水泵向管网持续供水。

以前通常使用喷淋消防泵的启动信号作为系统的联动反馈信号，该信号取自供水泵主回路接触器辅助接点，这种设计的缺点是如果供水泵电动机出现故障，供水泵虽未启动，但反馈信号表示已经启动了。而反馈信号取自干管水流指示器，则能真实地反映喷淋消防泵的工作状态。

当系统为手动控制方式时，如果发生火灾，可以通过操作设置在消防控制室内消防联动控制器的手动控制盘直接开启供水泵。

4.2.2 预作用系统的联动控制设计，应符合下列规定：

1 联动控制方式，应由同一报警区域内两只及以上独立的感烟火灾探测器或一只感烟火灾探测器与一只手动火灾报警按钮的报警信号，作为预作用阀组开启的联动触发信号。由消防联动控制器控制预作用阀组的开启，使系统转变为湿式系统；当系统设有快速排气装置时，应联动控制排气阀前的电动阀的开启。湿式系统的联动控制设计应符合本规范第 4.2.1 条的规定。

2 手动控制方式，应将喷淋消防泵控制箱（柜）的启动和停止按钮、预作用阀组和快速排气阀入口前的电动阀的启动和停止按钮，用专用线路直接连接至设置在消防控制室内的消防联动控制器的手动控制盘，直接手动控制喷淋消防泵的启动、停止及预作用阀组和电动阀的开启。

3 水流指示器、信号阀、压力开关、喷淋消防泵的启动和停止的动作信号，有压气体管道气压状态信号和快速排气阀入口前电动阀的动作信号应反馈至消防联动控制器。

【条文解析】

当预作用系统为正常状态时，配水管道中没有水。火灾自动报警系统自动开启预作用阀组后，预作用系统转为湿式灭火系统。当火灾温度继续升高时，闭式喷头的闭锁装置溶化脱落，喷头自动喷水灭火。

预作用系统在自动控制方式下，要求由同一报警区域内两只及以上独立的感烟火灾探测器或一只感烟火灾探测器及一只手动报警按钮的报警信号（"与"逻辑）作为预作用阀组开启的联动触发信号，主要考虑的是保障系统动作的可靠性。

当系统为手动控制方式时，如果发生火灾，可以通过操作设置在消防控制室内的消防联动控制器的手动控制盘直接启动向配水管道供水的阀门和供水泵。

干管水流指示器的动作信号是系统联动的反馈信号，因此，应将信号发送到消防控制室，并在消防联动控制器上显示。

4.2.3 雨淋系统的联动控制设计，应符合下列规定：

1 联动控制方式，应由同一报警区域内两只及以上独立的感温火灾探测器或一只感温火灾探测器与一只手动火灾报警按钮报警信号，作为雨淋阀组开启的联动触发信号。应由消防联动控制器控制雨淋阀组的开启。

2 手动控制方式，应将雨淋消防泵控制箱（柜）的启动和停止按钮、雨淋阀组的启动和停止按钮，用专用线路直接连接至设置在消防控制室内的消防联动控制器的手动控制盘，直接手动控制雨淋消防泵的启动、停止及雨淋阀组的开启。

3 水流指示器，压力开关，雨淋阀组、雨淋消防泵的启动和停止的动作信号应反馈至消防联动控制器。

【条文解析】

雨淋系统是开式自动喷水灭火系统的一种，本条规定的雨淋系统是指通过火灾自动报警系统实现管网控制的系统。

4.2.4 自动控制的水幕系统的联动控制设计，应符合下列规定：

1 联动控制方式，当自动控制的水幕系统用于防火卷帘的保护时，应由防火卷帘下落到楼板面的动作信号与本报警区域内任一火灾探测器或手动火灾报警按钮的报警信号作为水幕阀组启动的联动触发信号，并应由消防联动控制器联动控制水幕系统相关控制阀组的启动；仅用水幕系统作为防火分隔时，应由该报警区域内两只独立的感温火灾探测器的火灾报警信号作为水幕阀组启动的联动触发信号，并应由消防联动控制器联动控制水幕系统相关控制阀组的启动。

2 手动控制方式，应将水幕系统相关控制阀组和消防泵控制箱（柜）的启动、停止按钮用专用线路直接连接至设置在消防控制室内的消防联动控制器的手动控制盘，并应直接手动控制消防泵的启动、停止及水幕系统相关控制阀组的开启。

3 压力开关、水幕系统相关控制阀组和消防泵的启动、停止的动作信号，应反馈至消防联动控制器。

【条文解析】

水幕系统由开式洒水喷头或水幕喷头、雨淋报警阀组或感温雨淋阀、水流报警装置（水流指示器或压力开关），以及管道、供水设施等组成。

《建筑设计防火规范》GB 50016—2012

8.3.1 下列建筑或场所应设置自动灭火系统，除本规范另有规定和不宜用水保护或灭火者外，宜采用自动喷水灭火系统：

1 不小于 50000 纱锭的棉纺厂的开包、清花车间；不小于 5000 锭的麻纺厂的分级、梳麻车间；火柴厂的烤梗、筛选部位；泡沫塑料厂的预发、成型、切片、压花部位；占地面积大于 1500m² 的木器厂房；占地面积大于 1500m² 或总建筑面积大于 3000m² 的单层或多层制鞋、制衣、玩具及电子等厂房；高层丙类厂房；建筑面积大于 500m² 的丙类地下厂房；

2 每座占地面积大于 1000m² 的棉、毛、丝、麻、化纤、毛皮及其制品的仓库；每座占地面积大于 600m² 的火柴仓库；邮政建筑中建筑面积大于 500m² 的空邮袋库；建筑面积大于 500m² 的可燃物品地下仓库；可燃、难燃物品的高架仓库和高层仓库；设计温度高于 0℃ 的高架冷库或每个防火分区建筑面积大于 1500m² 的普通冷库；

3 一类高层公共建筑及其裙房（除游泳池、溜冰场、建筑面积小于 5.00m² 的卫生间、厕所外），二类高层公共建筑的公共活动用房、走道、办公室和旅馆的客房、可燃物品库房、自动扶梯底部和垃圾道顶部，高层民用建筑中经常有人停留或可燃物较多的地下、半地下室房间和燃油、燃气锅炉房、柴油发电机房等；

4 特等、甲等或超过 1500 个座位的其他等级的剧场；超过 2000 个座位的会堂或礼堂；超过 3000 个座位的体育馆；超过 5000 人的体育场的室内人员休息室与器材间等；

5 任一楼层建筑面积大于 1500m² 或总建筑面积大于 3000m² 的展览建筑、商店、餐饮建筑、旅馆建筑以及医院中同样建筑规模的病房楼、门诊楼和手术部；建筑面积大于 500m² 的地下、半地下商店；

6 设置送回风道（管）的集中空气调节系统且总建筑面积大于 3000m² 的办公建筑等；

7 设置在地下、半地下或建筑内地上四层及以上的歌舞娱乐放映游艺场所（游泳场所除外），设置在建筑的首层、二层和三层且任一层建筑面积大于 300m² 的地上歌舞娱乐放映游艺场所（游泳场所除外）；

8 藏书量超过 50 万册的图书馆；

9 大型、中型幼儿园；总建筑面积大于 500m² 的幼儿园、老年人建筑；

10 建筑高度大于 27m 但小于等于 54m 的住宅建筑的公共部位，建筑高度大于 54m 的住宅建筑；

11 设有自动喷水灭火系统的建筑内的燃油、燃气锅炉房、柴油发电机房。

注：1 除住宅建筑外，高层居住建筑应按公共建筑，公寓应按旅馆建筑的要求设置自动喷水灭火系统。

2 建筑面积大于 3000m² 且无法采用自动喷水灭火系统的展览厅、体育馆观众厅等人员密集的场所，建筑面积大于 5000m² 且无法采用自动喷水灭火系统的丙类厂房、仓库，宜设置固定消防炮等灭火系统。

3 多种使用功能混合的建筑，当各使用功能场所之间未采取防火分隔措施时，建筑内自动灭火系统的设置应按火灾危险性较大的使用功能确定。

4 总建筑面积为 500～1000m² 的幼儿园、老年人建筑和除 10 款规定外的高层住宅，宜设置自动喷水局部应用系统。

【条文解析】

本条规定了应设置自动灭火系统且宜采用自动喷水灭火系统的场所。

自动喷水灭火系统在国外使用十分广泛，从厂房、仓库到各类民用建筑。根据我国当前的条件，本条仅对火灾危险性大、火灾可能导致经济损失大、社会影响大或人员伤亡大的重点场所作了规定。本条规定中有的有具体部位，有的是以建筑物为基础规定的。在执行时，如规定的建筑物中有些部位火灾危险性较小或火灾荷载密度较小，也可不设。其原则是重点部位、重点场所，重点防护，不同分区，措施可以不同；总体上要能保证整座建筑物的消防安全，特别要考虑所设置的部位或场所在设置灭火系统后应能防止一个防火分区内的火灾蔓延到另一个防火分区中去。

8.3.3 下列场所应设置雨淋自动喷水灭火系统：

1 火柴厂的氯酸钾压碾厂房，建筑面积大于 100m² 生产、使用硝化棉、喷漆棉、火胶棉、赛璐珞胶片、硝化纤维的厂房；

2 建筑面积大于 60m² 或储存量大于 2t 的硝化棉、喷漆棉、火胶棉、赛璐珞胶片、硝化纤维的仓库；

3 日装瓶数量大于 3000 瓶的液化石油气储配站的灌瓶间、实瓶库；

4 特等、甲等剧场的舞台葡萄架下部，超过 1500 个座位的其他等级剧场和超过 2000 个座位的会堂或礼堂的舞台葡萄架下部；

5 建筑面积不小于 400m² 的演播室，建筑面积不小于 500m² 的电影摄影棚；

6 乒乓球厂的轧坯、切片、磨球、分球检验部位。

【条文解析】

本条规定了雨淋自动喷水灭火系统的设置场所。

雨淋系统用以扑救大面积的火灾，在火灾燃烧猛烈、蔓延快的部位使用。雨淋系统应有足够的供水速度，保证其灭火效果。

《高层民用建筑设计防火规范 2005 年版》GB 50045—1995

7.6.1 建筑高度超过 100m 的高层建筑及其裙房，除游泳池、溜冰场、建筑面积小

于 5.00m² 的卫生间、不设集中空调且户门为甲级防火门的住宅的户内用房和不宜用水扑救的部位外，均应设自动喷水灭火系统。

【条文解析】

本条规定了建筑高度超过 100m 的高层建筑，应设自动喷水灭火设备。

7.6.2 建筑高度不超过 100m 的一类高层建筑及其裙房，除游泳池、溜冰场、建筑面积小于 5.00m² 的卫生间、普通住宅、不设集中空调的住宅的户内用房和不宜用水扑救的部位外，均应设自动喷水灭火系统。

【条文解析】

为了节省投资，本条对低于 100m 的一类建筑及其裙房的一些重点部位、房间提出了应设置自动喷水灭火设备的要求。

7.6.3 二类高层公共建筑的下列部位应设自动喷水灭火系统：

7.6.3.1 公共活动用房；

7.6.3.2 走道、办公室和旅馆的客房；

7.6.3.3 自动扶梯底部；

7.6.3.4 可燃物品库房。

7.6.4 高层建筑中的歌舞娱乐放映游艺场所、空调机房、公共餐厅、公共厨房以及经常有人停留或可燃物较多的地下室、半地下室房间等，应设自动喷水灭火系统。

【条文解析】

为了贯彻建筑防火以人为本的指导思想，加强人员密集场所初期火灾的早期控火能力，借鉴发达国家的成功经验，本条规定了自动喷水灭火系统的设置场所。

7.6.5 超过 800 个座位的剧院、礼堂的舞台口宜设防火幕或水幕分隔。

【条文解析】

本条规定的水幕设置范围，其理由是：

1）剧院、礼堂的舞台，演戏时常有烟火效果，幕布、可燃道具、照明灯具多，容易引起火灾。故规定设在高层建筑内超过个座位的剧院、礼堂，在舞台口宜设防火幕或水幕。

2）火灾实例证明，舞台起火后容易威胁观众的安全，如设有防火幕或水幕，能在一定时间内阻挡火势向观众厅蔓延，赢得疏散和扑救时间。

7.6.6 高层建筑内的下列房间应设置除卤代烷 1211、1301 以外的自动灭火系统：

7.6.6.1 燃油、燃气的锅炉房、柴油发电机房宜设自动喷水灭火系统；

7.6.6.2 可燃油油浸电力变压器、充可燃油的高压电容器和多油开关室宜设水喷雾或气体灭火系统。

【条文解析】

高层建筑内的燃油、燃气锅炉房、可燃油油浸电力变压器室、多油开关室、充可燃油的高压电容器室、自备发电机房等，有较大的火灾危险性。考虑到其火灾特点，可以采用水喷雾或气体灭火系统。

《人民防空工程设计防火规范》GB 50098—2009

7.2.2 下列人防工程和部位宜设置自动喷水灭火系统；当有困难时，也可设置局部应用系统，局部应用系统应符合现行国家标准《自动喷水灭火系统设计规范》GB 50084 的有关规定。

1 建筑面积大于100m²，且小于或等于500m²的地下商店和展览厅；

2 建筑面积大于100m²，且小于或等于1000m²的影剧院、礼堂、健身体育场所、旅馆、医院等；建筑面积大于100m²，且小于或等于500m²的丙类库房。

【条文解析】

本条规定了在人防工程内宜设置自动喷水灭火系统的场所，由于这些场所规模都较小，设置自动喷水灭火系统可能有困难，故也允许设置局部应用系统。

7.2.3 下列人防工程和部位应设置自动喷水灭火系统：

1 除丁、戊类物品库房和自行车库外，建筑面积大于 500m² 丙类库房和其他建筑面积大于1000m²的人防工程；

2 大于 800 个座位的电影院和礼堂的观众厅，且吊顶下表面至观众席室内地面高度不大于8m时；舞台使用面积大于200m²时；观众厅与舞台之间的台口宜设置防火幕或水幕分隔；

3 符合本规范第 4.4.3 条第 2 款规定的防火卷帘；

4 歌舞娱乐放映游艺场所；

5 建筑面积大于500m²的地下商店和展览厅；

6 燃油或燃气锅炉房和装机总容量大于 300kW 柴油发电机房。

【条文解析】

本条规定了人防工程内应设置自动喷水灭火系统的场所。

《住宅建筑规范》GB 50368—2005

9.6.235 层及35 层以上的住宅建筑应设置自动喷水灭火系统。

【条文解析】

自动喷水灭火系统具有良好的控火及灭火效果，已得到许多火灾案例的实践检验。对于建筑层数为35层及35层以上的住宅建筑，由于建筑高度高，人员疏散困难，火灾危险性大，为保证人员生命和财产安全，规定设置自动喷水灭火系统是必要的。

《汽车库、修车库、停车场设计防火规范》GB 50067—1997

7.2.1 Ⅰ、Ⅱ、Ⅲ类地上汽车库、停车数超过10辆的地下汽车库、机械式立体汽车库或复式汽车库以及采用垂直升降梯作汽车疏散出口的汽车库、Ⅰ类修车库，均应设置自动喷水灭火系统。

【条文解析】

这几种类型的汽车库有的规模大，停车数量多；有的没有车行道，车辆进出靠机械传送；有的设在地下一、二层，疏散极为困难。这些车库都设置了自动喷水灭火设备，是十分必要的，这是及时扑灭火灾、防止火灾蔓延扩大、减少财产损失的有效措施。国外的汽车库设置自动喷水灭火设备已很普遍，我国近年来建造的大型汽车库都设置了自动喷水灭火设备。本条规定需要安装自动喷水灭火设备的汽车库，主要依据停车规模和汽车库的形式来确定，这是符合我国国情和实际情况的。

7.2.2 汽车库、修车库自动喷水灭火系统的危险等级可按中危险级确定。

【条文解析】

从汽车本身的结构等特点来看，它是一个综合性的甲、丙、丁、戊类的火灾危险性的物品，燃料汽油为甲类（但数量很少），轮胎、坐垫为丙类（数量也不多），车身的金属、塑料材料为丁、戊类。如果将汽车划为甲、丙类火灾危险性，显然是高了，划为戊类则低了，不合理，所以将汽车火灾危险划为丁类和中危险级比较适宜。

7.2.3 汽车库、修车库自动喷水灭火系统的设计除应按现行国家标准《自动喷水灭火系统设计规范》的规定执行外，其喷头布置还应符合下列要求：

7.2.3.1 应设置在汽车库停车位的上方；

7.2.3.2 机械式立体汽车库、复式汽车库的喷头除在屋面板或楼板下按停车位的上方布置外，还应按停车的托板位置分层布置，且应在喷头的上方设置集热板。

7.2.3.3 错层式、斜楼板式的汽车库的车道、坡道上方均应设置喷头。

【条文解析】

在设计汽车库、修车库的自动喷水灭火系统时，对喷水强度、作用面积、喷头的工作压力、最大保护面积、最大水平距离等以及自动喷水的用水量都应按《自动喷水灭火系统设计规范》GB 50084 的有关规定执行。除此之外，根据汽车库自身的特点，本条制定了喷头布置的一些特殊要求，要将喷头布置在停车位上，既有下喷头、又有侧喷头的布置要求，这是保证机械式立体汽车库、复式汽车库自动喷水灭火系统有效灭火的措施。错层式、斜板式的汽车库，由于防火分区较难分隔，停车区与车道之间也难分隔，在防火分区作了一些适当调整处理，但为了保证这些车库的安全，防止火灾的蔓延扩大，在车道、坡道上加设喷头是十分必要的一种补救措施。

《体育建筑设计规范》JGJ 31—2003

8.1.11 自动喷水灭火系统的设置应符合下列要求：

1 贵宾室、器材库、运动员休息室等应按《建筑设计防火规范》GBJ 16 对体育馆的规定设自动喷水灭火系统，可按《自动喷水灭火系统设计规范》GB 50084 的中危险级 I 级设计。

2 赛后用做其他用途的房间，应按平时使用功能确定设置自动喷水灭火系统。

【条文解析】

本条规定自动喷水灭火系统的一些特殊要求。

《剧场建筑设计规范》JGJ 57—2000

8.3.2 超过 1500 个座位的观众厅的闷顶内、净空高度不超过 8m 的观众厅、舞台上部（屋顶采用金属构件时）、化妆室、道具室、储藏室和贵宾室应设置闭式自动喷水灭火系统。

【条文解析】

本条综合提出在超过 1500 座位的剧场应设闭式自动喷水灭火系统的部位。

8.3.3 超过 1500 个座位的剧场，舞台的葡萄架下，应设雨淋喷水灭火系统。超过 800 座的剧场舞台葡萄架下宜设雨淋喷水灭火系统。

【条文解析】

本条提出"应"与"宜"的分界线。实际上据调查，舞台的葡萄架下设置雨淋喷水灭火系统是十分必要、十分有效的灭火措施。

8.3.6 雨淋喷水灭火系统和水幕系统在设置自动开启的同时，应设置手动开启装置。雨淋喷水灭火系统的雨淋阀和水幕系统的快开阀门，应位置明确，便于操作，并有明显的标志和保护装置。

【条文解析】

本条是在调查基础上所作出的规定，着重设置自动控制的同时，要求设置手动开启装置。剧场演出时，可将雨淋喷水系统与水幕系统的自动装置切换为人工控制状态，可以防止演出期间的误动作；非演出时间，又可将系统的电动联动装置回到自动状态。

另外，本条还强调"自动与手动"装置应该有明显的标志和保护措施。据调查，该装置有的设在舞台以外的房间内，还有的用木柜锁住，且无标志，易造成事故。

6.4 气体灭火系统

《气体灭火系统设计规范》GB 50370—2005

3.1.4 两个或两个以上的防护区采用组合分配系统时，一个组合分配系统所保护的防护区不应超过8个。

【条文解析】

我国是一个发展中国家，搞经济建设应厉行节约，故按照"经济合理"的原则，对两个或两个以上的防护区，可采用组合分配系统。对于特别重要的场所，在经济条件允许的情况下，可考虑采用单元独立系统。

组合分配系统能减少设备用量及设备占地面积，节省工程投资费用。但是，一个组合分配系统包含的防护区不能太多、太分散。因为各个被组合进来的防护区的灭火系统设计都必须分别满足各自系统设计的技术要求，而这些要求必然限制了防护区分散程度和防护区的数量，并且，组合多了还应考虑火灾发生概率的问题。此外，灭火设计用量较小且与组合分配系统的设置用量相差太悬殊的防护区，不宜参加组合。

3.1.5 组合分配系统的灭火剂储存量，应按储存量最大的防护区确定。

【条文解析】

设置组合分配系统的设计原则：对被组合的防护区只按一次火灾考虑；不存在防护区之间火灾蔓延的条件，即可对它们实行共同防护。

共同防护的含义，是指被组合的任一防护区里发生火灾，都能实行灭火并达到灭火要求。那么，组合分配系统灭火剂的储存量按其中所需的系统储存量最大的一个防护区的储存量来确定。但需指出，单纯防护区面积、体积最大，或是采用灭火设计浓度最大，其系统储存量不一定最大。

3.1.7 灭火系统的储存装置72小时内不能重新充装恢复工作的，应按系统原储存量的100%设置备用量。

【条文解析】

灭火剂的泄漏以及储存容器的检修，还有喷放灭火后的善后和恢复工作，都将会中断对防护区的保护。由于气体灭火系统的防护区一般都为重要场所，由它保护而意外造成中断的时间不允许太长，故规定72小时内不能够恢复工作状态的，就应设置备用储存容器和灭火剂备用量。

本条规定备用量应按系统原储存量的 100%确定，是按扑救第二次火灾需要来考虑的。一般来说，依据我国现有情况，绝大多数地方 3 天内都能够完成重新充装和检修工作。在重新恢复工作状态前，要安排好临时保护措施。

3.1.8 灭火系统的设计温度，应采用 20℃。

【条文解析】

在系统设计和管网计算时，必然会涉及一些技术参数。例如，与灭火剂有关的气相、液相密度、蒸气压力等，与系统有关的单位容积充装量、充压压力、流动特性、喷嘴特性、阻力损失等，它们无不与温度有着直接或间接的关系。因此采用统一的温度基准是必要的。

3.1.9 同一集流管上的储存容器，其规格、充压压力和充装量应相同。

【条文解析】

必要时，IG541 混合气体灭火系统储存容器的大小（容量）允许有差别，但充装压力应相同。

3.1.10 同一防护区，当设计两套或三套管网时，集流管可分别设置，系统启动装置必须共用。各管网上喷头流量均应按同一灭火设计浓度、同一喷放时间进行设计。

【条文解析】

本条规定是为了尽量避免使用或少使用管道三通的设计，因其设计计算与实际在流量上存在的误差会带来较大的影响，在某些应用情况下它们可能会酿成不良后果（如在一防护区里包含一个以上封闭空间的情况）。所以，本条规定可设计两至三套管网以减少三通的使用。同时，如一防护区采用两套管网设计，还可使本应不均衡的系统变为均衡系统。对一些大防护区、大设计用量的系统来说，采用两套或三套管网设计，可减小管网管径，有利于管道设备的选用和保证管道设备的安全。

3.1.11 管网上不应采用四通管件进行分流。

【条文解析】

在管网上采用四通管件进行分流会影响分流的准确性，造成实际分流与设计计算差异较大，因此本条规定不应采用四通进行分流。

3.1.14 一个防护区设置的预制灭火系统，其装置数量不宜超过 10 台。

【条文解析】

本条规定一个防护区设置的预制灭火系统装置数量不宜多于 10 台。这是考虑预制灭火系统在技术上和功能上还有不如固定式灭火系统的地方；同时，数量多了会增加失误的概率，故应在数量上对它加以限制。

3.1.15 同一防护区的预制灭火系统装置多于 1 台时，必须能同时启动，其动作响应时差不得大于 2s。

【条文解析】

为确保有效地扑灭火灾，防护区内设置的多台预制灭火系统装置必须同时启动，其动作响应时间差也应有严格的要求，本条规定是经过多次相关试验所证实的。

3.1.16 单台热气溶胶预制灭火系统装置的保护容积不应大于 160m³；设置多台装置时，其相互间的距离不得大于 10m。

【条文解析】

对一个容积大于 160m³ 的防护区，即使设计一台装药量大的灭火装置能满足防护区设计灭火浓度或设计灭火密度要求，也要尽可能设计为两台装药量小一些的灭火装置，并均匀布置在防护区内。

3.2.1 气体灭火系统适用于扑救下列火灾：

1 电气火灾；

2 固体表面火灾；

3 液体火灾；

4 灭火前能切断气源的气体火灾。

注：除电缆隧道（夹层、井）及自备发电机房外，K 型和其他型热气溶胶预制灭火系统不得用于其他电气火灾。

3.2.2 气体灭火系统不适用于扑救下列火灾：

1 硝化纤维、硝酸钠等氧化剂或含氧化剂的化学制品火灾；

2 钾、镁、钠、钛、锆、铀等活泼金属火灾；

3 氢化钾、氢化钠等金属氢化物火灾；

4 过氧化氢、联胺等能自行分解的化学物质火灾；

5 可燃固体物质的深位火灾。

【条文解析】

从广义上明确地规定了各类气体灭火剂可用来扑救的火灾与不能扑救的某些物质的火灾，即对其应用范围进行了划定。

3.2.5 防护区围护结构及门窗的耐火极限均不宜低于 0.5h；吊顶的耐火极限不宜低于 0.25h。

【条文解析】

当防护区的相邻区域设有水喷淋或其他灭火系统时，其隔墙或外墙上的门窗的耐火极限可低于 0.5h，但不应低于 0.25h。当吊顶层与工作层划为同一防护区时，吊顶的耐火极限不做要求。

3.2.6 防护区围护结构承受内压的允许压强，不宜低于1200Pa。

【条文解析】

热气溶胶灭火剂在实施灭火时所产生的气体量比七氟丙烷和IG541要少50%以上，再加上喷放相对缓慢，不会造成防护区内压力急速明显上升，所以，当采用热气溶胶灭火系统时，可以放宽对围护结构承压的要求。

3.2.7 防护区应设置泄压口，七氟丙烷灭火系统的泄压口应位于防护区净高的 2/3 以上。

【条文解析】

防护区需要开设泄压口，是因为气体灭火剂喷入防护区内，会显著地增加防护区的内压，如果没有适当的泄压口，防护区的围护结构将可能承受不起增长的压力而遭破坏。

有了泄压口，一定有灭火剂从此流失。在灭火设计用量公式中，对于喷放过程阶段内的流失量已经在设计用量中考虑，而灭火浸渍阶段内的流失量却没有包括。对于浸渍时间要求 10min 以上，而门、窗缝隙比较大，密封较差的防护区，其泄漏的补偿问题可通过门风扇试验进行确定。

由于七氟丙烷灭火剂比空气重。为了减少灭火剂从泄压口流失，泄压口应开在防护区净高的 2/3 以上，即泄压口下沿不低于防护区净高的 2/3。

3.2.9 喷放灭火剂前，防护区内除泄压口外的开口应能自行关闭。

【条文解析】

对防护区的封闭要求是全淹没灭火的必要技术条件，因此不允许除泄压口之外的开口存在。

3.2.10 防护区的最低环境温度不应低于-10℃。

【条文解析】

由于固体的气溶胶发生剂在启动、产生热气溶胶速率等方面受温度和压力的影响不显著，通常使用热气溶胶的防护区环境温度可以放宽到不低于-20℃。但温度低于 0℃ 时会使热气溶胶在防护区的扩散速度降低，此时要对热气溶胶的设计灭火密度进行必要的修正。

3.3.6 防护区实际应用的浓度不应大于灭火设计浓度的1.1倍。

【条文解析】

本条规定的目的是限制随意增加灭火使用浓度,同时也为了保证应用时的人身安全和设备安全。

3.3.7 在通信机房和电子计算机房等防护区,设计喷放时间不应大于 8s;在其他防护区,设计喷放时间不应大于 10s。

【条文解析】

一般来说,采用卤代烷气体灭火的地方都是比较重要的场所,迅速扑灭火灾,减少火灾造成的损失,具有重要意义。因此,卤代烷灭火都规定灭初期火灾,这也正发挥了卤代烷灭火迅速的特点;否则,就会造成卤代烷灭火的困难。对于固体表面火灾,火灾预燃时间长了才实行灭火,有发展成深位火灾的危险,显然是很不利于卤代烷灭火的;对于液体、气体火灾,火灾预燃时间长了,有可能酿成爆炸的危险,卤代烷灭火可能要从灭火设计浓度改换为惰化设计浓度。由此可见,采用卤代烷灭初期火灾,缩短灭火剂的喷放时间是非常重要的。

3.3.8 灭火浸渍时间应符合下列规定:

1 木材、纸张、织物等固体表面火灾,宜采用 20min;

2 通信机房、电子计算机房内的电气设备火灾,应采用 5min;

3 其他固体表面火灾,宜采用 10min;

4 气体和液体火灾,不应小于 1min。

【条文解析】

本条是对七氟丙烷灭火时在防护区的浸渍时间所做的规定,针对不同的保护对象提出了不同要求。

3.3.16 七氟丙烷气体灭火系统的喷头工作压力 P_c 的计算结果,应符合下列规定:

1 一级增压储存容器的系统 $P_c \geq 0.6$(MPa,绝对压力);

二级增压储存容器的系统 $P_c \geq 0.7$(MPa,绝对压力);

三级增压储存容器的系统 $P_c \geq 0.8$(MPa,绝对压力)。

2 $P_c \geq \dfrac{P_m}{2}$(MPa,绝对压力)。P_m——过程中点时储存容器的内压力(MPa)。

【条文解析】

本条规定是为了保证七氟丙烷灭火系统的设计质量,满足七氟丙烷灭火系统灭火技术要求而设定的。

4.1.5 在通向每个防护区的灭火系统主管道上,应设压力信号器或流量信号器。

【条文解析】

要求在灭火系统主管道上安装压力信号器或流量信号器,有两个用途:一是确认本系统是否真正启动工作和灭火剂是否喷向起火的保护区;二是用其信号操作保护区的警告指示门灯,禁止人员进入已实施灭火的防护区。

4.1.8 喷头的布置应满足喷放后气体灭火剂在防护区内均匀分布的要求。当保护对象属可燃液体时,喷头射流方向不应朝向液体表面。

【条文解析】

防护区的灭火是以全淹没方式灭火。全淹没方式是以灭火浓度为条件的,所以单个喷头的数量是以单个喷头在防护区所保护的容积为核算基础。故喷头应以其喷射流量和保护半径二者兼顾为原则进行合理配置,使灭火剂在防护区里均匀分布达到全淹没灭火的要求。

4.1.11 系统组件的特性参数应由国家法定检测机构验证或测定。

【条文解析】

系统组件的特性参数包括阀门、管件的局部阻力损失,喷嘴流量特性,减压装置减压特性等。

《气体灭火系统施工及验收规范》 GB 50263—2007

3.0.1 气体灭火系统工程的施工单位应符合下列规定:

1 承担气体灭火系统工程的施工单位必须具有相应等级的资质。

2 施工现场管理应有相应的施工技术标准、工艺规程及实施方案、健全的质量管理体系、施工质量控制及检验制度。

施工现场质量管理应按本规范附录 A 的要求进行检查记录。

【条文解析】

为贯彻《建设工程质量管理条例》和实施"市场准入制度",本条规定了从事气体灭火系统工程施工及验收应具备的条件和质量管理应具备的标准、规章制度。

3.0.4 气体灭火系统工程应按下列规定进行施工过程质量控制:

1 采用的材料及组件应进行进场检验,并应经监理工程师签证;进场检验合格后方可安装使用;涉及抽样复验时,应由监理工程师抽样,送市场准入制度要求的法定机构复验。

2 施工应按批准的施工图、设计说明书及其设计变更通知单等设计文件的要求进行。

3 各工序应按施工技术标准进行质量控制，每道工序完成后，应进行检查；检查合格后方可进行下道工序。

4 相关各专业工种之间，应进行交接认可，并经监理工程师签证后方可进行下道工序。

5 施工过程检查应由监理工程师组织施工单位人员进行。

6 施工过程检查记录应按本规范附录 C 的要求填写。

7 安装工程完工后，施工单位应进行调试，并应合格。

【条文解析】

本条规定了气体灭火系统工程施工质量控制的基本要求，其中施工过程检查包括材料及系统组件进场检验、包括隐蔽工程验收在内的设备安装各工序检查、系统调试试验，特别强调了工序检查和工种交接认可。这些要求是保证工程质量所必需的。

3.0.5 气体灭火系统工程验收应符合下列规定：

1 系统工程验收应在施工单位自行检查评定合格的基础上，由建设单位组织施工、设计、监理等单位人员共同进行。

2 验收检测采用的计量器具应精度适宜，经法定机构计量检定、校准合格并在有效期内。

3 工程外观质量应由验收人员通过现场检查，并应共同确认。

4 隐蔽工程在隐蔽前应由施工单位通知有关单位进行验收，并按本规范附录 C 进行验收记录。

5 资料核查记录和工程质量验收记录应按本规范附录 D 的要求填写。

6 系统工程验收合格后，建设单位应在规定时间内将系统工程验收报告和有关文件，报有关行政管理部门备案。

【条文解析】

本条规定了系统工程验收的程序、组织及合格评定，验收检测采用的计量器具要求，以及验收合格后应做的工作。

3.0.6 检查、验收合格应符合下列规定：

1 施工现场质量管理检查结果应全部合格。

2 施工过程检查结果应全部合格。

3 隐蔽工程验收结果应全部合格。

4 资料核查结果应全部合格。

5 工程质量验收结果应全部合格。

【条文解析】

本条规定了气体灭火系统工程施工质量合格的标准，其中包括施工过程各工序质量、质量控制资料、工程质量、系统工程验收，这些涵盖了施工全过程。

3.0.7 系统工程验收合格后，应提供下列文件、资料：

1 施工现场质量管理检查记录。

2 气体灭火系统工程施工过程检查记录。

3 隐蔽工程验收记录。

4 气体灭火系统工程质量控制资料核查记录。

5 气体灭火系统工程质量验收记录。

6 相关文件、记录、资料清单等。

【条文解析】

本条规定了系统工程验收合格后应提供的文件、资料，这是确保工程质量和建立工程档案所必需的。为日后查对提供方便。

3.0.8 气体灭火系统工程施工质量不符合要求时，应按下列规定处理：

1 返工或更换设备，并应重新进行验收。

2 经返修处理改变了组件外形但能满足相关标准规定和使用要求，可按经批准的处理技术方案和协议文件进行验收。

3 经返工或更换系统组件、成套装置的工程，仍不符合要求时，严禁验收。

【条文解析】

本条规定了气体灭火系统工程施工质量不符合要求时的处理办法，这是施工过程中会遇到的问题。其中返工针对工序工艺，更换系统组件、成套装置针对系统组成硬件，从这两方面着手能把问题解决、通过验收；否则不予验收，以保证工程质量。

4.1.2 进场检验抽样检查有1处不合格时，应加倍抽样；加倍抽样仍有1处不合格，判定该批为不合格。

【条文解析】

加倍抽样是产品抽样的例行做法。

4.2.1 管材、管道连接件的品种、规格、性能等应符合相应产品标准和设计要求。

检查数量：全数检查。

检查方法：核查出厂合格证与质量检验报告。

【条文解析】

本条规定了材料进入市场时应具备的质量有效证明文件，灭火剂输送管道应提供相应规格的质量合格证、力学性能及材质检验报告。管道连接件则应提供相应制造单位出具的检验合格报告，其中应包括水压强度试验、气压严密性试验等内容。

4.2.2 管材、管道连接件的外观质量除应符合设计规定外，尚应符合下列规定：

1 镀锌层不得有脱落、破损等缺陷。

2 螺纹连接管道连接件不得有缺纹、断纹等现象。

3 法兰盘密封面不得有缺损、裂痕。

4 密封垫片应完好无划痕。

检查数量：全数检查。

检查方法：观察检查。

【条文解析】

本条规定了材料进场时的外观质量检查要求。气体灭火系统喷放时，管道及管道连接件承受的压力较高，这些要求是保证管网的耐压强度、严密性能和耐腐蚀性能所必需的。

4.2.3 管材、管道连接件的规格尺寸、厚度及允许偏差应符合其产品标准和设计要求。

检查数量：每一品种、规格产品按 20% 计算。

检查方法：用钢尺和游标卡尺测量。

【条文解析】

本条规定了材料进场时的验收检测要求。条文中给出了检测时的抽查数量，使条文具有可操作性，且通过实践证明能达到检测的需要和目的。

4.2.4 对属于下列情况之一的灭火剂、管材及管道连接件，应抽样复验，其复验结果应符合国家现行产品标准和设计要求。

1 设计有复验要求的。

2 对质量有疑义的。

检查数量：按送检需要量。

检查方法：核查复验报告。

【条文解析】

本条规定了材料需要复检的具体情况，并给出处理办法。具体检测内容视设计要求和质疑点而定。

4.3.2 灭火剂储存容器及容器阀、单向阀、连接管、集流管、安全泄放装置、选择阀、阀驱动装置、喷嘴、信号反馈装置、检漏装置、减压装置等系统组件应符合下列规定：

1 品种、规格、性能等应符合国家现行产品标准和设计要求。

检查数量：全数检查。

检查方法：核查产品出厂合格证和市场准入制度要求的法定机构出具的有效证明文件。

2 设计有复验要求或对质量有疑义时，应抽样复验，复验结果应符合国家现行产品标准和设计要求。

检查数量：按送检需要量。

检查方法：核查复验报告。

【条文解析】

本条第 1 款规定了系统组件进场时应核查其产品的出厂合格证和由相应市场准入制度要求的法定机构（目前是国家质量监督检验中心）出具的有效证明文件。鉴于目前施工单位很少做试验检验，现场做组件水压试验确实也有一定困难，这里不要求试验检验，只要求核查书面证明。本条第 2 款是第 1 款的补充。

5.2.2 灭火剂储存装置安装后，泄压装置的泄压方向不应朝向操作面。低压二氧化碳灭火系统的安全阀应通过专用的泄压管接到室外。

检查数量：全数检查。

检查方法：观察检查。

【条文解析】

气体灭火系统由于储存高压气体，特别是 IG541 混合气体灭火系统等，考虑到人员安全，本条作了相应的规定。

5.2.3 储存装置上压力计、液位计、称重显示装置的安装位置应便于人员观察和操作。

检查数量：全数检查。

检查方法：观察检查。

【条文解析】

本条规定是为了方便灭火系统的日常检查和维护保养。

5.2.4 储存容器的支、框架应固定牢靠，并应做防腐处理。

检查数量：全数检查。

检查方法：观察检查。

【条文解析】

储存容器在释放时会受到高速流体冲击而发生振动、摇晃等，因此，在安装时应将储存容器固定牢靠。

5.2.5 储存容器宜涂红色油漆，正面应标明设计规定的灭火剂名称和储存容器的编号。

检查数量：全数检查。

检查方法：观察检查。

【条文解析】

储存容器的表面涂层习惯为红色。此条规定可为检查、复位、维护记录提供方便。

5.2.6 安装集流管前应检查内腔，确保清洁。

检查数量：全数检查。

检查方法：观察检查。

【条文解析】

保持内腔清洁是为了防止异物进入管网堵塞喷嘴。

5.2.7 集流管上的泄压装置的泄压方向不应朝向操作面。

检查数量：全数检查。

检查方法：观察检查。

【条文解析】

本条规定是为了防止泄压时气流冲向操作人员或现场工作人员，保证操作人员或现场工作人员的安全。

5.2.9 集流管应固定在支、框架上。支、框架应固定牢靠，并做防腐处理。

检查数量：全数检查。

检查方法：观察检查。

【条文解析】

集流管在灭火剂喷放时也会发生冲击、振动、摇晃等，因此，在安装时应将集流管固定牢靠。

5.2.10 集流管外表面宜涂红色油漆。

检查数量：全数检查。

检查方法：观察检查。

【条文解析】

气体灭火系统管道的表面涂层习惯为红色。

5.3.1 选择阀操作手柄应安装在操作面一侧，当安装高度超过 1.7m 时应采取便于操作的措施。

检查数量：全数检查。

检查方法：观察检查。

【条文解析】

气体灭火系统的选择阀都带有机械应急操作手柄。将操作手柄安装在操作面一侧，且安装高度不超过 1.7m，是为了保证在系统采用机械应急操作启动时方便快捷。

5.3.2 采用螺纹连接的选择阀，其与管网连接处宜采用活接。

检查数量：全数检查。

检查方法：观察检查。

【条文解析】

本条规定是为了方便选择阀的安装以及以后的维护检修。

5.3.4 选择阀上应设置标明防护区或保护对象名称或编号的永久性标志牌，并应便于观察。

检查数量：全数检查。

检查方法：观察检查。

【条文解析】

每个选择阀对应一个防护区或保护对象，灭火操作时，将打开发生火灾的防护区或保护对象对应的选择阀实施灭火，为防止机械应急操作时误操作，因此本条作了相应的规定。

5.4.1 拉索式机械驱动装置的安装应符合下列规定：

1 拉索除必要外露部分外，应采用经内外防腐处理的钢管防护。

2 拉索转弯处应采用专用导向滑轮。

3 拉索末端拉手应设在专用的保护盒内。

4 拉索套管和保护盒应固定牢靠。

检查数量：全数检查。

检查方法：观察检查。

【条文解析】

拉索式机械驱动装置是通过拉索控制灭火剂释放的远程手动装置。拉索式机械驱动装置通常安装在防护区外，一般是在防护区门口，与电气启动/停止按钮设于同一处。此条规定是为了提高灭火系统的可靠性，防止误动作。

5.4.3 电磁驱动装置驱动器的电气连接线应沿固定灭火剂储存容器的支、框架或墙面固定。

检查数量：全数检查。

检查方法：观察检查。

【条文解析】

本条的要求可使布线整齐美观，不易损坏。

5.4.4 气动驱动装置的安装应符合下列规定：

1 驱动气瓶的支、框架或箱体应固定牢靠，并做防腐处理。

2 驱动气瓶上应有标明驱动介质名称、对应防护区或保护对象名称或编号的永久性标志，并应便于观察。

检查数量：全数检查。

检查方法：观察检查。

【条文解析】

驱动气瓶在释放时会受到高速气流的冲击而发生振动、摇晃等，因此，在安装时应将驱动气瓶固定牢靠。通常每个驱动气瓶对应启动一个防护区的选择阀及容器阀，正确、清晰的标志可避免操作人员误操作。

5.4.6 气动驱动装置的管道安装后应做气压严密性试验，并合格。

检查数量：全数检查。

检查方法：按本规范第 E.1 节的规定执行。

【条文解析】

通常气动驱动装置的出口与灭火剂储存容器的容器阀及防护区或保护对象的选择阀直接相连，若有泄漏，驱动气体的压力有可能低于打开选择阀和容器阀所需的压力，导致打不开选择阀和容器阀。故需要在安装后做气压严密性试验。

5.5.2 管道穿过墙壁、楼板处应安装套管。套管公称直径比管道公称直径至少应大 2 级，穿墙套管长度应与墙厚相等，穿楼板套管长度应高出地板 50mm。管道与套管间的空隙应采用防火封堵材料填塞密实。当管道穿越建筑物的变形缝时，应设置柔性管段。

检查数量：全数检查。

检查方法：观察检查和用尺测量。

【条文解析】

气体灭火系统的管道直接与墙壁或楼板接触，容易发生腐蚀，影响气体灭火系统的安全, 同时也不便于维修。故本条要求管道穿过墙壁、楼板处应安装套管。

5.6.1 安装喷嘴时, 应按设计要求逐个核对其型号、规格及喷孔方向。

检查数量: 全数检查。

检查方法: 观察检查。

【条文解析】

喷嘴是气体灭火系统中控制灭火剂流速并保证灭火剂均匀分布的重要部件, 由于喷头的结构形式相似, 规格较多, 安装时应核对清楚。

5.7.1 柜式气体灭火装置、热气溶胶灭火装置等预制灭火系统及其控制器、声光报警器的安装位置应符合设计要求, 并固定牢靠。

检查数量: 全数检查。

检查方法: 观察检查。

【条文解析】

预制灭火系统在喷放时会产生冲击和震动, 所以应将其固定牢靠; 另外, 为防止这些灭火装置被任意移动也应固定牢靠。

5.7.2 柜式气体灭火装置、热气溶胶灭火装置等预制灭火系统装置周围空间环境应符合设计要求。

检查数量: 全数检查。

检查方法: 观察检查。

【条文解析】

满足设备周围空间环境要求是保证系统性能和可靠灭火的条件, 同时也方便维护工作。

6.1.1 气体灭火系统的调试应在系统安装完毕, 并宜在相关的火灾报警系统和开口自动关闭装置、通风机械和防火阀等联动设备的调试完成后进行。

【条文解析】

本条明确了调试程序, 有利于调试工作顺利进行。

《建筑设计防火规范》GB 50016—2012

8.3.5 下列场所应设置自动灭火系统, 且宜采用气体灭火系统:

1 国家、省级或人口超过 100 万的城市广播电视发射塔内的微波机房、分米波机房、米波机房、变配电室和不间断电源(UPS)室;

2 国际电信局、大区中心、省中心和一万路以上的地区中心内的长途程控交换机房、控制室和信令转接点室；

3 两万线以上的市话汇接局和六万门以上的市话端局内的程控交换机房、控制室和信令转接点室；

4 中央及省级治安、防灾和网局级及以上的电力等调度指挥中心内的通信机房和控制室；

5 主机房建筑面积不小于 140m² 的电子信息系统机房内的主机房和基本工作间的已记录磁（纸）介质库；

6 中央和省级广播电视中心内建筑面积不小于120m² 的音像制品库房；

7 国家、省级或藏书量超过 100 万册的图书馆内的特藏库；中央和省级档案馆内的珍藏库和非纸质档案库；大、中型博物馆内的珍品库房；一级纸绢质文物的陈列室；

8 其他特殊重要设备室。

注：1 本条第1款、第4款、第5款、第8款规定的部位，可采用细水雾灭火系统。

2 当有备用主机和备用已记录磁（纸）介质，且设置在不同建筑中或同一建筑中的不同防火分区内时，本条第5款规定的部位亦可采用预作用自动喷水灭火系统。

【条文解析】

本条规定了应设置自动灭火系统且宜采用气体灭火系统的场所。

气体灭火剂不导电、不造成二次污染，是扑救电子设备、精密仪器设备、贵重仪器和档案、图书等纸质、绢质或磁介质材料信息载体的良好灭火剂。气体灭火系统在密闭的空间里有良好的灭火效果，但投资较高，故只要求在一些重要的机房、贵重设备室、珍藏室、档案库内设置。

《高层民用建筑设计防火规范 2005 年版》GB 50045—1995

7.6.7 高层建筑的下列房间，应设置气体灭火系统：

7.6.7.1 主机房建筑面积不小于 140m² 的电子计算机房中的主机房和基本工作间的已记录磁、纸介质库；

7.6.7.2 省级或超过 100 万人口的城市，其广播电视发射塔楼内的微波机房、分米波机房、米波机房、变、配电室和不间断电源（UPS）室；

7.6.7.3 国际电信局、大区中心，省中心和一万路以上的地区中心的长途通信机房、控制室和信令转接点室；

7.6.7.4 二万线以上的市话汇接局和六万门以上的市话端局程控交换机房、控制室和信令转接点室；

7.6.7.5 中央及省级治安、防灾和网、局级及以上的电力等调度指挥中心的通信机房和控制室；

7.6.7.6 其他特殊重要设备室。

注：当有备用主机和备用已记录磁、纸介质且设置在不同建筑中，或同一建筑中的不同防火分区内时，7.6.7.1 条中指定的房间内可采用预作用自动喷水灭火系统。

【条文解析】

1）条文各项所提及的房间，一旦发生火灾将会造成严重的经济损失或政治后果，必须加强防火保护和灭火设施。因此，除应设置室内消火栓给水系统外，尚应增设相应的气体或预作用自动喷水灭火系统。

考虑到上述房间内，经常有人停留或工作，以及国内目前尚无有关含氢氟烃（HFC）和惰性气体灭火系统设计与施工的国家标准等实际情况，所以本条未限制卤代烷 1211、1301 灭火系统的使用。

2）卤代烷 1211、1301、二氧化碳等气体灭火系统对扑灭密闭的室内火灾有良好效果，不会造成水渍损失，但灭火效果受到周围环境和室内气流的影响较大。因此，计算灭火剂时需要考虑附加量。

3）具体技术要求，按卤代烷 1211、1301 灭火系统的有关规范执行。

4）电子计算机房，除其主机房和基本工作间的已记录磁、纸介质库之外，是可以采用预作用自动喷水灭火系统扑灭火灾的。当有备用主机和备用已记录磁、纸介质，且设置在其他建筑物中或在同一建筑物中的另一防火分区内时，其主机房和基本工作间的已记录磁、纸介质库仍可采用预作用自动喷水灭火系统，故对 7.6.7.1 条专注说明。

5）"其他特殊重要设备室"是指装备有对生产或生活产生重要影响的设施的房间，这类设施一旦被毁将对生产、生活产生严重影响，所以亦需采取严格的防火灭火措施。

7.6.8 高层建筑的下列房间应设置气体灭火系统，但不得采用卤代烷 1211、1301 灭火系统：

7.6.8.1 国家、省级或藏书量超过 100 万册的图书馆的特藏库；

7.6.8.2 中央和省级档案馆中的珍藏库和非纸质档案库；

7.6.8.3 大、中型博物馆中的珍品库房；

7.6.8.4 一级纸、绢质文物的陈列室；

7.6.8.5 中央和省级广播电视中心内，面积不小于 $120m^2$ 的音、像制品库房。

【条文解析】

本条文中所涉及的房间内，存放的物品均系价值昂贵的文物或珍贵文史资料，且怕浸渍，故必须气体灭火。同时，这些房间大多无人停留或只有 1~2 名管理人员。他们熟悉本防护区的火灾疏散通道、出口和灭火设备的位置，能够处理意外情况或在火灾时迅速逃生。因此，可采用除卤代烷 1211、1301 以外的气体灭火系统。根据《中国逐步淘汰消耗臭氧层物质国家方案》和《中国消防行业哈龙整体淘汰计划》的要求，对上述场所规定禁止使用卤代烷灭火系统。

《人民防空工程设计防火规范》GB 50098—2009

7.2.4 下列部位应设置气体灭火系统或细水雾灭火系统：

1 图书、资料、档案等特藏库房；

2 重要通信机房和电子计算机机房；

3 变配电室和其他特殊重要的设备房间。

【条文解析】

为减少火灾时喷水灭火对电气设备和贵重物品的水渍影响，本条规定了设置气体或细水雾灭火系统的房间或部位。本条中涉及的场所通常无人或只有少量工作人员和管理人员，他们熟悉工程内的情况，发生火灾时能及时处置火情并能迅速逃生，因此采用气体灭火系统是安全可靠的。

《图书馆建筑设计规范》JGJ 38—1999

6.3.2 珍善本书库、特藏库应设气体等灭火系统。电子计算机房和不宜用于扑救的贵重设备用房宜设气体等灭火系统。

【条文解析】

本条参照《建筑设计防火规范》GB 50016 和《高层民用建筑设计防火规范》GB 50045 关于设置气体灭火系统的规定拟定。

6.5 泡沫灭火系统

《泡沫灭火系统设计规范》GB 50151—2010

3.1.1 泡沫液、泡沫消防水泵、泡沫混合液泵、泡沫液泵、泡沫比例混合器（装置）、压力容器、泡沫产生装置、火灾探测与启动控制装置、控制阀门及管道等，必须采用经国家产品质量监督检验机构检验合格的产品，且必须符合系统设计要求。

【条文解析】

泡沫灭火系统中采用的泡沫消防水泵、泡沫混合液泵、泡沫液泵、泡沫比例混合器（装置）、压力容器（泡沫预混液储罐及驱动气瓶）、泡沫产生装置（泡沫产生器、泡沫枪、泡沫炮、泡沫喷头等）、火灾探测与启动控制装置、阀门、管道等，经国家有关检测部门检测合格是最基本的要求。合格的组件是保证系统正常工作的前提。

3.1.2 系统主要组件宜按下列规定涂色：

1 泡沫混合液泵、泡沫液泵、泡沫液储罐、泡沫产生器、泡沫液管道、泡沫混合液管道、泡沫管道、管道过滤器宜涂红色；

2 泡沫消防水泵、给水管道宜涂绿色；

3 当管道较多，泡沫系统管道与工艺管道涂色有矛盾时，可涂相应的色带或色环；

4 隐蔽工程管道可不涂色。

【条文解析】

消防泵等设备与管道着色是国内、外消防界的习惯做法，本条是根据国内消防界的着色习惯制定的。

工程中除了泡沫灭火系统组件、消防冷却水系统组件外，还会有较多的工艺组件。为避免因混淆而导致救火人员忙乱中误操作，涂色应有统一要求。当因管道多而与工艺管道涂色发生矛盾时，也可涂相应的色带或色环。

3.2.1 非水溶性甲、乙、丙类液体储罐低倍数泡沫液的选择，应符合下列规定：

1 当采用液上喷射系统时，应选用蛋白、氟蛋白、成膜氟蛋白或水成膜泡沫液；

2 当采用液下喷射系统时，应选用氟蛋白、成膜氟蛋白或水成膜泡沫液；

3 当选用水成膜泡沫液时，其抗烧水平不应低于现行国家标准《泡沫灭火剂》GB 15308 规定的 C 级。

【条文解析】

本条按泡沫喷射方式规定了非水溶性甲、乙、丙类液体储罐低倍数泡沫液的选择。

严格地讲，所有液体均有一定的水溶性，只有溶解度高低之分，通常业内将原油、成品燃料油、苯等微溶水的液体称为非水溶性液体。

本条规定选择的泡沫液是经过数十年实际火灾扑救案例和灭火试验检验，并证明是安全可靠的，且得到广泛应用。

3.2.2 保护非水溶性液体的泡沫——水喷淋系统、泡沫枪系统、泡沫炮系统泡沫液的选择，应符合下列规定：

1 当采用吸气型泡沫产生装置时，可选用蛋白、氟蛋白、水成膜或成膜氟蛋白泡沫液；

2 当采用非吸气型喷射装置时，应选用水成膜或成膜氟蛋白泡沫液。

【条文解析】

当水成膜、成膜氟蛋白泡沫施加到烃类燃液表面时，其泡沫析出液能在燃液表面产生一层防护膜。其灭火效力不仅与泡沫性能有关，还依赖于它的成膜性及其防护膜的坚韧性和牢固性。所以，水成膜、成膜氟蛋白泡沫也适用于水喷头、水枪、水炮等非吸气型喷射装置。

3.2.3 水溶性甲、乙、丙类液体和其他对普通泡沫有破坏作用的甲、乙、丙类液体，以及用一套系统同时保护水溶性和非水溶性甲、乙、丙类液体的，必须选用抗溶泡沫液。

【条文解析】

分子中含有氧、氮等元素的有机可燃液体，其化学结构中含有亲水基团，与水相溶，因此称其为水溶性液体。醇、醛、酸、酯、醚、酮等是常见的水溶性液体，这类液体对普通泡沫有较强的脱水性，可使泡沫破裂而失去灭火功效。有些产品即使在水中的溶解度很低，也难以或无试验证明可用普通泡沫扑灭其火灾。因此，应选用抗溶泡沫液。

3.2.4 中倍数泡沫灭火系统泡沫液的选择应符合下列规定：

1 用于油罐的中倍数泡沫灭火剂应采用专用8%型氟蛋白泡沫液；

2 除油罐外的其他场所，可选用中倍数泡沫液或高倍数泡沫液。

【条文解析】

我国研制用于油罐的中倍数泡沫液是一种添加了人工合成碳氢表面活性剂的氟蛋白泡沫液。在配套设备条件下，发泡倍数在20~30范围内。为了提高泡沫的稳定性和增强灭火效果，其混合比定为8%。

除用于油罐的中倍数泡沫液外，高倍数泡沫液也可作为中倍数泡沫灭火系统的灭火剂。在其限定的使用范围内，灭火功效得到认可。

3.2.5 高倍数泡沫灭火系统利用热烟气发泡时，应采用耐温耐烟型高倍数泡沫液。

【条文解析】

火灾中热解烟气量小于氧化燃烧烟气量，但热解烟气对泡沫的破坏作用却明显大于燃烧烟气。烟气中不可见化学物质是破坏泡沫的主要因素，并且，高温及烟气对泡沫的破坏作用均明显地表现为泡沫的稳定性降低，即析液时间短。

3.2.6 当采用海水作为系统水源时，必须选择适用于海水的泡沫液。

【条文解析】

泡沫液按适用水源的不同，分为淡水型泡沫液和适用海水型泡沫液，适用海水型泡沫液适用于淡水和海水。试验表明，不适用于海水的泡沫液使用海水产生的泡沫稳定性很差，基本不具备灭火能力。

3.2.7 泡沫液宜储存在通风干燥的房间或敞棚内；储存的环境温度应符合泡沫液使

用温度的要求。

【条文解析】

泡沫液储存在高温潮湿的环境中会加速其老化变质。储存温度过低，泡沫液的流动性会受到影响。另外，当泡沫混合液温度较低或过高时，发泡倍数会受到影响，析液时间会缩短，泡沫灭火性能会降低。泡沫液的储存温度通常为 0～40℃。

3.3.1 泡沫消防水泵、泡沫混合液泵的选择与设置，应符合下列规定：

1 应选择特性平缓的离心泵，且其工作压力和流量应满足系统设计要求；

2 当泡沫液泵采用水力驱动时，应将其消耗的水流量计入泡沫消防水泵的额定流量；

3 当采用环泵式比例混合器时，泡沫混合液泵的额定流量宜为系统设计流量的1.1 倍；

4 泵出口管道上应设置压力表、单向阀和带控制阀的回流管。

【条文解析】

本条主要对泡沫消防水泵、泡沫混合液泵的选择与设置提出了要求。

3.3.2 泡沫液泵的选择与设置应符合下列规定：

1 泡沫液泵的工作压力和流量应满足系统最大设计要求，并应与所选比例混合装置的工作压力范围和流量范围相匹配，同时应保证在设计流量范围内泡沫液供给压力大于最大水压力；

2 泡沫液泵的结构形式、密封或填充类型应适宜输送所选的泡沫液，其材料应耐泡沫液腐蚀且不影响泡沫液的性能；

3 应设置备用泵，备用泵的规格型号应与工作泵相同，且工作泵故障时应能自动与手动切换到备用泵；

4 泡沫液泵应能耐受不低于 10min 的空载运转；

5 除水力驱动型外，泡沫液泵的动力源设置应符合本规范第 8.1.4 条的规定，且宜与系统泡沫消防水泵的动力源一致。

【条文解析】

蛋白类泡沫液中含有某些无机盐，其对碳钢等金属有腐蚀作用；合成类泡沫液含有较大比例的碳氢表面活性剂及有机溶剂，其不但对金属有腐蚀作用，而且对许多非金属材料也有溶解、溶胀和渗透作用。因此，泡沫液泵的材料应能耐泡沫液腐蚀。同时，某些材料对泡沫液的性能有不利影响，尤其是碳钢对水成膜泡沫液的性能影响最大。因此，泡沫液泵的材料亦不能影响泡沫液的性能。

3.4.1 泡沫比例混合器（装置）的选择，应符合下列规定：

1 系统比例混合器（装置）的进口工作压力与流量，应在标定的工作压力与流量范围内；

2 单罐容量不小于 20000m³ 的非水溶性液体与单罐容量不小于 5000m³ 的水溶性液体固定顶储罐及按固定顶储罐对待的内浮顶储罐、单罐容量不小于 50000m³ 的内浮顶和外浮顶储罐，宜选择计量注入式比例混合装置或平衡式比例混合装置；

3 当选用的泡沫液密度低于 1.12g/mL 时，不应选择无囊式压力比例混合装置；

4 全淹没高倍数泡沫灭火系统或局部应用高倍数、中倍数泡沫灭火系统，采用集中控制方式保护多个防护区时，应选用平衡式比例混合装置或囊式压力比例混合装置；

5 全淹没高倍数泡沫灭火系统或局部应用高倍数、中倍数泡沫灭火系统保护一个防护区时，宜选用平衡式比例混合装置或囊式压力比例混合装置。

【条文解析】

当储罐容量较大时，其火灾危险性也会增大，发生火灾所造成的后果亦比较严重。因此，对于大容量储罐，宜选择可靠性和精度较高的计量注入式比例混合装置和平衡式比例混合装置。

对于密度低于 1.12g/mL 的泡沫液，由于它与水的密度接近，当将水注入到泡沫液储罐内时，泡沫液易与水在泡沫液储罐内混合而不易形成明显的分界面。所以，不能选择无囊的压力比例混合装置。

3.4.2 当采用平衡式比例混合装置时，应符合下列规定：

1 平衡阀的泡沫液进口压力应大于水进口压力，且其压差应满足产品的使用要求；

2 比例混合器的泡沫液进口管道上应设置单向阀；

3 泡沫液管道上应设置冲洗及放空设施。

【条文解析】

本条前两款是该比例混合装置的原理性要求，第三款是为了保证系统使用或试验后能用水冲洗干净，不留残液。

3.5.1 泡沫液储罐宜采用耐腐蚀材料制作，且与泡沫液直接接触的内壁或衬里不应对泡沫液的性能产生不利影响。

【条文解析】

泡沫液中含有无机盐、碳氢与氟碳表面活性剂及有机溶剂，长期储存对碳钢等金属有腐蚀作用，对许多非金属材料也有溶解、溶胀和渗透作用。另一方面，某些材料或防腐涂层对泡沫液的性能有不利影响，尤其是碳钢对水成膜泡沫液的性能影响最大。所以，在选择泡沫液储罐内壁的材质或防腐涂层时，应特别注意是否与所选泡沫液相适宜。

不锈钢、聚四氟乙烯等材料可满足储存各类泡沫液的要求。

3.5.2 常压泡沫液储罐应符合下列规定：

1 储罐内应留有泡沫液热膨胀空间和泡沫液沉降损失部分所占空间；

2 储罐出液口的设置应保障泡沫液泵进口为正压，且应设置在沉降层之上；

3 储罐上应设置出液口、液位计、进料孔、排渣孔、人孔、取样口、呼吸阀或通气管。

【条文解析】

泡沫液会随着温度的升高而发生膨胀，尤其是蛋白类泡沫液长期储存会有部分沉降物积存在罐底部。因此，规定泡沫液储罐要留出上述储存空间。

蛋白类泡沫液沉降物的体积按泡沫液储量（体积）的5%计算为宜。

3.5.3 泡沫液储罐上应有标明泡沫液种类、型号、出厂与灌装日期及储量的标志。不同种类、不同牌号的泡沫液不得混存。

【条文解析】

不同种类、不同牌号的泡沫液混存会对泡沫液的性能产生不利影响。尤其是成膜类泡沫液混入其他类型泡沫液后，会破坏其成膜性。

3.6.3 中倍数泡沫产生器应符合下列规定：

1 发泡网应采用不锈钢材料；

2 安装于油罐上的中倍数泡沫产生器，其进空气口应高出罐壁顶。

【条文解析】

本条对中倍数泡沫产生器进行了规定。

1）发泡网的材质、结构和形状对发泡量和泡沫质量有很大影响，为保证发泡性能和提高使用年限，规定其应用不锈钢材料制作。

2）安装于油罐上的中倍数泡沫产生器对吸气条件要求较严格，为保证泡沫产生器进气通畅，所以其进空气口应高出罐壁顶。

3.6.4 高倍数泡沫产生器应符合下列规定：

1 在防护区内设置并利用热烟气发泡时，应选用水力驱动型泡沫产生器；

2 在防护区内固定设置泡沫产生器时，应采用不锈钢材料的发泡网。

【条文解析】

本条对防护区内高倍数泡沫产生器的选择提出了要求。

1) 水轮机驱动式高倍数泡沫产生器是利用压力水驱动水轮机旋转，不受气源温度的限制，可以利用防护区内的热烟气发泡。而电动机驱动式高倍数泡沫产生器因电动机本身要求的环境工作温度有一定限制，不能利用火场热烟气发泡。

2) 当在防护区内固定安装泡沫发生器时，在火灾条件下，发泡网有可能会受到火焰或热烟气的威胁，发泡网一旦破坏，泡沫发生器就无法发泡灭火。

3.6.5 泡沫-水喷头、泡沫-水雾喷头的工作压力应在标定的工作压力范围内，且不应小于其额定压力的 0.8 倍。

【条文解析】

泡沫-水喷头、泡沫-水雾喷头的工作压力太低将降低发泡倍数，影响灭火效果。

3.7.1 泡沫灭火系统中所用的控制阀门应有明显的启闭标志。

【条文解析】

阀门若没有明显启闭标志，一旦失火，容易发生误操作。对于明杆阀门，其阀杆就是明显的启闭标志。对于暗杆阀门，则须设置明显的启闭标志。

3.7.2 当泡沫消防水泵或泡沫混合液泵出口管道口径大于 300mm 时，不宜采用手动阀门。

【条文解析】

口径较大的阀门，一个人手动开启或关闭较困难，可能导致消防泵不能迅速正常启动，甚至过载损坏。因此，选择电动、气动或液动阀门为佳。增压泵的进口阀门属上一级供水泵的出口阀门，也按出口阀门对待。

3.7.3 低倍数泡沫灭火系统的水与泡沫混合液及泡沫管道应采用钢管，且管道外壁应进行防腐处理。

【条文解析】

水与泡沫混合液管道为压力管道，一般泡沫混合液管道的最小工作压力为 0.7MPa，许多系统的泡沫混合液管道工作压力超过 1.0MPa。钢管的韧性、机械强度、耐燃等性能可以保障泡沫系统安全可靠。

3.7.6 泡沫液管道应采用不锈钢管。

3.7.7 在寒冷季节有冰冻的地区，泡沫灭火系统的湿式管道应采取防冻措施。

【条文解析】

本条规定的目的是保证系统可靠运行。

4.1.2 储罐区低倍数泡沫灭火系统的选择，应符合下列规定：

1 非水溶性甲、乙、丙类液体固定顶储罐，应选用液上喷射、液下喷射或半液下喷射系统；

2 水溶性甲、乙、丙类液体和其他对普通泡沫有破坏作用的甲、乙、丙类液体固定顶储罐，应选用液上喷射系统或半液下喷射系统；

3 外浮顶和内浮顶储罐应选用液上喷射系统；

4 非水溶性液体外浮顶储罐、内浮顶储罐、直径大于 18m 的固定顶储罐及水溶性甲、乙、丙类液体立式储罐，不得选用泡沫炮作为主要灭火设施；

5 高度大于 7m 或直径大于 9m 的固定顶储罐，不得选用泡沫枪作为主要灭火设施。

【条文解析】

目前，泡沫灭火系统用于甲、乙、丙类液体立式储罐，有液上喷射、液下喷射、半液下喷射三种形式。本规范将泡沫炮、泡沫枪系统划在了液上喷射系统中。

1）对于甲、乙、丙类液体固定顶、外浮顶和内浮顶三种储罐，液上喷射系统均适用。

2）液下喷射泡沫灭火系统不适用于水溶性液体和其他对普通泡沫有破坏作用的甲、乙、丙类液体固定顶储罐，因为泡沫注入该类液体后，由于该类液体分子的脱水作用而使泡沫遭到破坏，无法浮升到液面实施灭火。半液下喷射是泡沫灭火系统应用形式之一。

3）液下与半液下喷射系统不适用于外浮顶和内浮顶储罐，其原因是浮顶阻碍泡沫的正常分布；当只在外浮顶或内浮顶储罐的环形密封区设防时，更无法将泡沫全部输送到所需的区域。

4）对于外浮顶储罐与按外浮顶储罐对待的内浮顶储罐，其设防区域为环形密封区，泡沫炮难以将泡沫施加到该区域；对于水溶性甲、乙、丙类液体，由于泡沫炮为强施放喷射装置，喷出的泡沫会潜入其液体中，使泡沫脱水而遭到破坏，所以不适用；直径大于 18m 的固定顶储罐与按固定顶储罐对待的内浮顶储罐发生火灾时，罐顶一般只撕开一条口子，全掀的案例很少，泡沫炮难以将泡沫施加到储罐内。

5）灭火人员操控泡沫枪难以对罐壁更高、直径更大的储罐实施灭火。

4.1.3 储罐区泡沫灭火系统扑救一次火灾的泡沫混合液设计用量，应按罐内用量、该罐辅助泡沫枪用量、管道剩余量三者之和最大的储罐确定。

【条文解析】

在执行本条时，应注意泡沫混合液设计流量与泡沫混合液设计用量两个参数。对于固定顶和浮顶罐同设、非水溶性液体与水溶性液体并存的罐区，由于泡沫混合液供给强度与供给时间不一定相同，两个参数的设计最大值不一定集中到一个储罐上，应对每个储罐分别计算。按泡沫混合液设计流量最大的储罐设置泡沫消防水泵或泡沫混合液泵，按泡沫混合液设计用量最大的储罐储备消防水和泡沫液。

4.1.4 设置固定式泡沫灭火系统的储罐区，应配置用于扑救液体流散火灾的辅助泡沫枪，泡沫枪的数量及其泡沫混合液连续供给时间不应小于表 4.1.4 的规定。每支辅助泡沫枪的泡沫混合液流量不应小于 240L/min。

表 4.1.4　泡沫枪数量及其泡沫混合液连续供给时间

储罐直径/m	配备泡沫枪数/支	连续供给时间/min
≤10	1	10
>10且≤20	1	20
>20且≤30	2	20
>30且≤40	2	30
>40	3	30

【条文解析】

本条有三层含义：

1）提出对设置固定式泡沫灭火系统的储罐区，设置用于扑救液体流散火灾的辅助泡沫枪要求，不限制将泡沫枪放置在其专职消防站的消防车上。

2）提出设置数量及其泡沫混合液连续供给时间根据所保护储罐直径确定的要求。

3）规定了可选的单支泡沫枪的最小流量。

4.1.5 当储罐区固定式泡沫灭火系统的泡沫混合液流量大于或等于 100L/s 时，系统的泵、比例混合装置及其管道上的控制阀、干管控制阀宜具备远程控制功能。

【条文解析】

大中型甲、乙、丙类液体储罐的危险程度高，火灾损失大，为了及时启动泡沫灭火系统，减少火灾损失，因此本条作了相应的规定。

4.1.6 在固定式泡沫灭火系统的泡沫混合液主管道上应留出泡沫混合液流量检测仪器的安装位置；在泡沫混合液管道上应设置试验检测口；在防火堤外侧最不利和最有利水力条件处的管道上，宜设置供检测泡沫产生器工作压力的压力表接口。

【条文解析】

为验证安装后的泡沫灭火系统是否满足规范和设计要求，需要对安装的系统按有关规范的要求进行检测，为此所做的设计应便于检测设备的安装和取样。

4.1.7 储罐区固定式泡沫灭火系统与消防冷却水系统合用一组消防给水泵时，应有保障泡沫混合液供给强度满足设计要求的措施，且不得以火灾时临时调整的方式保障。

【条文解析】

出于降低工程造价的考虑，有些设计将储罐区泡沫系统与消防冷却水系统的消防泵合用。但由于两系统的工作状态不同，且多数储罐区的储罐规格也不尽相同，有的相差很大，致使有些系统使用困难。为此提出本条要求，对此类设计加以约束。

4.1.9 储罐区固定式泡沫灭火系统应具备半固定式系统功能。

【条文解析】

规定固定式泡沫灭火系统具备半固定系统功能，灭火时多了一种战术选择，且简便易行。当泡沫混合液管道在防火堤外环状布置时，利用环状管道上设置泡沫消火栓就能实现半固定系统功能，但不如在通向泡沫产生器的支管上设置带控制阀的管牙接口方便。

4.1.10 固定式泡沫灭火系统的设计应满足在泡沫消防水泵或泡沫混合液泵启动后，将泡沫混合液或泡沫输送到保护对象的时间不大于 5min。

【条文解析】

本条规定的目的是保证系统及时灭火。

4.2.1 固定顶储罐的保护面积应按其横截面积确定。

【条文解析】

固定顶储罐的燃液暴露面为其储罐的横截面，泡沫须覆盖全部燃液表面方能灭火，所以保护面积应按其横截面积计算确定。

4.2.6 储罐上液上喷射系统泡沫混合液管道的设置，应符合下列规定：

1 每个泡沫产生器应用独立的混合液管道引至防火堤外；

2 除立管外，其他泡沫混合液管道不得设置在罐壁上；

3 连接泡沫产生器的泡沫混合液立管应用管卡固定在罐壁上，管卡间距不宜大于3m；

4 泡沫混合液的立管下端应设置锈渣清扫口。

【条文解析】

固定顶储罐与一些内浮顶储罐发生火灾时，部分泡沫产生器被破坏的可能性较大。为保障被破坏的泡沫产生器不影响正常的泡沫产生器使用，使系统仍能有效灭火，因此本条作了相应的规定。

4.3.2 非水溶性液体的泡沫混合液供给强度不应小于 12.5L/（min·m²），连续供给时间不应小于 30min，单个泡沫产生器的最大保护周长应符合表 4.3.2 的规定。

表 4.3.2　单个泡沫产生器的最大保护周长

泡沫喷射口设置部位	堰板高度/m		保护周长/m
罐壁顶部、密封或挡雨板上方	软密封	≥0.9	24
	机械密封	<0.6	12
		≥0.6	24
金属挡雨板下部		<0.6	18
		≥0.6	24

注：当采用从金属挡雨板下部喷射泡沫的方式时，其挡雨板必须是不含任何可燃材料的金属板。

【条文解析】

目前泡沫喷射口的设置方式有两种：第一种是设置在罐壁顶部；第二种是设置在浮顶上，它又分为泡沫喷射口设置在密封或挡雨板上方和泡沫喷射口设置在金属挡雨板下部两种方式。

4.3.4 泡沫产生器与泡沫喷射口的设置，应符合下列规定：

1 泡沫产生器的型号和数量应按本规范第 4.3.2 条的规定计算确定；

2 泡沫喷射口设置在罐壁顶部时，应配置泡沫导流罩；

3 泡沫喷射口设置在浮顶上时，其喷射口应采用两个出口直管段的长度均不小于其直径 5 倍的水平 T 形管，且设置在密封或挡雨板上方的泡沫喷射口在伸入泡沫堰板后应向下倾斜 30°～60°。

【条文解析】

设置泡沫导流罩是减少泡沫损失行之有效的措施。泡沫喷射口设置在浮顶上，要求使用 T 形管，有利于泡沫的分布。

4.3.5 当泡沫产生器与泡沫喷射口设置在罐壁顶部时，储罐上泡沫混合液管道的设置应符合下列规定：

1 可每两个泡沫产生器合用一根泡沫混合液立管；

2 当三个或三个以上泡沫产生器一组在泡沫混合液立管下端合用一根管道时，宜在每个泡沫混合液立管上设置常开控制阀；

3 每根泡沫混合液管道应引至防火堤外，且半固定式泡沫灭火系统的每根泡沫混合液管道所需的混合液流量不应大于 1 辆消防车的供给量；

4 连接泡沫产生器的泡沫混合液立管应用管卡固定在罐壁上，管卡间距不宜大于3m，泡沫混合液的立管下端应设置锈渣清扫口。

【条文解析】

外浮顶储罐环形密封区域的火灾，其辐射热很低，灭火人员能够靠近罐体；且泡沫产生器被破坏的可能性很小，因此本条作了相应的规定。

4.3.9 储罐梯子平台上管牙接口或二分水器的设置，应符合下列规定：

1 直径不大于 45m 的储罐，储罐梯子平台上应设置带闷盖的管牙接口；直径大于45m 的储罐，储罐梯子平台上应设置二分水器；

2 管牙接口或二分水器应由管道接至防火堤外，且管道的管径应满足所配泡沫枪的压力、流量要求；

3 应在防火堤外的连接管道上设置管牙接口，管牙接口距地面高度宜为 0.7m；

4 当与固定式泡沫灭火系统连通时，应在防火堤外设置控制阀。

【条文解析】

一方面，外浮顶储罐火灾初期多为局部密封处小火，灭火人员可站在梯子平台上或浮顶上用泡沫枪将其扑灭；另一方面，对于储存高含蜡原油的储罐，由于罐体保温不好或密封不好，罐壁上会凝固少量原油。当温度升高时，凝油熔化并可能流到罐顶。偶发火灾后，需要灭火人员站在梯子平台上用泡沫枪灭火。

4.4.2 钢制单盘式、双盘式与敞口隔舱式内浮顶储罐的泡沫堰板设置、单个泡沫产生器保护周长及泡沫混合液供给强度与连续供给时间，应符合下列规定：

1 泡沫堰板与罐壁的距离不应小于 0.55m，其高度不应小于 0.5m；

2 单个泡沫产生器保护周长不应大于 24m；

3 非水溶性液体的泡沫混合液供给强度不应小于 12.5L/（min·m²）；

4 水溶性液体的泡沫混合液供给强度不应小于本规范第 4.2.2 条第 3 款规定的1.5 倍；

5 泡沫混合液连续供给时间不应小于 30min。

【条文解析】

内浮顶储罐通常储存火灾危险性为甲、乙类的液体。由于火灾时炽热的金属罐壁和泡沫堰板及密封圈对泡沫的破坏，其供给强度也应大于固定顶储罐的泡沫混合液供给强度；到目前为止，按环形密封区设防的水溶性液体浮顶储罐尚未开展过灭火试验，但无疑其泡沫混合液供给强度应大于非水溶性液体。本条规定了上述两方面的分析，并参照了对外浮顶储罐的相关规定。

4.5.1 当甲、乙、丙类液体槽车装卸栈台设置泡沫炮或泡沫枪系统时，应符合下列规定：

1 应能保护泵、计量仪器、车辆及与装卸产品有关的各种设备；

2 火车装卸栈台的泡沫混合液流量不应小于 30L/s；

3 汽车装卸栈台的泡沫混合液流量不应小于 8L/s；

4 泡沫混合液连续供给时间不应小于 30min。

【条文解析】

本条对泡沫混合液用量的规定，一方面考虑不超过油罐区的流量；另一方面火车装卸栈台的用量要能供给 1 台泡沫炮，汽车装卸栈台的用量要能供给 1 支泡沫枪。

5.1.1 全淹没系统可用于小型封闭空间场所与设有阻止泡沫流失的固定围墙或其他围挡设施的小场所。

【条文解析】

本条提出了全淹没中倍数泡沫灭火系统的适用场所。

和高倍数泡沫相比，中倍数泡沫的发泡倍数低，在泡沫混合液供给流量相同的条件下，单位时间内产生的泡沫体积比高倍数泡沫要小很多。因此，全淹没中倍数泡沫灭火系统一般用于小型场所。

5.1.2 局部应用系统可用于下列场所：

1 四周不完全封闭的 A 类火灾场所；

2 限定位置的流散 B 类火灾场所；

3 固定位置面积不大于 $100m^2$ 的流淌 B 类火灾场所。

【条文解析】

本条提出了局部应用中倍数泡沫灭火系统的适用场所。

四周不完全封闭的场所是指一面或多面无围墙或固定围挡，以及围墙或固定围挡高度不满足全淹没系统所需高度的场所，这类场所多不满足全淹没系统的应用条件。

局部应用系统的泡沫产生器是固定安装的，因此，对于流散及流淌的火灾场所应有限定，即能预先确定流散火灾和流淌火灾的位置。

5.1.3 移动式系统可用于下列场所：

1 发生火灾的部位难以确定或人员难以接近的较小火灾场所；

2 流散的 B 类火灾场所；

3 不大于 $100m^2$ 的流淌 B 类火灾场所。

【条文解析】

本条提出了移动式中倍数泡沫灭火系统的应用场所。

移动式中倍数泡沫灭火系统的泡沫产生器可以手提移动，所以适用于发生火灾的部位难以确定的场所。也就是说，防护区内，火灾发生前无法确定具体哪一处会发生火灾，配备的手提式中倍数泡沫产生器只有在起火部位确定后，迅速移到现场，喷射泡沫灭火。

移动式中倍数泡沫灭火系统用于B类火灾场所，需要泡沫产生器喷射泡沫有一定射程，所以其发泡倍数不能太高。通常采用吸气型中倍数泡沫枪，发泡倍数在50以下，射程一般为10～20m。因此，移动式中倍数泡沫灭火系统只能应用于较小的火灾场所，或作辅助设施使用。

5.2.2 油罐中倍数泡沫灭火系统应采用液上喷射形式，且保护面积应按油罐的横截面积确定。

【条文解析】

内浮顶储罐通常储存火灾危险性为甲、乙类的液体。因为中倍数泡沫的密度较低，易受气流或火焰热浮力的影响，因此规定内浮顶罐按全液面火灾设防。

6.1.1 系统型式的选择应根据防护区的总体布局、火灾的危害程度、火灾的种类和扑救条件等因素，经综合技术经济比较后确定。

【条文解析】

按应用方式，高倍数泡沫灭火系统分为全淹没、局部应用、移动三种。全淹没系统为固定式自动系统；局部应用系统分为固定与半固定两种方式，其中固定式系统根据需要可设置成自动控制或手动控制。本条规定了设计选型的一般原则。设计时应综合防护区的位置、大小、形状、开口、通风及围挡或封闭状态，可燃物品的性质、数量、分布以及可能发生的火灾类型和起火源、起火部位等情况确定。

6.1.2 全淹没系统或固定式局部应用系统应设置火灾自动报警系统，并应符合下列规定：

1 全淹没系统应同时具备自动、手动和应急机械手动启动功能；

2 自动控制的固定式局部应用系统应同时具备手动和应急机械手动启动功能；手动控制的固定式局部应用系统尚应具备应急机械手动启动功能；

3 消防控制中心（室）和防护区应设置声光报警装置；

4 消防自动控制设备宜与防护区内门窗的关闭装置、排气口的开启装置，以及生产、照明电源的切断装置等联动。

【条文解析】

为了对所保护的场所进行有效监控，尽快启动灭火系统，规定全淹没系统或固定式局部应用系统的保护场所应设置火灾自动报警系统。

6.1.3 当系统以集中控制方式保护两个或两个以上的防护区时，其中一个防护区发生火灾不应危及到其他防护区；泡沫液和水的储备量应按最大一个防护区的用量确定；手动与应急机械控制装置应有标明其所控制区域的标记。

【条文解析】

本条有关对防护区划分的原则规定，主要是避免为降低工程造价，将一个大防护区不恰当地划分成若干个小防护区。通常，有一定防火间距的两个建筑物可划分成两个防护区；一、二级耐火等级的封闭建筑物内不连通的两个同层房间可划分成两个防护区。

6.1.6 固定安装的高倍数泡沫产生器前应设置管道过滤器、压力表和手动阀门。

【条文解析】

在高倍数泡沫产生器前设置控制阀是为了系统试验和维修时将该阀关闭，平时该阀处于常开状态。设压力表是为了在系统进行调试或试验时，观察高倍数泡沫产生器的进口工作压力是否在规定的范围内。

6.1.7 固定安装的泡沫液桶（罐）和比例混合器不应设置在防护区内。

【条文解析】

本条是针对采用自带比例混合器的高倍数泡沫产生器(这是一种在其主体结构中有一微型比例混合器，吸液管可从附近泡沫液储存桶吸液的泡沫产生器）的系统而规定的。

6.2.1 全淹没系统可用于下列场所：

1 封闭空间场所；

2 设有阻止泡沫流失的固定围墙或其他围挡设施的场所。

【条文解析】

本条提出了全淹没高倍数泡沫灭火系统的适用场所。

全淹没高倍数泡沫灭火系统是将高倍数泡沫按规定的高度充满被保护区域，并将泡沫保持到控火和灭火所需的时间。全淹没高倍数泡沫灭火系统特别适用于大面积有限空间的 A 类和 B 类火灾的防护；封闭空间愈大，高倍数泡沫的灭火效能高和成本低等特点愈显著。

有些被保护区域可能是不完全封闭空间，但只要被保护对象用不燃烧体围挡起来，形成可阻止泡沫流失的有限空间即可。墙或围挡设施的高度应大于该保护区域所需要的高倍数泡沫淹没深度。

6.2.2 全淹没系统的防护区应为封闭或设置灭火所需的固定围挡的区域，且应符合

下列规定：

1 泡沫的围挡应为不燃结构，且应在系统设计灭火时间内具备围挡泡沫的能力；

2 在保证人员撤离的前提下，门、窗等位于设计淹没深度以下的开口，应在泡沫喷放前或泡沫喷放的同时自动关闭；对于不能自动关闭的开口，全淹没系统应对其泡沫损失进行相应补偿；

3 利用防护区外部空气发泡的封闭空间，应设置排气口，排气口的位置应避免燃烧产物或其他有害气体回流到高倍数泡沫产生器进气口；

4 在泡沫淹没深度以下的墙上设置窗口时，宜在窗口部位设置网孔基本尺寸不大于 3.15mm 的钢丝网或钢丝纱窗；

5 排气口在灭火系统工作时应自动或手动开启，其排气速度不宜超过 5m/s；

6 防护区内应设置排水设施。

【条文解析】

本条对全淹没系统的防护区作了进一步规定。

6.2.7 泡沫液和水的连续供给时间应符合下列规定：

1 当用于扑救 A 类火灾时，不应小于 25min；

2 当用于扑救 B 类火灾时，不应小于 15min。

【条文解析】

泡沫液和水的连续供给时间是系统设计的关键参数之一，必须严格执行本规定，否则会降低灭火的可靠性。

6.3.2 系统的保护范围应包括火灾蔓延的所有区域。

【条文解析】

在确定系统的保护面积时，首先要考虑保护对象周围是否存在可能被引燃的可燃物，如果有，应将它们包括在保护范围内，其次应考虑保护对象着火后，是否存在因物体坍塌或液体溢流导致保护面积扩大的现象，如果存在，应将其影响范围包括在内。

6.3.3 当用于扑救 A 类火灾或 B 类火灾时，泡沫供给速率应符合下列规定：

1 覆盖 A 类火灾保护对象最高点的厚度不应小于 0.6m；

2 对于汽油、煤油、柴油或苯，覆盖起火部位的厚度不应小于 2m；其他 B 类火灾的泡沫覆盖厚度应由试验确定；

3 达到规定覆盖厚度的时间不应大于 2min。

【条文解析】

泡沫供给速率是系统设计的关键参数之一，必须严格执行本规定，否则灭火无法保证。

6.3.4 当用于扑救 A 类火灾和 B 类火灾时，其泡沫液和水的连续供给时间不应小于12min。

【条文解析】

泡沫液和水的连续供给时间是系统设计的关键参数之一，必须严格执行本规定，否则会降低系统的可靠性。

6.4.2 泡沫淹没时间或覆盖保护对象时间、泡沫供给速率与连续供给时间，应根据保护对象的类型与规模确定。

【条文解析】

移动式高倍数泡沫灭火系统作为一种火场灭火战术的选择，有着如保护对象的类型与火场规模、火灾持续时间与系统开始供给泡沫时间、同时采取的其他灭火手段等许多不确定因素。其淹没时间或覆盖保护对象时间、泡沫供给速率与连续供给时间需根据保护对象的具体情况以及灭火策略而定。

6.4.9 系统所用的电源与电缆应满足输送功率要求，且应满足保护接地和防水的要求。

【条文解析】

系统电源与电缆满足输送功率、保护接地和防水要求是最基本的。同时，所用电缆应耐受不均匀用力的扯动和火场车辆的不慎碾压。

7.1.5 当泡沫液管线长度超过 15m 时，泡沫液应充满其管线，且泡沫液管线及其管件的温度应在泡沫液的储存温度范围内；埋地铺设时，应设置检查管道密封性的设施。

【条文解析】

本规定旨在使泡沫液及时与水按比例混合，缩短系统响应时间；同时保证泡沫液在管道内不漏失、不变质、不堵塞。

7.1.6 泡沫-水喷淋系统应设置系统试验接口，其口径应分别满足系统最大流量与最小流量要求。

【条文解析】

本条规定是为方便泡沫-水喷淋系统的调试和检测。

关于流量，泡沫-水雨淋系统按一个雨淋阀控制的全部喷头同时工作确定；闭式系统的最大流量按作用面积内的喷头全部开启确定，最小流量按8L/s确定。

7.1.7 泡沫-水喷淋系统的防护区应设置安全排放或容纳设施，且排放或容纳量应按被保护液体最大泄漏量、固定式系统喷洒量，以及管枪喷射量之和确定。

【条文解析】

本条规定的目的，一是防止火灾蔓延，二是出于环境保护的需要。

7.1.8 为泡沫-水雨淋系统与泡沫-水预作用系统配套设置的火灾探测与联动控制系统，除应符合现行国家标准《火灾自动报警系统设计规范》GB 50116 的有关规定外，尚应符合下列规定：

1 当电控型自动探测及附属装置设置在有爆炸和火灾危险的环境时，应符合现行国家标准《爆炸和火灾危险环境电力装置设计规范》GB 50058 的有关规定；

2 设置在腐蚀性气体环境中的探测装置，应由耐腐蚀材料制成或采取防腐蚀保护；

3 当选用带闭式喷头的传动管传递火灾信号时，传动管的长度不应大于 300m，公称直径宜为 15～25mm，传动管上的喷头应选用快速响应喷头，且布置间距不宜大于 2.5m。

【条文解析】

由于某些场所适宜选用带闭式喷头的传动管传递火灾信号，在工程中亦存在许多案例，为保证其可靠性制定了该条文。对于独立控制系统，传动管的长度是指系统传动管的总长；对于集中控制系统，则是指一个独立防护区域的传动管的总长。规定传动管的长度不大于 300m，是为了使系统能够快速响应。

7.2.1 泡沫-水雨淋系统的保护面积应按保护场所内的水平面面积或水平面投影面积确定。

【条文解析】

本条规定必须做到，否则灭火无法保证。

7.2.3 系统应设置雨淋阀、水力警铃，并应在每个雨淋阀出口管路上设置压力开关，但喷头数小于 10 个的单区系统可不设雨淋阀和压力开关。

【条文解析】

泡沫-水雨淋系统是自动启动灭甲、乙、丙类液体初期火灾的灭火系统，为保证其响应时间短、系统启动后能及时通知有关人员以及满足系统控制盘监控要求，需要设置雨淋阀、水力警铃，压力开关。

单区小系统保护的场所火灾荷载小，且其管道较短，响应时间易于保证，为节约投资可不设雨淋阀与压力开关。

7.2.4 系统应选用吸气型泡沫-水喷头、泡沫-水雾喷头。

【条文解析】

泡沫–水喷头和泡沫–水雾喷头的性能要优于带溅水盘的开式非吸气型喷头。另外，所谓"吸气型"仅针对泡沫–水喷头，并不针对泡沫–水雾喷头。

7.3.2 火灾水平方向蔓延较快的场所不宜选用泡沫–水干式系统。

【条文解析】

泡沫–水干式系统是靠管道内的气体来启动的，喷头开启后，需先将管道内的气体排空，才能喷放泡沫。因此，喷头喷泡沫会有较长的时间延迟，若火灾蔓延速度较快，则在喷头开始喷泡沫时，火灾已经蔓延很大区域，此时火势可能已经难于控制。

7.3.3 下列场所不宜选用管道充水的泡沫–水湿式系统：

1 初始火灾为液体流淌火灾的甲、乙、丙类液体桶装库、泵房等场所；

2 含有甲、乙、丙类液体敞口容器的场所。

【条文解析】

管道充水的泡沫–水湿式系统，火灾初期需要先将管道内的水喷完后才能喷泡沫灭火。而喷水不但无助于控制本条所述场所的油类火灾，可能还会加速火灾蔓延，以致系统喷泡沫时，火灾规模可能已经很大，使得系统难以控火和灭火。

7.3.6 闭式泡沫–水喷淋系统输送的泡沫混合液应在 8L/s 至最大设计流量范围内达到额定的混合比。

【条文解析】

闭式系统的流量是随火灾时开放喷头数的变化而变化的，这就要求系统输送的泡沫混合液能在系统最低流量和最大设计流量范围内满足规定的混合比，而比例混合器也只能在一定的流量范围内满足相应的混合比，其流量范围应该和系统的设计要求相匹配。因此，需要按照系统的实际工作情况确定一个合理的流量下限。

7.3.9 泡沫–水湿式系统的设置应符合下列规定：

1 当系统管道充注泡沫预混液时，其管道及管件应耐泡沫预混液腐蚀，且不应影响泡沫预混液的性能；

2 充注泡沫预混液系统的环境温度宜为 5～40℃；

3 当系统管道充水时，在 8L/s 的流量下，自系统启动至喷泡沫的时间不应大于 2min；

4 充水系统的环境温度应为 4～70℃。

【条文解析】

当系统管道充注泡沫预混液时，首先要保证预混液的性能不受管道和环境温度的影响，同时，相应的管道和管件要耐泡沫预混液腐蚀。

当系统管道充水时，为保证能尽快控火和灭火，需尽量缩短系统喷水的时间。在此，应合理地设置系统管网，在尽可能少量喷头开启的情况下，将管网内的水全部喷射出来。

7.4.1 泡沫喷雾系统可采用下列形式：

1 由压缩氮气驱动储罐内的泡沫预混液经泡沫喷雾喷头喷洒泡沫到防护区；

2 由压力水通过泡沫比例混合器（装置）输送泡沫混合液经泡沫喷雾喷头喷洒泡沫到防护区。

【条文解析】

本条规定了泡沫喷雾系统可采用的两种形式，由于第一种形式结构简单且造价比较低，目前国内大多采用此形式。

8.1.2 泡沫消防水泵、泡沫混合液泵应采用自灌引水启动。其一组泵的吸水管不应少于两条，当其中一条损坏时，其余的吸水管应能通过全部用水量。

【条文解析】

泡沫消防水泵或泡沫混合液泵处于常充满水状态，是缩短启动时间、使泡沫系统及时投入灭火工作的保障，为此本条规定其采用自灌引水方式。

8.1.5 泡沫消防泵站内应设置水池（罐）水位指示装置。泡沫消防泵站应设置与本单位消防站或消防保卫部门直接联络的通信设备。

【条文解析】

设置水位指示装置是为了及时观察水位。设置直通电话是保障发生火灾后，消防泵站的值班人员能及时与本单位消防队、消防保卫部门、消防控制室等取得联系。

8.2.1 泡沫灭火系统水源的水质应与泡沫液的要求相适宜；水源的水温宜为 4～35℃。当水中含有堵塞比例混合装置、泡沫产生装置或泡沫喷射装置的固体颗粒时，应设置相应的管道过滤器。

【条文解析】

淡水是配置各类泡沫混合液的最佳水源，某些泡沫液也适宜用海水配置混合液。一种泡沫液是否适宜用海水配置泡沫混合液，取决于其耐海水（或硬水）的性能。因此，选择水源时，应考虑其是否与泡沫液的要求相适宜。同时，为了不影响泡沫混合液的发泡性能，规定水温宜为 4～35℃。

8.2.3 泡沫灭火系统水源的水量应满足系统最大设计流量和供给时间的要求。

【条文解析】

为保证系统在最不利情况下能够满足设计要求，系统的水量应满足最大设计流量和供给时间的要求。

8.2.4 泡沫灭火系统供水压力应满足在相应设计流量范围内系统各组件的工作压力要求，且应有防止系统超压的措施。

【条文解析】

系统超压有可能会损坏设备，因此，应有防止系统超压的措施。

8.2.5 建（构）筑物内设置的泡沫-水喷淋系统宜设置水泵接合器，且宜设置在比例混合器的进口侧。水泵接合器的数量应按系统的设计流量确定，每个水泵接合器的流量宜按 10~15L/s 计算。

【条文解析】

水泵接合器是用于外部增援供水的措施，当系统供水泵不能正常供水时，可由消防车连接水泵接合器向系统管道供水。系统在喷洒泡沫期间，供水泵亦可能出现不能正常供水的情况，因此，规定水泵接合器宜设置在比例混合器的进口侧。为满足系统要求，水泵接合器的流量应按系统的设计流量确定。

9.1.1 储罐区泡沫灭火系统的泡沫混合液设计流量，应按储罐上设置的泡沫产生器或高背压泡沫产生器与该储罐辅助泡沫枪的流量之和计算，且应按流量之和最大的储罐确定。

【条文解析】

在扑救储罐区火灾时，除了储罐上设置的泡沫产生器或高背压泡沫产生器外，可能还同时使用辅助泡沫枪。所以，计算储罐区泡沫混合液设计流量时，应包括辅助泡沫枪的流量。为保证最不利情况下泡沫混合液流量满足设计要求，计算时应按流量之和最大的储罐确定。

9.1.2 泡沫枪或泡沫炮系统的泡沫混合液设计流量，应按同时使用的泡沫枪或泡沫炮的流量之和确定。

【条文解析】

对于只设置泡沫枪或泡沫炮系统的场所，按同时使用的泡沫枪或泡沫炮计算确定系统设计流量是最基本的要求。另外，还应保证投入战斗的每杆泡沫枪或泡沫炮都满足相关设计要求。

9.1.3 泡沫-水雨淋系统的设计流量，应按雨淋阀控制的喷头的流量之和确定。多个雨淋阀并联的雨淋系统，其系统设计流量应按同时启用雨淋阀的流量之和的最大值确定。

【条文解析】

当多个雨淋阀并联使用时，首先分别计算每个雨淋阀的流量，然后将需要同时开启的各雨淋阀的流量叠加，计算总流量，并选取不同条件下计算获得的各总流量中的最大值，将其作为系统的设计流量。

《泡沫灭火系统施工及验收规范》GB 50281—2006

3.0.5 泡沫灭火系统施工前应具备下列技术资料：

1 经批准的设计施工图、设计说明书。

2 主要组件的安装使用说明书。

3 泡沫产生装置、泡沫比例混合器（装置）、泡沫液压力储罐、消防泵、泡沫消火栓、阀门、压力表、管道过滤器、金属软管、泡沫液、管材及管件等系统组件和材料应具备符合市场准入制度要求的有效证明文件和产品出厂合格证。

【条文解析】

本条规定了系统施工前应具备的技术资料。

要保证泡沫灭火系统的施工质量，使系统能正确安装、可靠运行，正确的设计、合理的施工、合格的产品是必要的技术条件。设计施工图、设计说明书是正确设计的体现，是施工单位的施工依据，它规定了灭火系统的基本设计参数、设计依据和材料组件以及对施工的要求和施工中应注意的事项等，因此，它是必备的首要条件。

主要组件的使用说明书是制造厂根据其产品的特点和规格、型号、技术性能参数编制的供设计、安装和维护人员使用的技术说明，主要包括产品的结构、技术参数、安装要求、维护方法与要求。因此，这些资料不仅可以帮助设计单位正确选型，也便于监理单位监督检查，而且是施工单位掌握设备特点，正确安装所必需的。

市场准入制度要求的有效证明文件和产品出厂合格证是保证系统所采用的组件和材料质量符合要求的可靠技术证明文件。对主要组件和泡沫液应具备上述文件，对不具备上述文件的组件和材料应提供制造厂家出具的检验报告与合格证。管材还应提供相应规格的材质证明。

3.0.6 泡沫灭火系统的施工应具备下列条件：

1 设计单位向施工单位进行技术交底，并有记录；

2 系统组件、管材及管件的规格、型号符合设计要求，并保证连续施工；

3 与施工有关的基础、预埋件和预留孔，经检查符合设计要求；

4 场地、道路、水、电等临时设施满足施工要求。

【条文解析】

本条对泡沫灭火系统的施工所具备的基本条件作了规定,以保证系统的施工质量和进度。

3.0.7 泡沫灭火系统应按下列规定进行施工过程质量控制:

1 采用的系统组件和材料应按本规范的规定进行进场检验,合格后经监理工程师签证方可安装使用。

2 各工序应按施工技术标准进行质量控制,每道工序完成后,应进行检查,合格后方可进行下道工序施工。

3 相关各专业工种之间,应进行交接认可,并经监理工程师签证后,方可进行下道工序施工。

4 应对施工过程进行检查,并由监理工程师组织施工单位人员进行。

5 隐蔽工程在隐蔽前应由施工单位通知有关单位进行验收。

6 安装完毕,施工单位应按本规范的规定进行系统调试;调试合格后,施工单位应向建设单位提交验收申请报告申请验收。

【条文解析】

本条规定了泡沫灭火系统施工过程中质量控制的主要方面。

3.0.9 泡沫灭火系统验收合格后,应提供下列文件资料:

1 施工现场质量管理检查记录。

2 泡沫灭火系统施工过程检查记录。

3 隐蔽工程验收记录。

4 泡沫灭火系统质量控制资料核查记录。

5 泡沫灭火系统验收记录。

6 相关文件、记录、资料清单等。

【条文解析】

本条规定了验收合格后应提供的文件资料,以便建立建设项目档案,向建设行政主管部门或其他有关部门移交。

3.0.10 泡沫灭火系统施工质量不符合本规范要求时,应按下列规定进行处理:

1 经返工重做或更换系统组件和材料的工程,应重新进行验收。

2 经返工重做或更换系统组件和材料的工程,仍不符合本规范的要求时,严禁验收。

【条文解析】

本条规定了当系统施工质量不符合要求时的处理办法。在一般情况下，不合格现象在施工过程当中就应发现并及时处理，否则将影响下道工序的施工。因此，所有质量隐患必须尽快消灭在萌芽状态，这也是本规范强调施工过程质量控制原则的体现。非正常情况的处理分以下两种情况。

1）缺陷不太严重，经过返工重做进行处理的项目或有严重缺陷经推倒重来或更换系统组件和材料的工作，应允许验收。如能够符合本规范的规定，则认为合格。

2）存在严重缺陷的工程，经返工重做或更换系统组件和材料仍不符合本规范的要求，严禁验收。

4.1.2 材料和系统组件的进场抽样检查时有一件不合格，应加倍抽查；若仍有不合格，则判定此批产品不合格。

【条文解析】

本条规定了材料和系统组件进场抽样检查合格与不合格的判定条件，即有一件不合格时，应加倍抽查；若仍有不合格时，则判定此批产品不合格。这是产品抽样的例行做法。

4.2.1 泡沫液进场应由监理工程师组织，现场取样留存。

检查数量：按全项检测需要量。

检查方法：观察检查和检查市场准入制度要求的有效证明文件及产品出厂合格证。

【条文解析】

本条作了泡沫液进场应现场取样留存的规定，其目的是待以后需要时送检，从而促使生产企业提供合格产品。

4.2.3 管材及管件的材质、规格、型号、质量等应符合国家现行有关产品标准和设计要求。

检查数量：全数检查。

检查方法：检查出厂检验报告与合格证。

【条文解析】

本条规定了管材及管件进场时应具备的有效证明文件。管材应提供相应规格的质量合格证、性能及材质检验报告。管件则应提供相应制造单位出具的合格证、检验报告，其中包括材质和水压强度试验等内容。

4.2.4 管材及管件的外观质量除应符合其产品标准的规定外，尚应符合下列规定：

1 表面无裂纹、缩孔、夹渣、折叠、重皮和不超过壁厚负偏差的锈蚀或凹陷等缺陷；

2 螺纹表面完整无损伤，法兰密封面平整、光洁、无毛刺及径向沟槽；

3 垫片无老化变质或分层现象，表面无折皱等缺陷。

检查数量：全数检查。

检查方法：观察检查。

【条文解析】

本条规定了管材及管件进场时外观检查的要求。因为管材及管件（即弯头、三通、异径接头、法兰、盲板、补偿器、紧固件、垫片等）也是系统的组成部分，它的质量好坏直接影响系统的施工质量。目前制造厂家很多，质量不尽相同，为避免劣质产品应用到系统上，所以进场时要进行外观检查，以保证材料质量。

4.2.5 管材及管件的规格尺寸和壁厚及允许偏差应符合其产品标准和设计的要求。

检查数量：每一规格、型号的产品按件数抽查 20%，且不得少于 1 件。

检查方法：用钢尺和游标卡尺测量。

【条文解析】

本条规定了管材及管件进场检验时的检测内容及要求，并给出了检测时的抽查数量，其目的是保证材料的质量。

4.2.6 对属于下列情况之一的管材及管件，应由监理工程师抽样，并由具备相应资质的检测单位进行检测复验，其复验结果应符合国家现行有关产品标准和设计要求。

1 设计上有复验要求的。

2 对质量有疑义的。

检查数量：按设计要求数量或送检需要量。

检查方法：检查复验报告。

【条文解析】

本条规定了管材及管件需要复验的条件及要求。复验时，具体检测内容按设计要求和疑点而定。

4.3.1 泡沫产生装置、泡沫比例混合器（装置）、泡沫液储罐、消防泵、泡沫消火栓、阀门、压力表、管道过滤器、金属软管等系统组件的外观质量，应符合下列规定：

1 无变形及其他机械性损伤；

2 外露非机械加工表面保护涂层完好；

3 无保护涂层的机械加工面无锈蚀；

4 所有外露接口无损伤，堵、盖等保护物包封良好；

5 铭牌标记清晰、牢固。

检查数量：全数检查。

检查方法：观察检查。

【条文解析】

在泡沫灭火系统上应用的这些组件，在从制造厂搬运到施工现场的过程中，要经过装车、运输、卸车和搬运、储存等环节，有的还露天存放，会受到环境的影响，在此期间，就有可能会因意外原因而遭到损伤或产生锈蚀。为了保证施工质量，需要对这些组件进行外观检查，并应符合本条各款的要求。

4.3.2 消防泵盘车应灵活，无阻滞，无异常声音；高倍数泡沫产生器用手转动叶轮应灵活；固定式泡沫炮的手动机构应无卡阻现象。

检查数量：全数检查。

检查方法：观察检查。

【条文解析】

规定此条的目的是对这些组件的活动部件，用手动的方法进行检查，看其是否灵活。

4.3.3 泡沫产生装置、泡沫比例混合器（装置）、泡沫液压力储罐、消防泵、泡沫消火栓、阀门、压力表、管道过滤器、金属软管等系统组件应符合下列规定：

1 其规格、型号、性能应符合国家现行产品标准和设计要求。

检查数量：全数检查。

检查方法：检查市场准入制度要求的有效证明文件和产品出厂合格证。

2 设计上有复验要求或对质量有疑义时，应由监理工程师抽样，并由具有相应资质的检测单位进行检测复验，其复验结果应符合国家现行产品标准和设计要求。

检查数量：按设计要求数量或送检需要量。

检查方法：检查复验报告。

【条文解析】

本条规定了对泡沫灭火系统的组件进场检验和复验的要求。

5.2.1 消防泵应整体安装在基础上，安装时对组件不得随意拆卸，确需拆卸时，应由制造厂进行。

检查数量：全数检查。

检查方法：观察检查。

【条文解析】

本条规定了消防泵应整体安装在基础上。消防泵的基础尺寸、位置、标高等均应符合设计规定，以保证合理安装及满足系统的工艺要求。

5.2.2 消防泵应以底座水平面为基准进行找平。

检查数量：全数检查。

检查方法：用水平尺和塞尺检查。

【条文解析】

由于消防泵与电动机或小型内燃机驱动的消防泵都是以整体形式固定在底座上，因此找平、找正应以底座水平面为基准。较大型内燃机或其他动力驱动的消防泵一般都是分体安装，找平、找正也应以消防泵底座水平面为基准。

5.2.3 消防泵与相关管道连接时，应以消防泵的法兰端面为基准进行测量和安装。

检查数量：全数检查。

检查方法：尺量和观察检查。

【条文解析】

本条规定了消防泵与相关管道的安装要求。由于消防泵与动力源以整体或分体的形式固定在底座上，且以底座水平面为基准找平，那么与消防泵相关的管道则应以消防泵的法兰端面为基准进行安装，这样才能保证安装质量。

5.2.4 消防泵进水管吸水口处设置滤网时，滤网架的安装应牢固，滤网应便于清洗。

检查数量：全数检查。

检查方法：观察检查。

【条文解析】

本条规定了消防泵进水管吸水口处设置滤网时的要求。当泡沫灭火系统的供水设施（水池或水罐）不是封闭的或采用天然水源时，为避免固体杂质吸入进水管，堵塞底阀或进入泵体，吸水口处应设置滤网。滤网架应坚固可靠，并且滤网应便于清洗。

5.2.5 当消防泵采用内燃机驱动时，内燃机冷却器的泄水管应通向排水设施。

检查数量：全数检查。

检查方法：观察检查。

【条文解析】

本条规定了内燃机驱动的消防泵附加冷却器的泄水管应通向排水管、排水沟、地漏等设施。其目的是将废水排到室外的排水设施，而不能直接排至泵房室内地面。

5.2.6 内燃机驱动的消防泵，其内燃机排气管的安装应符合设计要求，当设计无规定时，应采用直径相同的钢管连接后通向室外。

检查数量：全数检查。

检查方法：观察检查。

【条文解析】

本条规定了内燃机驱动的消防泵排气管应通向室外，其目的是将烟气排出室外，以免污染泵房，造成人员中毒事故。当设计无规定时，应采用和排气管直径相同的钢管连接后通向室外，排气口应朝天设置，让烟气向上流动，为了防雨，应加伞形罩，必要时应加防火帽。

5.4.2 环泵式比例混合器的安装应符合下列规定：

1 环泵式比例混合器安装标高的允许偏差为±10mm。

检查数量：全数检查。

检查方法：用拉线、尺量检查。

2 备用的环泵式比例混合器应并联安装在系统上，并应有明显的标志。

检查数量：全数检查。

检查方法：观察检查。

【条文解析】

本条规定了环泵式比例混合器的安装要求。

环泵式比例混合器的安装标高是很重要的，本条给出了允许偏差范围，安装时应看施工图和产品使用说明书，不得接错。正确的安装应该是环泵式比例混合器的进口与水泵的出口管段连接；环泵式比例混合器的出口与水泵的进口管段连接；环泵式比例混合器的进液口与泡沫液储罐上的出液口管段连接。

备用的环泵式比例混合器应并联安装在系统上，并且有明显的标志。调研时发现有的备用环泵式比例混合器放在仓库里，若发生火灾时，安装在系统上的环泵式比例混合器出现堵塞或腐蚀损坏时再来更换，时间来不及，且延误灭火时机，造成更大的损失。

5.4.3 压力式比例混合装置应整体安装，并应与基础牢固固定。

检查数量：全数检查。

检查方法：观察检查。

【条文解析】

本条规定了压力式比例混合装置的安装要求。压力式比例混合装置的压力储罐和比例混合器出厂前已经安装固定在一起，因此必须整体安装，储罐应与基础牢固固定。

5.4.5 管线式比例混合器应安装在压力水的水平管道上或串接在消防水带上，并应靠近储罐或防护区，其吸液口与泡沫液储罐或泡沫液桶最低液面的高度不得大于1.0m。

检查数量：全数检查。

检查方法：尺量和观察检查。

【条文解析】

本条规定了管线式比例混合器的安装要求。管线式比例混合器（又称负压式比例混合器），应安装在压力水的水平管道上，目前作为移动式和消防水带连接使用的较多。因压力损失较大，所以在串接水带时尽量靠近储罐或防护区。压力水通过该比例混合器的孔板，造成负压吸入泡沫液，与水混合形成泡沫混合液，输送到泡沫产生装置。因其孔板后形成真空度有限，所以，吸液口与泡沫液储罐或泡沫液桶最低液面的距离不得大于 1.0m，以保证正常的混合比。

5.6.2 中倍数泡沫产生器的安装应符合设计要求，安装时不得损坏或随意拆卸附件。

检查数量：按安装总数的 10% 抽查，且不得少于 1 个储罐或保护区的安装数量。

检查方法：用拉线和尺量、观察检查。

【条文解析】

本条对中倍数泡沫产生器的安装作了规定。中倍数泡沫产生器安装在固定顶储罐罐壁的顶部，其安装位置及尺寸正确与否直接影响系统的施工质量，所以应按设计要求进行。另外，它的体积和重量也较大，安装时容易损坏附件，如百叶窗式的盖，这样会影响进空气，所以本条作了相应的规定。

6.1.3 调试前施工单位应制订调试方案，并经监理单位批准。调试人员应根据批准的方案，按程序进行。

【条文解析】

本条规定了调试工作应具有经批准的方案和调试应遵守的原则。

系统的调试是一项专业性与技术性非常强的工作，因此，要求调试前应制订调试方案，并经监理单位批准。另外，要做好调试人员的组织工作，做到职责明确，并应按照预先制订的调试方案和调试程序进行，这是保证系统调试成功的关键条件之一，因此本条作了相应的规定。

6.1.4 调试前应对系统进行检查，并应及时处理发现的问题。

【条文解析】

本条规定了调试前应对系统施工质量进行检查，并应及时处理所发现的问题，其目的是确保系统调试工作的顺利进行。

6.1.5 调试前应将需要临时安装在系统上经校验合格的仪器、仪表安装完毕，调试时所需的检查设备应准备齐全。

【条文解析】

本条规定了调试前应将需要临时安装在系统上经校验合格的仪器、仪表安装完毕，如压力表、流量计等；调试时所需的检验设备应准备齐全，如手持折射仪、手持导电度测量仪、台秤（或天平、电子秤）、秒表、量杯和量桶等设备。

6.1.6 水源、动力源和泡沫液应满足系统调试要求，电气设备应具备与系统联动调试的条件。

【条文解析】

水源、动力源和泡沫液是调试的基本保证，三者缺一不可。水源由水池、水罐或天然水源提供，无论以哪种方式供水，其容量都应符合设计要求，调试时可先满足调试需要的用量。动力源主要是电源和备用动力，备用动力一般包括内燃机泵和内燃发电机，它们都应满足设计要求，并应运转正常。与之配套的电气设备已应具备联动条件。泡沫液的调试用量是根据最不利点的储罐或保护区和调试方法，经计算得出，调试时应先满足，因此本条作了相应的规定。

6.2.1 泡沫灭火系统的动力源和备用动力应进行切换试验，动力源和备用动力及电气设备运行应正常。

检查数量：全数检查。

检查方法：当为手动控制时，以手动的方式进行1～2次试验；当为自动控制时，以自动和手动的方式各进行1～2次试验。

【条文解析】

本条对泡沫灭火系统的动力源和备用动力的切换试验作了规定，因为动力源是泡沫灭火系统的重要组成部分之一，没有可靠的动力源，灭火系统就不能正常工作。当动力源停止或产生故障，备用动力应能启用。因此，本条规定的目的就是保证系统动力源的可靠性和稳定性。

6.2.5 泡沫消火栓应进行喷水试验，其出口压力应符合设计要求。

检查数量：全数检查。

检查方法：用压力表测量。

【条文解析】

本条对泡沫消火栓的调试作了规定。在泡沫灭火系统中，泡沫消火栓安装在泡沫混合液的管道上，接上水带和泡沫枪，用于扑救流散火灾。而泡沫枪的额定工作压力是有要求的，这样才能保证流量和射程，因此，本条规定泡沫消火栓全部进行喷水试验。测压时可选择最不利点，其出口压力应符合设计要求。

《锅炉房设计规范》GB 50041—2008

17.0.3 燃油泵房、燃油罐区宜采用泡沫灭火，其系统设计应符合现行国家标准《低倍数泡沫灭火系统设计规范》GB 50151 的有关规定。

【条文解析】

本条是考虑到燃油泵房、燃油罐区的燃料特点而提出的消防措施。

《汽车库、修车库、停车场设计防火规范》GB 50067—1997

7.3.1 I 类地下汽车库、I 类修车库宜设置泡沫喷淋灭火系统。

【条文解析】

本条规定了 I 类地下汽车库、I 类修车库设置固定泡沫灭火系统的要求。

7.3.2 泡沫喷淋系统的设置、泡沫液的选用应按现行国家标准《低倍数泡沫灭火系统设计规范》的规定执行。

【条文解析】

泡沫喷淋的设计在现行国家标准《低倍数泡沫灭火系统设计规范》GB50151 中已有要求，可以按照执行。对其条文尚未明确要求的可根据泡沫喷淋生产单位的一些技术指标参照执行。

6.6 防排烟系统

《火灾自动报警系统设计规范》GB 50116—2013

4.5.1 防烟系统的联动控制方式应符合下列规定：

1 应由加压送风口所在防火分区的两只独立的火灾探测器或一只火灾探测器与一只手动火灾报警按钮的报警信号，作为送风口开启和加压送风机启动的联动触发信号，并应由消防联动控制器联动控制相关层前室等需要加压送风场所的加压送风口开启和加压送风机启动。

2 应由同一防烟分区内且位于电动挡烟垂壁附近的两只独立的感烟火灾探测器的报警信号，作为电动挡烟垂壁降落的联动触发信号，并应由消防联动控制器联动控制电动挡烟垂壁的降落。

【条文解析】

本条规定送风口所在防火分区内设置的两只独立的火灾探测器或一只火灾探测器与一只手动火灾报警按钮报警信号的"与"逻辑联动送风口开启并启动加压送风机。通常加压风机的吸气口设有电动风阀，此阀与加压风机联动，加压风机启动，电动风阀开启；加压风机停止，电动风阀关闭。

4.5.2 排烟系统的联动控制方式应符合下列规定：

1 应由同一防烟分区内的两只独立的火灾探测器的报警信号，作为排烟口、排烟窗或排烟阀开启的联动触发信号，并应由消防联动控制器联动控制排烟口、排烟窗或排烟阀的开启，同时停止该防烟分区的空气调节系统。

2 应由排烟口、排烟窗或排烟阀开启的动作信号，作为排烟风机启动的联动触发信号，并应由消防联动控制器联动控制排烟风机的启动。

【条文解析】

排烟系统在自动控制方式下，同一防烟分区内两只独立的火灾探测器或一只火灾探测器与一只手动报警按钮报警信号的"与"逻辑联动启动排烟口或排烟阀。通常联动排烟口或排烟阀的电源为直流24V，此电源可由消防控制室的直流电源箱提供，也可由现场设置的消防设备直流电源提供，为了降低线路传输损耗，建议尽量采用现场设置消防设备直流电源的方式供电。串接排烟口的反馈信号应并接，作为启动排烟机的联动触发信号。

4.5.3 防烟系统、排烟系统的手动控制方式，应能在消防控制室内的消防联动控制器上手动控制送风口、电动挡烟垂壁、排烟口、排烟窗、排烟阀的开启或关闭及防烟风机、排烟风机等设备的启动或停止，防烟、排烟风机的启动、停止按钮应采用专用线路直接连接至设置在消防控制室内的消防联动控制器的手动控制盘，并应直接手动控制防烟、排烟风机的启动、停止。

【条文解析】

本条规定了防排烟系统的手动控制方式的联动控制设计要求。

4.5.4 送风口、排烟口、排烟窗或排烟阀开启和关闭的动作信号，防烟、排烟风机启动和停止及电动防火阀关闭的动作信号，均应反馈至消防联动控制器。

4.5.5 排烟风机入口处的总管上设置的 280℃排烟防火阀在关闭后直接联动控制风机停止，排烟防火阀及风机的动作信号应反馈至消防联动控制器。

【条文解析】

这两条规定了排烟口、排烟阀和排烟风机入口处的排烟防火阀的开启和关闭的联动反馈信号要求。

《建筑设计防火规范》GB 50016—2012

8.5.1 建筑的下列场所或部位应设置防烟设施：

1 防烟楼梯间及其前室；

2 消防电梯间前室或合用前室；

3 避难层（间）、避难走道。

当防烟楼梯间前室、合用前室采用敞开的阳台、凹廊进行防烟，或前室、合用前室内有不同朝向且开口面积符合自然排烟要求的可开启外窗时，该防烟楼梯间可不设置防烟设施。

【条文解析】

本条规定了应设置防烟设施的场所。

8.5.2 工业建筑的下列场所或部位应设置排烟设施：

1 丙类厂房中建筑面积大于 300m² 且经常有人停留或可燃物较多的地上房间；人员、可燃物较多的丙类生产场所；

2 建筑面积大于 5000m² 的丁类生产车间；

3 占地面积大于 1000m² 的丙类仓库；

4 中庭；

5 高度大于 32m 的高层厂（库）房中长度大于 20m 的内走道，其他厂（库）房中长度大于 40m 的疏散走道。

8.5.3 民用建筑的下列场所或部位应设置排烟设施：

1 设置在一、二、三层且房间建筑面积大于 100m² 或设置在四层及以上或地下、半地下的歌舞娱乐放映游艺场所；

2 中庭；

3 公共建筑中建筑面积大于 100m² 且经常有人停留的地上房间和建筑面积大于 300m² 可燃物较多的地上房间；

4 建筑中长度大于 20m 的疏散走道。

【条文解析】

这两条规定了建筑防火设计中应设置排烟设施的范围。在这些建筑或场所内，应根据实际情况确定是采用自然排烟设施还是机械排烟设施进行排烟设计。

10.1.1 建筑中的防烟可采用机械加压送风防烟方式或可开启外窗的自然排烟方式。

建筑中的排烟可采用机械排烟方式或可开启外窗的自然排烟方式。

【条文解析】

本条规定了建筑中防烟与排烟的基本方式。

10.1.2 机械排烟系统与通风、空气调节系统宜分开设置。当合用时，必须采取可靠的防火安全措施，并应符合机械排烟系统的有关要求。

【条文解析】

机械排烟系统与通风、空气调节系统一般应分开设置。但某些工程中，因建筑条件限制，空间管道布置紧张，需将空调系统和排烟系统合用一套风管。这时，必须采取可靠的防火安全措施，使之既能满足排烟时着火部位所在防烟分区排烟量的要求，也满足平时空调的送风要求。电气控制必须安全可靠，保证切换功能准确无误。

需说明的是，需设机械排烟系统的部位平时有通风系统，常常设计成一套风管，风机可采用双速风机。平时排风用低速，火灾排烟时用高速；也可采用两套风机，排风机和排烟机并联，火灾时切换，这种形式在设置机械排烟系统与通风系统的地下室多有采用。

10.1.3 防烟和排烟系统用的管道、风口及阀门等必须采用不燃材料制作。排烟管道应采取隔热防火措施或与可燃物保持不小于 150mm 的距离。

排烟管道的厚度应按现行国家标准《通风与空调工程施工质量验收规范》GB 50243 的有关规定执行。

【条文解析】

本条规定了防烟与排烟系统中的管道、风口及阀门的制作材料以及排烟管道的布置要求。

10.1.4 机械加压送风防烟系统中送风口的风速不宜大于 7m/s。机械排烟系统中排烟口的风速不宜大于 10m/s。机械加压送风管道、排烟管道和补风管道内的风速应符合下列规定：

1 采用金属管道时，不宜大于 20m/s；

2 采用非金属管道时，不宜大于 15m/s。

【条文解析】

本条规定了机械送风和机械排烟管道内的设计风速。

10.2.2 设置自然排烟设施的场所，其自然排烟口的有效面积应符合下列规定：

1 防烟楼梯间前室、消防电梯间前室，不应小于 2.0m²；合用前室，不应小于 3.0m²；

2 靠外墙的防烟楼梯间，每 5 层内可开启排烟窗的总面积不应小于 2.0m²；

3 中庭、剧场舞台，不应小于其楼地面面积的 5%；

4 其他场所，宜取该场所建筑面积的 2%～5%。

【条文解析】

本条规定了采用自然排烟方式进行排烟或防烟时，排烟口所需要的最小净面积。

10.2.3 自然排烟的窗口应设置在房间的外墙上方或屋顶上，并应有方便开启的装置。防烟分区内任一点距自然排烟口的水平距离不应大于30m。

【条文解析】

本条规定了自然排烟设施的具体设置要求。

10.3.1 下列场所或部位应设置机械加压送风设施：

1 不具备自然排烟条件的防烟楼梯间；

2 不具备自然排烟条件的消防电梯间前室或合用前室；

3 设置自然排烟设施的防烟楼梯间，其不具备自然排烟条件的前室；

4 封闭的避难层（间）、避难走道的前室；

5 不宜进行自然排烟的场所。

注：当高层民用建筑的防烟楼梯间及其前室，消防电梯间前室或合用前室，在上部利用可开启外窗进行自然排烟，在下部不具备自然排烟条件时，下部的前室或合用前室应设置局部正压送风系统。

【条文解析】

本条规定了建筑中应设置机械加压送风防烟设施的部位。

10.3.6 机械加压送风系统的全压，除计算的最不利环路损失外的余压值应符合下列规定：

1 防烟楼梯间、封闭楼梯间的余压值应为40～50Pa；

2 前室、合用前室、封闭避难层（间）、避难走道的余压值应为25～30Pa。

【条文解析】

本条规定了机械加压送风系统最不利环路阻力损失外的余压值要求。

10.3.8 防烟楼梯间的前室或合用前室的加压送风口应每层设置1个。防烟楼梯间的加压送风口宜每隔2～3层设置1个。

【条文解析】

规定防烟楼梯间的加压送风口宜每隔2～3层设1个，既可方便整个防烟楼梯间压力值达到均衡，又可避免在需要一定正压送风量的前提下，不因正压送风口数量少而导致风口断面太大。

10.4.2 需设置机械排烟设施且室内净高不大于6.0m的场所应划分防烟分区；每个防烟分区的建筑面积不宜大于500m²，防烟分区不应跨越防火分区。

防烟分区宜采用挡烟垂壁、隔墙、顶棚下凸出不小于 500mm 的结构梁等其他不燃烧体进行分隔。

【条文解析】

本条规定了建筑中应划分防烟分区的原则与基本要求。

10.4.3 机械排烟系统的设置应符合下列规定：

1 横向宜按防火分区设置；

2 竖向穿越防火分区时，垂直排烟管道宜设置在管井内；

3 穿越防火分区的排烟管道应在穿越处设置排烟防火阀。排烟防火阀应符合现行国家标准《建筑通风和排烟系统用防火阀门》GB 15930 的有关规定。

【条文解析】

本条规定了机械排烟系统的布置要求。

1）防火分区是控制建筑物内火灾蔓延的基本空间单元。机械排烟系统按防火分区设置就是要避免管道穿越防火分区，从根本上保证防火分区的完整性。但实际情况往往十分复杂，受建筑的平面形状、使用功能、空间造型及人流、物流等情况的限制，排烟系统往往不得不穿越防火分区。

2）排烟系统管道上安装排烟防火阀，在一定时间内能满足耐火稳定性和耐火完整性的要求，可起隔烟阻火作用。通常房间发生火灾时，房间内的排烟口开启，同时联动排烟风机启动排烟，人员进行疏散。当排烟管道内的烟气温度达到或超过 280℃ 时，烟气中有可能卷吸火焰或夹带火种。因此，当排烟系统必须穿越防火分区时，应设置烟气温度超过 280℃ 时能自行关闭的防火阀。

3）穿越防火分区的排烟管道设置防火阀的情况有两种：机械排烟系统水平不是按防火分区设置，或排烟风机和排烟口不在一个防火分区，管道在穿越防火分区处设置防火阀；竖向管道穿越防火分区时，在各防火分区水平支管与垂直风管的连接处设置防火阀。

10.4.4 在地下建筑和地上密闭场所中设置机械排烟系统时，应同时设置补风系统。当设置机械补风系统时，其补风量不宜小于排烟量的 50%。

【条文解析】

本条规定了地下、半地下空间及其他密闭场所设置机械排烟系统时，要求考虑补风。

当一个设置了机械排烟系统的场所，自然补风不能满足要求时，应同时设置补风系统（包括机械进风和自然进风），且进风量不小于排烟量的 50%，以便系统组织气流，使烟气尽快并畅通地被排出。但补风量也不能过大，一般不宜超过 80%。

对于一般有可开启门窗的地上建筑或自然通风良好的地下建筑，在排烟过程中空气在压差的作用下可通过通风口或门窗缝隙补充进入排烟空间内时，可不设补风系统。

本条规定的地下空间包括独立的地下、半地下建筑和附建在建筑中的地下室、半地下室。地上密闭空间主要指外墙和屋顶均未开设可开启外窗，不能进行自然通风或排烟的建筑。

10.4.6 机械排烟系统中的排烟口、排烟阀和排烟防火阀的设置应符合下列规定：

1 排烟口或排烟阀应按防烟分区设置。排烟口或排烟阀应与排烟风机连锁，当任一排烟口或排烟阀开启时，排烟风机应能自行启动；

2 排烟口或排烟阀平时为关闭时，应设置手动和自动开启装置；

3 排烟口应设置在顶棚或靠近顶棚的墙面上，且与附近安全出口沿走道方向相邻边缘之间的最小水平距离不应小于 1.5m。设置在顶棚上的排烟口，距可燃构件或可燃物的距离不应小于 1.0m；

4 设置机械排烟系统的地下、半地下场所，除歌舞娱乐放映游艺场所和建筑面积大于 50m² 的房间外，其排烟口可设置在疏散走道；

5 防烟分区内任一点距排烟口的水平距离不应大于 30.0m；

6 排烟支管上应设置当烟气温度超过 280℃时能自行关闭的排烟防火阀。

【条文解析】

本条对机械排烟系统中排烟口和排烟阀的设置作了具体规定。

10.4.7 机械加压送风防烟系统和排烟补风系统的室外进风口宜布置在室外排烟口的下方，且高差不宜小于 3.0m；当水平布置时，水平距离不宜小于 10.0m。

【条文解析】

本条规定了进风口与烟气排出口若垂直布置时，进风口宜低于烟气排出口 3.0m，距离太近会造成排出的烟气再次被吸入；水平布置时，其距离不宜小于 10.0m。

10.4.8 排烟风机的设置应符合下列规定：

1 排烟风机的全压应满足排烟系统最不利环路的要求。其排烟量应考虑 10%～20% 的漏风量；

2 排烟风机可采用离心风机或排烟专用的轴流风机；

3 排烟风机应能在 280℃的环境条件下连续工作不少于 30min；

4 在排烟风机入口处的总管上应设置当烟气温度超过 280℃时能自行关闭的排烟防火阀，该阀应与排烟风机连锁，当该阀关闭时，排烟风机应能停止运转。

【条文解析】

本条规定了排烟风机的选取和基本性能要求。

《高层民用建筑设计防火规范 2005 年版》GB 50045—1995

8.1.1 高层建筑的防烟设施应分为机械加压送风的防烟设施和可开启外窗的自然排烟设施。

8.1.2 高层建筑的排烟设施应分为机械排烟设施和可开启外窗的自然排烟设施。

【条文解析】

规定了高层建筑的防烟设施和排烟设施的组成部分。

8.1.3 一类高层建筑和建筑高度超过 32m 的二类高层建筑的下列部位应设排烟设施：

8.1.3.1 长度超过 20m 的内走道。

8.1.3.2 面积超过 $100m^2$，且经常有人停留或可燃物较多的房间。

8.1.3.3 高层建筑的中庭和经常有人停留或可燃物较多的地下室。

【条文解析】

本条对一类高层建筑和建筑高度超过 32m 的二类高层建筑中长度超过 20m 的内走道、面积超过 $100m^2$ 且经常有人停留或可燃物较多的房间应设置排烟设施作出规定。

一类高层建筑的可燃装修材料多，陈设及贵重物品多，空调、通风等管道也多。建筑高度超过 32m 的二类高层建筑其垂直疏散距离大。

8.2.1 除建筑高度超过 50m 的一类公共建筑和建筑高度超过 100m 的居住建筑外，靠外墙的防烟楼梯间及其前室、消防电梯间前室和合用前室，宜采用自然排烟方式。

【条文解析】

1）由于利用可开启外窗的自然排烟受自然条件（室外风带、风向，建筑所在地区北方或南方等）和建筑本身的密闭性或热压作用等因素的影响较大，有时使得自然排烟不但达不到排烟的目的，相反由于自然排烟系统会助长烟气的扩散，给建筑和居住人员带来更大的危害。所以，本条提出，只有靠外墙的防烟楼梯间及其前室、消防电梯间前室和合用前室，有条件可尽量采用自然排烟方式。

2）建筑内的防烟楼梯间及其前室、消防电梯间前室或合用前室都是建筑着火时最重要的疏散通道，一旦采用自然排烟方式其效果受到影响时，整个建筑的人员将受到严重威胁。对超过 50m 的一类公共建筑和超过 100m 的其他高层建筑不应采用这种自然排烟措施。

8.2.2 采用自然排烟的开窗面积应符合下列规定：

8.2.2.1 防烟楼梯间前室、消防电梯间前室可开启外窗面积不应小于 $2.00m^2$，合用前室不应小于 $3.00m^2$。

8.2.2.2 靠外墙的防烟楼梯间每五层内可开启外窗总面积之和不应小于 2.00m²。

8.2.2.3 长度不超过 60m 的内走道可开启外窗面积不应小于走道面积的 2%。

8.2.2.4 需要排烟的房间可开启外窗面积不应小于该房间面积的 2%。

8.2.2.5 净空高度小于 12m 的中庭可开启的天窗或高侧窗的面积不应小于该中庭地面积的 5%。

【条文解析】

本条对采用自然排烟的开窗面积提出要求。考虑到在火灾时采取开窗或打碎玻璃的办法进行排烟是可以的，因此开窗面积按本条只计算可开启外窗的面积。同时，要求楼梯间也应有一定的开窗面积，开窗面积能在五层内任意调整。另外对楼内中庭净空高度不超过 12m 的限制，是由于高度超过 12m 时，就不能采取可开启的高侧窗进行自然排烟。

由于自然排烟受到自然条件、建筑本身热压、密闭性等因素的影响而缺乏保证。因此，根据建筑的使用性质（如极为重要、装修豪华程度等）、投资条件许可等情况，虽具有可开启外窗的自然排烟条件，但仍需采用机械防烟措施。

8.2.4 排烟窗宜设置在上方，并应有方便开启的装置。

【条文解析】

火灾产生的烟气和热气（带热量的空气），因其容重较一般空气轻，所以都上升到着火层上部，为此，排烟窗应设置在上方，以利于烟气和热气的排出。需要注意的是，设置在上方的排烟窗要求有方便开启的装置。

8.3.1 下列部位应设置独立的机械加压送风的防烟设施：

8.3.1.1 不具备自然排烟条件的防烟楼梯间、消防电梯间前室或合用前室。

8.3.1.2 采用自然排烟措施的防烟楼梯间，其不具备自然排烟条件的前室。

8.3.1.3 封闭避难层（间）。

【条文解析】

根据我国国情，本条规定了只对不具备自然排烟条件的垂直疏散通道（防烟楼梯间及其前室、消防电梯间前室或合用前室）和封闭式避难层采用机械加压送风的防烟措施。执行时，为确保人员安全疏散和临时避难的部位不受烟气侵扰，必须严格确定应加压送风的建筑部位。

国内对不具备自然排烟条件的防烟楼梯间及其前室进行加压送风的做法有以下三种：

1）只对防烟楼梯间进行加压送风，其前室不送风；

2）防烟楼梯间及其前室分别设置两个独立的加压送风系统，进行加压送风；

3）在防烟楼梯间设置一套加压送风系统的同时，又从该加压送风系统伸出一支管分别对各层前室进行加压送风。

8.3.2 高层建筑防烟楼梯间及其前室、合用前室和消防电梯间前室的机械加压送风量应由计算确定，或按表 8.3.2-1~表 8.3.2-4 的规定确定。当计算值和本表不一致时，应按两者中较大值确定。

表 8.3.2-1 防烟楼梯间（间室不送风）的加压送风量

系统负担层数	加压送风量/（m³/h）
<20层	25000~30000
20~32层	35000~40000

表 8.3.2-2 防烟楼梯间及其合用前室的分别加压送风量

系统负担层数	送风部位	加压送风量/（m³/h）
<20层	防烟楼梯间	16000~20000
	合用前室	12000~16000
20~32层	防烟楼梯间	20000~25000
	合用前室	18000~22000

表 8.3.2-3 消防电梯间前室的加压送风量

系统负担层数	加压送风量/（m³/h）
<20层	15000~20000
20~32层	22000~27000

表 8.3.2-4 防烟楼梯间采用自然排烟，前室或合用前室不具备自然排烟条件时的送风量

系统负担层数	加压送风量/（m³/h）
<20层	22000~27000
20~32层	28000~32000

注：1. 表8.3.2-1~表8.3.2-4的风量按开启2.00m×1.60m的双扇门确定。当采用单扇门时，其风量可乘以0.75系数计算；当有两个或两个以上入口时，其风量应乘以1.50~1.75系数计算。开启门时，通过门的风速不宜小于0.70m/s。

2. 风量上下限选取应按层数、风道材料、防火门漏风量等因素综合比较确定。

【条文解析】

采用机械加压送风时，由于建筑有各种不同条件，如开门数量、风速不同，满足机械加压送风条件亦不同，宜首先进行计算，但计算结果的加压送风量不能小于表8.3.2-1~表8.3.2-4的要求。这样既可避免不能满足加压送风值，又有利于节省工时。

8.3.3 层数超过三十二层的高层建筑，其送风系统及送风量应分段设计。

8.3.4 剪刀楼梯间可合用一个风道，其风量应按二个楼梯间风量计算，送风口应分别设置。

【条文解析】

32层是送风量分段计算的分界点，如超过规定值（即层数）时，其送风系统及送风量要分段设计和计算。

当疏散楼梯采用剪刀楼梯时，为保证其安全，规定按两个楼梯的风量计算并分别设置送风口。

8.3.5 封闭避难层(间)的机械加压送风量应按避难层净面积每平方米不小于 $30m^3/h$ 计算。

【条文解析】

当发生火灾时，为了阻止烟气入侵，对封闭式避难层设置机械加压送风设施，不但可以保证避难层内一定的正压值，而且也可为避难人员的呼吸需要提供室外新鲜空气，本条规定了对封闭避难层的机械加压送风量。

8.3.6 机械加压送风的防烟楼梯间和合用前室，宜分别独立设置送风系统，当必须共用一个系统时，应在通向合用前室的支风管上设置压差自动调节装置。

【条文解析】

当防烟楼梯间及其合用前室需要加压送风时，由于两者要维持的正压值不同，以及当不同楼层的防烟楼梯间与合用前室之间的门和合用前室与走道之间的门同时开启或部分开启时，气流的走向和风量的分配较为复杂，为此本条规定这两部位的送风系统应分别独立设置。如共用一个系统时，应在通向合用前室的支风管上设置压差自动调节装置。

8.3.7 机械加压送风机的全压，除计算最不利环管道压头损失外，尚应有余压。其余压值应符合下列要求：

8.3.7.1 防烟楼梯间为40Pa至50Pa。

8.3.7.2 前室、合用前室、消防电梯间前室、封闭避难层（间）为25Pa至30Pa。

【条文解析】

本条规定不仅是对选择送风机提出要求，更重要的是对加压送风的防烟楼梯间及前室、消防电梯间前室和合用前室、封闭避难层需要保持的正压值提出要求。

本条的规定直接采用了国内"八五"期间取得的重大科技成果。防烟楼梯间的正压值由 50Pa 改为 40～50Pa；前室、合用前室、消防电梯间前室、封闭避难层（间）由 25Pa 改为 25～30Pa。但在设计中要注意两组数据的合理搭配，保持一高一低，或都取中间值，而不要都取高值或都取低值。例如，防烟楼梯间若取 40Pa，前室或合用前室则取 30Pa；防烟楼梯间若取 50Pa，前室或合用前室则取 25Pa。

8.4.4 排烟口应设在顶棚上或靠近顶棚的墙面上，且与附近安全出口沿走道方向相邻边缘之间的最小水平距离不应小于 1.50m。设在顶棚上的排烟口，距可燃构件或可燃物的距离不应小于 1.00m。排烟口平时关闭，并应设置有手动和自动开启装置。

【条文解析】

排烟口是机械排烟系统分支管路的端头，排烟系统排出的烟，首先由排烟口进入分支管，再汇入系统干管和主管，最后由风机排出室外。

本条规定排烟口与附近安全出口沿走道方向相邻边缘之间的最小水平距离不应小于 1.50m，是要保证在通常情况下，遇火灾疏散时，疏散人员跨过排烟口下面的烟团，在 1.00m 的极限能见度的条件下，也能看清安全出口，使排烟系统充分发挥排烟防烟的作用。

8.4.9 排烟管道必须采用不燃材料制作。安装在吊顶内的排烟管道，其隔热层应采用不燃材料制作，并应与可燃物保持不小于 150mm 的距离。

【条文解析】

为了防止排烟口、排烟阀门、排烟道等本身和附近的可燃物被高温烤着起火，故本条规定，这些组件必须采用不燃材料制作，并与可燃物保持不小于 150mm 的距离。

8.4.11 设置机械排烟的地下室，应同时设置送风系统，且送风量不宜小于排烟量的 50%。

【条文解析】

根据空气流动的原理，需要排出某一区域的空气，同时也需要有另一部分的空气来补充。对地上的建筑物进行机械排烟时，因其旁边的窗门洞口等缝隙的渗漏，不需要进行补风就能有较好的效果；但对地下建筑来说，其周边处在封闭的条件下，如排烟时没有同时进行补充，烟是排不出去的。为此，本条规定，对地下室的排烟应设有送风系统，送风量不宜小于排烟量的 50%。

《汽车库、修车库、停车场设计防火规范》GB 50067—1997

8.2.1 面积超过 2000m² 的地下汽车库应设置机械排烟系统。机械排烟系统可与人防、卫生等排气、通风系统合用。

【条文解析】

地下汽车库一旦发生火灾，会产生大量的烟气，而且有些烟气含有一定的毒性，如果不能迅速排出室外，极易造成人员伤亡事故，也给消防员进入地下扑救带来困难。由于排气口要求设置在建筑的下部，而排烟口应设置在上部，因此各自的风口应上、下分开设置，确保火灾时能及时进行排烟。

8.2.2 设有机械排烟系统的汽车库，其每个防烟分区的建筑面积不宜超过2000m²，且防烟分区不应跨越防火分区。

防烟分区可采用挡烟垂壁、隔墙或从顶棚下突出不小于0.5m的梁划分。

【条文解析】

本条规定了防烟分区的建筑面积。如防烟分区太小，增设了平面内排烟系统的数量，不易控制；如防烟分区面积太大，则风机增大，风管加宽，不利于设计。

8.2.3 每个防烟分区应设置排烟口，排烟口宜设在顶棚或靠近顶棚的墙面上；排烟口距该防烟分区内最远点的水平距离不应超过30m。

【条文解析】

地下汽车库发生火灾时产生的烟气开始绝大多数积聚在车库的上部，将排烟口设在车库的顶棚上或靠近顶棚的墙面上，排烟效果更好，排烟口与防烟分区最远地点的距离是关系到排烟效果好坏的重要问题，排烟口与最远排烟地点太远，会直接影响排烟速度，太近则要多设排烟管道，不经济。

8.2.4 排烟风机的排烟量应按换气次数不小于6次/h计算确定。

【条文解析】

地下汽车库汽车发生火灾，可燃物较少，发烟量不大，且人员较少，基本无人停留，设置排烟系统，其目的一方面是为了人员疏散，另一方面是便于扑救火灾。

8.2.5 排烟风机可采用离心风机或排烟轴流风机，并应在排烟支管上设有烟气温度超过280℃时能自动关闭的排烟防火阀。排烟风机应保证280℃时能连续工作30min。

排烟防火阀应联锁关闭相应的排烟风机。

【条文解析】

据测试，一般可燃物发生燃烧时火场中心温度高达800～1000℃。火灾现场的烟气温度也是很高的，特别是地下汽车库火灾时产生的高温散发条件较差，温度比地上建筑要高，排烟风机能否在较高气温下正常工作，是直接关系到火场排烟很重要的技术问题。排烟风机一般设在屋顶上或机房内，与排烟地点有相当一段距离，烟气经过一段时间方能扩散到风机，温度要比火场中心温度低很多。

排烟风机、排烟防火阀、排烟管道、排烟口是一个排烟系统的主要组成部分，它们缺一不可，排烟防火阀关闭后，光是排烟风机启动也不能排烟，并可能造成设备损坏。所以，它们之间一定要做到相互联锁，目前国内的技术已经完全做到了，而且都能做到自动和手动两用。

此外,还要求排烟口平时宜处于关闭状态,发生火灾时做到自动和手动都能打开。目前,国内多数是采用自动和手动控制的,并与消防控制中心联动起来,一旦遇有火警需要排烟时,由控制中心指令打开排烟阀或排烟风机进行排烟。因此凡设置消防控制室的车库排烟系统应用联动控制的排烟口或排烟风机。

8.2.6 机械排烟管道风速,采用金属管道时不应大于 20m/s;采用内表面光滑的非金属材料风道时,不应大于 15m/s。排烟口的风速不宜超过 10m/s。

【条文解析】

本条规定了排烟管道内最大允许风速的数据,金属管道内壁比较光滑,风速允许大一些。混凝土等非金属管道内壁比较粗糙,风速要求小一些。内壁光滑,风速阻力小;内壁粗糙,阻力要大一些。在风机、排烟口等相同条件下,阻力越大,排烟效果越差;阻力越小,排烟效果越好。

8.2.7 汽车库内无直接通向室外的汽车疏散出口的防火分区,当设置机械排烟系统时,应同时设置进风系统,且送风量不宜小于排烟量的 50%。

【条文解析】

根据空气流动的原理,需要排出某一区域的空气,同时也需要有另一部分的空气补充。地下车库由于防火分区的防火墙分隔和楼层的楼板分隔,使有的防火分区内无直接通向室外的汽车疏散出口,也就无自然进风条件,对于这些区域,因周边处于封闭的条件,如排烟时没有同时进行补风,烟是排不出去的。因此,本条规定应在这些区域内的防烟分区增设进风系统,进风量不宜小于排烟量的 50%,在设计中,应尽量做到送风口在下,排烟口在上,这样能使火灾发生时产生的浓烟和热气顺利排出。

《人民防空工程设计防火规范》GB 50098—2009

6.1.1 人防工程下列部位应设置机械加压送风防烟设施:

1 防烟楼梯间及其前室或合用前室;

2 避难走道的前室。

【条文解析】

一旦发生火灾时,防烟楼梯间、避难走道及其前室(或合用前室)是人员撤离的生命通道和消防人员进行扑救的通行走道,必须确保其各方面的安全。以往的工程实践经验证明,设置机械加压送风是防止烟气侵入、确保空气质量的最为有效的方法。

防火隔间不用于在火灾时的人员疏散,故可不设置机械加压送风防烟。

6.1.2 下列场所除符合本规范第 6.1.3 条和第 6.1.4 条的规定外,应设置机械排烟设施：

   1 总建筑面积大于 200m² 的人防工程；

   2 建筑面积大于 50m²，且经常有人停留或可燃物较多的房间；

   3 丙、丁类生产车间；

   4 长度大于 20m 的疏散走道；

   5 歌舞娱乐放映游艺场所；

   6 中庭。

【条文解析】

本条具体规定了设置机械排烟设施的部位。

6.1.3 丙、丁、戊类物品库宜采用密闭防烟措施。

【条文解析】

"密闭防烟"是指火灾发生时采取关闭设于通道上（或房间）的门和管道上的阀门等措施，达到火区内外隔断，让火情由于缺氧而自行熄灭的一种方法。采取这种方法，可不另设防排烟通风系统，既经济简便，又行之有效。

6.1.4 设置自然排烟设施的场所，自然排烟口底部距室内地面不应小于 2m，并应常开或发生火灾时能自动开启，其自然排烟口的净面积应符合下列规定：

   1 中庭的自然排烟口净面积不应小于中庭地面面积的 5%；

   2 其他场所的自然排烟口净面积不应小于该防烟分区面积的 2%。

【条文解析】

设置采光窗和采光亮顶的工程，应尽可能利用可开启的采光窗和亮顶作为自然排烟口，采用自然排烟。

6.3.3 机械排烟系统宜单独设置或与工程排风系统合并设置，当合并设置时，应采取在火灾发生时能将排风系统自动转换为排烟系统的措施。

【条文解析】

利用工程的空调系统转换成为排烟系统，系统设置和转换都较复杂，可靠性差，故不提倡。对于特别重要的部位，排烟系统最好单独设置。一般部位的排烟系统宜与排风系统合并设置。

6.4.1 每个防烟分区内必须设置排烟口，排烟口应设置在顶棚或墙面的上部。

【条文解析】

烟气由于受热而膨胀，容重较轻，故向上运动并贴附于顶棚上再向水平方向流动，因此要求排烟口的设置尽量设于顶棚或靠近顶棚墙面上部排烟有效的部位，以利于烟气的收集和排出。

6.4.3 排烟口可单独设置，也可与排风口合并设置；排烟口的总排烟量应按该防烟分区面积每平方米不小于 60m²/h 计算。

【条文解析】

本条规定排烟口设置的各种方式。单独设置的排烟口，平时处于闲置无用状态，且体形较大，很难与顶棚上的其他设施匹配，故很多工程设计采用排风口兼作排烟口的方法予以协调解决。

6.4.4 排烟口的开闭状态和控制应符合下列要求：

1 单独设置的排烟口，平时应处于关闭状态；其控制方式可采用自动或手动开启方式；手动开启装置的位置应便于操作；

2 排风口和排烟口合并设置时，应在排风口或排风口所在支管设置自动阀门；该阀门必须具有防火功能，并应与火灾自动报警系统联动；火灾时，着火防烟分区内的阀门仍应处于开启状态，其他防烟分区内的阀门应全部关闭。

【条文解析】

本条规定排烟口特别是由排风口兼作排烟口时的开闭和控制要求。

6.4.5 排烟口的风速不宜大于 10m/s。

【条文解析】

本条规定了排烟口风速的最大值。

6.5.1 机械加压送风防烟管道和排烟管道内的风速，当采用金属风道或内表面光滑的其他材料风道时，不宜大于 20m/s；当采用内表面抹光的混凝土或砖砌风道时，不宜大于 15m/s。

【条文解析】

不少非金属材料的风道内表面也很光滑，按"金属"和"非金属"来分别划分风管风速的规定不尽合理，故将金属风道和内表面光滑的其他材料风道合并为同一类。此外，风道风速是经济流速，可以按具体情况选取，所以本条采用了"宜"的用词。

6.5.2 机械加压送风防烟管道、排烟管道、排烟口和排烟阀等必须采用不燃材料制作。

排烟管道与可燃物的距离不应小于 0.15m，或应采取隔热防火措施。

【条文解析】

由于排烟系统需要输送 280℃ 的高温烟气，为防止管道等本身及附近的可燃物因高温烤着起火，故规定这些组件要采用不燃材料。为避免排烟管道引燃附近的可燃物，规定排烟管道应采用不燃材料隔热，或与可燃物保持一定距离。

6.5.3 排烟管道的厚度应按现行国家标准《通风与空调工程施工质量验收规范》GB 50243 的规定执行，但当金属风道为钢制风道时，钢板厚度不应小于 1mm。

【条文解析】

近年来通风管道材料发展很广，有些风管的材料是防火的，但结构很不利防火，遇热（火）严重变形，甚至出现孔洞。故有必要规定不得采用这类风管。钢制排烟风道的钢板厚度不应小于 1mm 的规定，是参照现行国家标准《人民防空工程设计规范》GB 50225 制定的。

6.5.4 机械加压送风防烟管道和排烟管道不宜穿过防火墙。当需要穿过时，过墙处应符合下列规定：

1 防烟管道应设置温度大于 70℃时能自动关闭的防火阀；

2 排烟管道应设置温度大于 280℃时能自动关闭的防火阀。

【条文解析】

加压系统风道上的防火阀熔断器熔断温度为 70℃，是因为火灾初期进风道内送入低温新风，防火阀熔断器不会很快熔断而影响使用，如设置 280℃的熔断器，则因熔断时间迟于排烟阀的动作，造成不安全。

烟气温度达到 280℃，即有可能已出现明火，为隔断明火传播，应配置防火阀。

6.5.5 人防工程内厨房的排油烟管道宜按防火分区设置，且在与垂直排风管连接的支管处应设置动作温度为 150℃的防火阀。

【条文解析】

为防止火灾通过厨房的垂直排风管道蔓延，本条规定应在垂直排风管道连接的支管处设置防火阀。

由于厨房中平时操作排出的废气温度较高，若在垂直排风管上设置 70℃时动作的防火阀将会影响平时厨房操作中的排风，根据厨房操作需要和厨房常见火灾发生时的温度，本条规定与垂直排风管道连接的支管处应设置 150℃时动作的防火阀。

6.6.1 排烟风机可采用普通离心式风机或排烟轴流风机；排烟风机及其进出口软接头应在烟气温度 280℃时能连续工作 30min。排烟风机必须采用不燃材料制作。排烟风机入口处的总管上应设置当烟气温度超过 280℃时能自动关闭的排烟防火阀，该阀应与排烟风机联锁，当阀门关闭时，排烟风机应能停止运转。

【条文解析】

排烟风机采用普通离心式风机和轴流风机是普遍采用的做法，并规定了进出口软接头耐高温和连续工作时间的要求。

6.6.2 排烟风机可单独设置或与排风机合并设置；当排烟风机与排风机合并设置时，宜选用变速风机。

【条文解析】

本条规定了排烟风机与排风机合用时的要求。

6.6.3 排烟风机的全压应按排烟系统最不利环管路进行计算，排烟量应按本规范第6.3.1条计算确定，并应增加10%。

【条文解析】

本条规定了排烟风机的风量和风压计算。

6.6.4 排烟风机的安装位置，宜处于排烟区的同层或上层。排烟管道宜顺气流方向向上或水平敷设。

【条文解析】

对排烟风机的安装位置、排烟管的敷设等提出要求。

6.6.5 排烟风机应与排烟口联动，当任何一个排烟口、排烟阀开启或排风口转为排烟口时，系统应转为排烟工作状态，排烟风机应自动转换为排烟工况；当烟气温度大于280℃时，排烟风机应随设置于风机入口处防火阀的关闭而自动关闭。

【条文解析】

烟气温度超过280℃时，火灾区可能已出现明火，人员已撤离，风机的运行也已达温度极限，故随防火阀的关闭风机也随之关闭，消防排烟系统的工作即告结束。

《体育建筑设计规范》JGJ 31—2003

8.1.9 比赛、训练大厅设有直接对外开口时，应满足自然排烟的条件。没有直接对外开口时，应设机械排烟系统。

无外窗的地下训练室、贵宾室、裁判员室、重要库房、设备用房等应设机械排烟系统。

【条文解析】

比赛、训练大厅内若发生火灾，将燃烧产生的烟气排出室外非常重要。这一方面有利于人员疏散，同时也有利于火灾扑救。从节省投资与操作简便上讲，对一般性的中小型比赛、训练大厅，尤其小型体育建筑中比赛、训练大厅采用自然排烟是可行的。

《剧场建筑设计规范》JGJ 57—2000

8.1.10 舞台上部屋顶或侧墙上应设置通风排烟设施。当舞台高度小于12m时，可采用自然排烟，排烟窗的净面积不应小于主台地面面积的5%。排烟窗应避免因锈蚀或冰冻而无法开启。在设置自动开启装置的同时，应设置手动开启装置。当舞台高度等于或大于 12m 时，应设机械排烟装置。

【条文解析】

舞台设置排烟孔，可将火灾烟焰及热量迅速排除，控制燃烧范围、方向和降低温度，便于自动喷洒系统迅速扑灭火焰，避免危及观众。

参考文献

[1] 国家标准. GB50045—1995 高层民用建筑设计防火规范(2005 年版)[S]. 北京：中国计划出版社，2005.

[2] 国家标准. GB50084—2004 自动喷水灭火系统设计规范(2005 年版)[S]. 北京：中国计划出版社，2005.

[3] 国家标准. GB50096—2011 住宅设计规范[S]. 北京：中国计划出版社，2012.

[4] 国家标准. GB50099—2011 中小学校设计规范[S]. 北京：中国建筑工业出版社，2012.

[5] 国家标准. GB50116—2013 火灾自动报警系统设计规范[S]. 北京：中国计划出版社，2014.

[6] 国家标准. GB50151—2010 泡沫灭火系统设计规范[S]. 北京：中国计划出版社，2011.

[7] 国家标准. GB50166—2007 火灾自动报警系统施工及验收规范[S]. 北京：中国计划出版社，2008.

[8] 国家标准. GB50261—2005 自动喷水灭火系统施工及验收规范[S]. 北京：中国计划出版社，2005.

[9] 国家标准. GB50263—2007 气体灭火系统施工及验收规范[S]. 北京：中国计划出版社，2007.

[10] 国家标准. GB50281—2006 泡沫灭火系统施工及验收规范[S]. 北京：中国计划出版社，2006.

[11] 国家标准. GB50352—2005 民用建筑设计通则[S]. 北京：中国建筑工业出版社，2005.

[12] 国家标准. GB50368—2005 住宅建筑规范[S]. 北京：中国建筑工业出版社，2006.

[13] 国家标准. GB50370—2005 气体灭火系统设计规范[S]. 北京：中国建筑工业出版社，2006.

[14] 国家标准. GB50974—2014 消防给水及消火栓系统技术规范[S]. 北京：中国计划出版社，2014.

[15] 行业标准. JGJ36—2005 宿舍建筑设计规范[S]. 北京：中国建筑工业出版社，2006.

[16] 行业标准. JGJ58—2008 电影院建筑设计规范[S]. 北京：中国建筑工业出版社，2008.

[17] 行业标准. JGJ67—2006 办公建筑设计规范[S]. 北京：中国建筑工业出版社，2007.